普通高等学校"十四五"规划计算机类专业特色教材

网页设计与制作

主　　编　刘雄华

副主编　宋文哲　童雯茜

　　　　　周俊杰　刘　硕

华中科技大学出版社

中国·武汉

内 容 介 绍

本书主要介绍了网页设计与制作的相关知识，包括 HTML 的基本知识（Web 前端开发环境配置与调试技术、文本格式化、段落与列表、网站发布等）、网页布局技术（div+CSS 综合应用、响应式布局等）、HTML 5 基础与 CSS 3 应用、JavaScript 应用（jQuery）。为了提高读者的动手能力，本书以真实项目为例，详细讲解了网页编程技术在项目开发中的应用。

本书内容结构合理，实战项目设计由浅入深，可以满足不同层次读者的练习需要。建议读者在学习本书时，对书中的项目实例进行实践。

本书可作为高等院校相关专业网页制作、Web 前端开发技术等课程的教材，也适合 Web 开发相关工作的各类技术人员阅读参考。

图书在版编目（CIP）数据

网页设计与制作/刘雄华主编． -- 武汉：华中科技大学出版社，2023.8

ISBN 978-7-5680-9872-4

Ⅰ.①网… Ⅱ.①刘… Ⅲ.①网页制作工具－教材 Ⅳ.①TP393.092.2

中国国家版本馆 CIP 数据核字(2023)第 144988 号

网页设计与制作
Wangye Sheji yu Zhizuo

主编 刘雄华

策划编辑：范 莹
责任编辑：陈元玉
封面设计：原色设计
责任监印：周治超
出版发行：华中科技大学出版社（中国·武汉）　　　电话：(027)81321913
　　　　　武汉市东湖新技术开发区华工科技园　　　邮编：430223
录　　排：代孝国
印　　刷：武汉市洪林印务有限公司
开　　本：787mm × 1092mm　1/16
印　　张：20.75
字　　数：514千字
版　　次：2023 年 8 月第 1 版第 1 次印刷
定　　价：52.00 元

前　言

近几年来，随着互联网技术及相关产业的发展，人工智能、大数据、物联网、区块链、云计算等新名词为人们所熟知，物联网已深入我们生活的方方面面。为了更好地体验互联网效果，Web 前端技术也快速发展起来。

Web 前端项目开发采用 HTML、CSS、jQuery、JavaScript 等相关技术，并随着 HTML 5 和 CSS 3 的发展，网站的开发和维护更快速、更高效。本书系统地讲解了 HTML 5、CSS 3、jQuery 等相关的基础知识和应用技术，通过引入大量的实例对 HTML 5 和 CSS 3 进行深入浅出的技术分析。本书以实战为主要宗旨，通过大量的案例分析以及实际项目，让读者在学习基础理论的同时，也掌握 Web 前端技术的精髓，提高实际开发水平和项目实战能力。本书主要包含以下内容。

第 1 章：简介。本章涵盖的内容包括网站与网页简介、HTML 简介、CSS 简介、jQuery 简介和开发编译环境等内容。

第 2 章：网页基础。本章主要介绍了 HTML 标签、CSS 基础、CSS 常用布局方法、CSS 动画和 jQuery 等内容。

第 3 章：HTML 项目开发一（子杰官网）。本章以前端开发的实战项目——子杰软件官网首页设计为例，讲解如何进行项目开发。本项目是一个简易的网页设计，主要包括导航栏、轮播图整体布局、我们的产品、数字化专题、底部版权、图文列表制作和自适应设计等内容。本章以前端开发的实战项目——XX 软件官网首页设计为例，讲解如何进行项目开发。

第 4 章：HTML 5 新增功能介绍。本章简要介绍了 HTML 5 的新增功能，包括多媒体、图形绘制、文件选择与拖放等内容。

第 5 章：HTML 项目开发二（子杰软件管理员后台）。本章以管理员后台管理功能开发的实战项目——管理员后台登录界面和栏目管理界面的设计为例，讲解如何进行复杂项目的开发。本项目是一个商业化的网页设计，主要包括管理员后台开发框架、各种表单元素的使用和数据交互等内容。

第 6 章：网站测试与发布。本章介绍了网站测试的基本知识——浏览器测试、链接测试的相关内容和工具使用。另外，本章还介绍了网站发布的几种方式并以腾讯云服务器为例说明如何在公网发布网站。

读者可利用各章所学技能对本书中案例（前端开发实战项目、管理员后台开发实战项目）的功能进行优化。全书学习结束后，读者在学习技能的同时，还可获取项目的实际开发经验。

建议读者在学习本书时，对书中的项目实例多动手实践，这样才能加深对所学知识和项目中代码的理解。为了方便读者的学习，我们将书中项目的源代码（包括所有材料）上传到http://www.20-80.cn/网站，读者可以自行下载查看。

本书由武汉工商学院计算机与自动化学院教研团队组织编写，由刘雄华教授任主编并统稿。参与编写的教师有宋文哲、童雯茜、周俊杰等，参加编写的企业专家有刘硕（上海子杰软件有限公司），其中第 1 章、第 2 章由宋文哲编写，第 3 章、第 5 章由童雯茜编写，第 4 章、第 6 章由周俊杰编写。本书实训项目代码由上海子杰软件有限公司提供，刘硕工程师参与编写、整理和验证。由于时间仓促，书中不足或疏漏之处在所难免，希望广大读者批评指正!

编　者

2023 年 6 月

目　　录

第1章 简介

网站是一种沟通工具，人们可以通过网站来发布自己想要公开的资讯，或者利用网站来提供相关的网络服务。人们可以通过网页浏览器来访问网站，获取自己需要的资讯或者享受网络提供的服务。网站是在互联网上拥有域名或地址并提供一定网络服务的主机，是存储文件的空间，以服务器为载体。人们可通过浏览器等访问、查找文件，也可通过远程文件传输（FTP）方式上传、下载网站文件。

1991 年，CERN（欧洲核子研究中心）的科学家蒂姆·伯纳斯-李（Tim Berners-Lee）开发出了万维网（world wide web）。他还开发出了极其简单的浏览器（浏览软件），此后，互联网开始向大众普及。

在因特网早期，网站还只能保存单纯的文本。经过几年的发展，使得图像、声音、动画、视频，甚至 3D 技术可以通过因特网得到呈现。通过动态网页技术，用户也可以与其他用户或者网站管理者进行交流，同时也有一些网站提供电子邮件服务或在线交流服务。

随着互联网的普及和技术的不断发展，越来越多的企业、组织和个人开始建立自己的网站，成为在线世界的一个重要组成部分。从最初的简单的 HTML 网页，到现在的复杂的动态网站、电子商务网站、社交媒体等，网站的形态和功能都有了极大的改变和提升。

总的来说，网站的前世今生经历了技术的飞速发展，已成为人们生活中不可或缺的一部分。

⬭ 知识目标

（1）掌握网站的基本概念。

（2）了解网站的组成元素。

（3）了解网页编程技术的基本知识。

1.1 网站与网页简介

网站，英文为 Website，是指在因特网上根据一定的规则所创建，用于展示特性内容，由多个网页组成的集合。一个网站一般都包含一个首页和多个分页，首页为访问网站时第一个打开的网页，除首页外，其他页面都为分页。当然，一个网站也可以只包含一个首页，不过这种简单的网站比较少见，也不向大家推荐。从另外的角度来理解，网站其实是一种沟通与交互的工具，通过网站来发布相关的网络资讯并提供相关的网络服务，以实现人与人之间的多种沟通方式。

1.1.1 网站的构成

在早期，域名、空间服务器与程序是网站的基本组成部分，随着科技的不断进步，网站的组成也日趋复杂，现在大多数网站由域名、空间服务器、DNS 域名解析、网站程序、数据库等组成。

域名（domain name）是由一串用点分隔的字母组成的 Internet 上某一台计算机或计算机组的名称。域名用于在数据传输时标识计算机的电子方位（有时也指地理位置），域名已经成为互联网的品牌、网上商标保护的必备产品之一。通俗来说，域名相当于一个家庭的门牌号码，别人通过这个号码可以很容易找到你。下面以一个常见的域名为例说明，baidu 网址是由两部分组成的，标号"baidu"是这个域名的主体，而最后的标号"com"则是该域名的后缀，表示是一家公司的域名，也是顶级域名（国际域名），有的公司域名后面需要加上国家代码，比如 com.cn，表示这是一个二级域名。一般来说，com 表示公司，edu 表示教育机构，gov 表示政府组织等。域名最前面的 www.是网络名，表示是万维网。网站域名如图 1-1 所示。

图 1-1 网站域名

DNS（domain name system）规定，域名中的标号都由英文字母和数字组成。每一个标号不超过 63 个字符，也不区分大小写字母。标号中除了能使用连字符（-）外，不能使用其他的标点符号。

常见的空间服务器包括虚拟主机、虚拟空间、独立服务器、云主机、VPS。

虚拟主机在网络服务器上划分出一定的磁盘空间供用户放置站点、应用组件等，提供必要的站点功能、数据存放和传输功能。所谓虚拟主机，也称"网站空间"，就是把一台运行在互联网上的服务器划分成多个"虚拟"的服务器。每个虚拟主机都具有独立的域名和完整的 Internet

服务器（支持 WWW、FTP、E-mail 等）功能。虚拟主机是网络发展的福音，极大地促进了网络技术的应用和普及。同时，虚拟主机的租用服务也成了网络时代新的经济形式。虚拟主机的租用类似于房屋租用。

要让网站运行起来，我们需要一个 Web 服务器。简单来讲，Web 服务器就是能够让网站顺利跑起来的程序，其本质上也是一个程序，只不过很复杂。一个完整的 Web 服务器，可以向浏览器显示网页文档，可以存储网站的内容，具有必要的安全性能，提供一定的防火墙功能等。比较流行的 Web 服务器及其常规搭配的编程语言如下。

- IIS 服务器与 ASP 和 ASP.NET 语言。
- Tomcat 服务器与 JSP 语言。
- Nginx 服务器与 PHP 语言。

上面介绍的 IIS、Tomcat 和 Nginx 是目前非常流行的轻量级 Web 服务器，这三款 Web 服务器也全部支持 HTML 网页。

VPS 即指虚拟专用服务器，是将一个服务器分成多个虚拟独立专享的服务器。每个使用 VPS 技术的虚拟独立服务器拥有各自独立的公网 IP 地址、操作系统、硬盘空间、内存空间、CPU 资源等，还可以执行安装程序、重启服务器等操作，与运行一台独立服务器完全相同。

程序是创建与修改网站所使用的编程语言，换成源代码就是一堆按一定格式书写的文字和符号。比如在某个网页上右键鼠标，选择查看源文件，出来一个记事本，里面的内容就是此网页的源代码。此处的源文件是指网页的源代码，而源代码就是源文件的内容，所以也称网页的源代码。

源代码是指原始代码，可以是任何语言代码。在网页设计中，我们经常用到的语言是 HTML、CSS、JavaScript、PHP、ASP 等语言。

浏览器就好像程序的编译器，它会帮我们把源代码翻译成看到的模样。

1.1.2　网页基础知识

网页，英文为 Webpage，是构建网站的基本单位。网页一般会包含文本和图片等信息，复杂的网页还会有声音、视频、动画等多媒体内容。进入一个网站，首先看到的是其主页，主页上包含指向二级页面、其他网站的链接等。

网页的本质由 HTML 标签组成，而 CSS 样式可以让网页呈现出多姿多彩的效果。如果想在网页上实现一些动态交互效果，则需要在网页中添加相应的 JavaScript 脚本程序。因此，要想学好网站设计制作，就必须掌握 HTML、CSS、JavaScript 语言。

网页分为静态网页和动态网页。静态网页是指网页中没有程序代码，只有 HTML（即超文本标记语言），一般后缀为.html、.htm 或.xml 等。静态网页的页面一旦做成，内容就不会再改变，但是静态网页也包括一些能动的部分，如 GIF 动画等。

用户可以直接双击静态网页，并且任何人在任何时间打开的页面内容都是不变的。

动态网页是指跟静态网页相对的一种网页编程技术。动态网页的文件中除了 HTML 标签以外，还包括一些具有特定功能的程序代码，这些代码使得浏览器和服务器可以交互，所以服务器会根据客户的不同请求，动态地生成网页内容。

相对于静态网页来说，动态网页的页面代码虽然没有变，但是显示的内容却是可以随着时间、环境或者数据库操作的结果而发生改变的。

动态网页与视觉上有动态效果的如动画、滚动字幕等没有直接关系。动态网页可以是纯文字的内容，也可以包含各种动画的内容，这些只是网页具体内容的表现形式。无论网页是否有动态效果，只要采用了动态网站技术（如 PHP、ASP、JSP 等）生成的网页都可以称为动态网页。

动态网页和静态网页的区别如下。

（1）更新和维护：静态网页的内容一经发布到网站服务器上，无论是否有用户访问，这些网页内容都已保存在网站服务器上。如果要修改网页的内容，就必须修改其源代码，然后重新上传到服务器上。静态网页没有数据库的支持，当网站信息量很大时，网页的制作和维护都很困难；动态网页可以根据不同的用户请求、时间或环境的需求动态生成不同的网页内容，并且动态网页一般以数据库技术为基础，可以大大降低网站维护的工作量。

（2）交互性：由于静态网页的很多内容都是固定的，在功能方面有很大的限制，所以交互性较差；动态网页则可以实现更多的功能，如用户的登录、注册、查询等。

（3）响应速度：静态网页内容相对固定，容易被搜索引擎检索，且不需要连接数据库，因此响应速度较快。动态网页实际上并不是独立存在于服务器上的网页文件，只有当用户请求时服务器才返回一个完整的网页，其中涉及数据的连接访问和查询等一系列过程，所以响应速度相对较慢。

（4）访问特点：静态网页的每个网页都有一个固定的 URL，且网页的 URL 以.htm、.html、.shtml等形式为后缀，可以直接双击打开。动态网页地址中含有 "?"，不能直接双击打开。

1.2 HTML 简介

HTML 是 hypertext markup language 的缩写，即超文本标记语言。HTML 网页就是超文本标记语言网页。所谓 "超文本"，是指页面内可以包含图片、链接、音频、视频等非文字元素。

HTML 是一种用来结构化 Web 网页及其内容的标记语言。

HTML 文档等同于网页，它可以被 Web 浏览器读取并以网页的形式显示出来。

1.2.1　HTML 基础语法

HTML 的基础语法包括网页结构、网页头部、网页主体、标签、网页要求等内容。

1. HTML 标签

HTML 标签就是 HTML 的标记标签，它是 HTML 语言中最基本的单位，也是 HTML 最重要的组成部分。

HTML 标签具体如下特点。

（1）HTML 标签是由尖括号包围的关键词，如<html>。

（2）HTML 标签通常是成对出现的，如<h1></h1>。

（3）成对出现的标签中，第一个标签为开始标签，第二个标签为结束标签。

（4）开始标签和结束标签也可以称为开放标签和闭合标签。

（5）HTML 中也有单独呈现的标签，如
、<hr/>、<img src="" alt=""/>等。

（6）一般成对出现的标签，其内容填充在两个标签中间。单独呈现的标签，一般通过标签属性赋值。如<h1>标题</h1>、<input type="text" value="按钮"/>。

（7）HTML 标签对大小写不敏感，如<P>等同于<p>，但是推荐全部使用小写。

2. HTML 元素

HTML 元素是指从开始标签到结束标签的所有代码。HTML 文档就是由 HTML 元素定义的。HTML 元素的语法特点如下。

（1）HTML 元素以开始标签起始，以结束标签终止。

（2）元素内容为开始标签与结束标签之间的内容。

（3）一些 HTML 元素包含空内容，如
、<hr>。这些包含空内容的元素也被称为空元素，在开始标签中关闭（以开始标签的结束而结束）。

（4）大部分 HTML 元素可拥有属性。

（5）大多数 HTML 元素可以嵌套，即元素内容包含其他 HTML 元素。嵌套的 HTML 元素构成 HTML 文档。

HTML 文档嵌套的示例如下：

```
<html>
    <body>
        <p>这是一个段落。</p>
    </body>
</html>
```

其中：<html>元素定义了整个 HTML 文档，这个元素拥有开始标签<html>、结束标签</html>，以及它的元素内容为嵌套的<body>元素；<body>元素拥有开始标签<body>、结束标签</body>，以及它的元素内容为嵌套的<p>元素；<p>元素拥有开始标签<p>、结束标签</p>，以及它的元素内容为"这是一个段落。"。

3. HTML 属性

HTML 元素可以拥有属性，属性包含元素的额外信息，这些信息通常不会出现在实际的内容中。例如，HTML 中通常使用<a>元素来定义超链接，使用 href 属性来定义超链接的链接地址。代码如下：

```
<a href="http://2080.zj-xx.cn/">2080 网站</a>
```

HTML 属性具有如下特点。

（1）HTML 元素可以拥有一些属性。

（2）属性提供关于元素的更多信息。

（3）属性总是在起始标签里指定。

（4）属性以名值对的形式出现，如 name='value'。

（5）属性值应该始终包含在引号里面。双引号或单引号都可以正常使用，但是在个别情况下，如果属性值本身就含有双引号，那么必须使用单引号。

（6）属性名称和属性值不区分大小写。

1.2.2　HTML 基本结构

通常 HTML 网页由一个<html>标签开始，再由一个</html>标签结束。在 HTML 网页内部有"头"（head）和"主体"（body）两部分。头部由<head>标签开始、</head>标签结束；主体部分由<body>标签开始、</body>标签结束。

1. HTML 文档结构

HTML 文档的基本结构如下：

```
<!DOCTYPE html>
<html lang="en">

<head>
    <meta charset="UTF-8">
    <title>Document</title>
</head>

<body>
</body>

</html>
```

1）<!DOCTYPE>声明

在 HTML 文档中,第一行需要声明所使用的类型规范,用于告知浏览器如何解析渲染页面。<!DOCTYPE>声明就是用于告知浏览器网页使用了 HTML、XHTML 或其他类型规范。HTML 文档的基本结构中，<!DOCTYPE html>用于声明该文档是 HTML 5 文档。

2）HTML 根标签

<html></html>标签为 HTML 根标签，是除<!DOCTYPE>声明以外所有其他标签的容器。属性 lang 用于规定元素内容的语言，这对搜索引擎和浏览器是有帮助的。

3）HTML 头部

<head></head>标签用于定义文档的头部，它是所有头部元素的容器。HTML 头部用于描述文档的各种属性和信息，这些信息和属性不会在浏览器窗口的正文部分显示出来。比如，文档的标题、在 Web 中的位置以及与其他文档的关系等。常见的头部元素有<title>、<script>、<style>、<link>和<meta>等。

<meta>元素通常用于指定网页的描述、关键词、文件的作者及最后的修改时间等，这些信息不会在客户端中显示，但是会被浏览器解析。上述文档的基本结构中，<meta>元素通过设置属性 charset="UTF-8"来指定 HTML 文档的字符编码。

<title>标签用于定义文档的标题，在所有 HTML 文档中都是必需的，缺少<title>标签的 HTML 文档是无效的。一个 HTML 文档有且只能有一个<title>标签。

<title>标签的意义如下。

- <title>标签定义的标题就是显示在浏览器工具栏的标题。
- 浏览器添加网页到收藏夹时显示的标题也为此标题。
- 显示在搜索引擎结果中的页面标题也为此标题。

<link>标签用于定义文档与外部资源之间的关系。它最常见的用途为链接样式表。<link>链接外部样式表的代码如下：

```
<head>
<link rel="stylesheet" type="text/css" href="theme.css">
</head>
```

注意，link 是一个空元素，它仅包含属性。

<script>标签用于定义客户端脚本，如 JavaScript。<script>标签既可以直接包含脚本语句，也可以通过 src 属性指向外部脚本文件。示例如下：

```
<script>
document.write("Hello World!");
</script>
```

4）HTML 主体

<body></body>标签用于定义文档的主体。<body>标签内容可以包含文档、图像、音频、视频、表单及其他交互式内容等。这些内容才是真正要在浏览器中显示并让访问者看到的内容。

2. HTML 注释

注释为不被程序执行的代码。主要用于程序员标记代码，方便后期代码的阅读、修改及他人的学习。

HTML 注释标签为<!--   -->，用于在 HTML 插入注释。浏览器不会显示注释，但是能够帮助记录 HTML 文档。示例如下：

```
<!DOCTYPE html>
<html lang="en">

<body>
    <!-- 这是一段注释。注释不会在浏览器中显示。-->
    <p>这是一段普通的段落。</p>
</body>

</html>
```

Internet Explorer 也可以执行条件注释，条件注释定义的示例如下：

```
<!--[if IE 8]>
    ...some HTML here...
<![endif] -->
```

3. HTML 引入外部资源的路径

在 HTML 中经常需要链接外部的 CSS、JS、图片资源等，链接外部资源的路径有三种表示方法，分别为相对路径、绝对路径、根路径。

1）相对路径

相对路径是指 HTML 文档所在路径与外部资源所在路径的关系，比较适合网站链接外部资源。相对路径的基本语法如下：

```
<img src='相对路径地址' alt=''/>
```

当外部资源与 HTML 文档在同一目录下时，只需要输入链接外部资源的名称即可。比如，当图片 smile.gif 与 HTML 文档在同一目录下时，<img>标签引入图片的示例如下：

```
<img src="smile.gif" alt="">
```

当 HTML 文档需要链接到下一级目录中的文件时，只需要先输入目录名，然后加"/"，再输入文件名。比如，当图片 smile.gif 在 HTML 同级目录文件夹 images 下时，<img>标签引入图片的示例如下：

```
<img src="images/smile.gif" alt="">
```

当 HTML 文档要链接到上一级目录中的文件时，则需要先输入"../"，再输入目录名、文件名。比如，HTML 文档放在 HTML 文件夹下，smile.gif 放在 images 文件夹下，且 HTML 文件夹与 images 文件夹在同一级目录。此时 HTML 文档引入 smile.gif 图片的示例如下：

```
<img src="../images/smile.gif" alt="">
```

制作网页时，常使用的是通过相对路径方式引入外部资源。

2）绝对路径

绝对路径是指文件的完整路径，包括使用的协议（如 http、ftp 等）。https://www.baidu.com/就是一个绝对路径。

使用绝对路径引入网络上的资源时，示例如下：

```
<img src="http://完整的 URL 描述地址" alt=''>
```

使用绝对路径引入电脑本地文件的示例如下：

```
<img src="file:///D:/site/images/smile.gif" alt=''>
```

3）根路径

根目录是指逻辑驱动器的最上一级目录，比如电脑本地根目录 C 盘、D 盘等。根路径就是相对于根目录产生的路径。大多数情况下，不建议使用这种路径形式。它只在下面两种情况下使用。

（1）当站点的规模非常大，放置在几个服务器上时。

（2）当服务器上放置多个站点时。

根路径以"\"开始，然后是根目录下的目录名。它的基本语法如下：

```
<a href="\wwwroot\10-2.html">链接根路径</a>
```

1.3　CSS 简介

从 HTML 被发明开始，样式就以各种形式存在。不同的浏览器结合其各自的样式语言为用户控制页面效果。最初的 HTML 只包含很少的显示属性。随着 HTML 的发展，为了满足页面设计者的要求，HTML 添加了很多显示功能。但是随着这些功能的增加，HTML 变得越来越杂乱，且 HTML 页面也越来越臃肿，于是 CSS 便诞生了。

CSS（cascading style sheets，层叠样式表）的出现是为了解决 HTML 文档内容与表现分离的问题，所以它通常被用来定义如何在页面中显示 HTML 元素。CSS 文件通常可以存储在后缀为.css 的文件中。站点的表现信息和核心内容相分离，使得站点的设计人员能够在短暂的时间内对整个网站进行各种各样的修改。引入外部样式表 CSS 极大地提高了工作效率。

CSS 用于渲染 HTML 元素标签的样式。CSS 可以通过以下三种方式添加到 HTML。

- 内联样式，即在 HTML 元素中直接使用 style 属性。
- 内联样式表，即在 HTML 文档的头部区域使用<style>元素来包含 CSS。
- 外部引用，即通过<link>标签引入外部的 CSS 文件，或者在内部样式表内首行通过 "@import url(外部样式文件);" 来定义。

1. 内联样式

在实际项目中，基本都是通过外部引用来引入外部的 CSS 文件。但是，当个别元素需要应用到特殊样式时，这时使用内联样式是一个好的选择。当内联样式与内联样式表或外部引用样式表规定的样式有冲突时，内联样式优先级最高，以内联样式为准。

使用内联样式的方法是在相关标签中使用 style 属性，属性值即为 CSS 的样式。

示例如下：

```
<!DOCTYPE html>
<html lang="en">

<head>
    <meta charset="UTF-8">
    <title>Document</title>
</head>

<body>
    <p style="color:red;font-weight:bold;">这是内联样式设置的段落样式。</p>
</body>

</html>
```

2. 内联样式表

当单个文件需要特别样式时，可以使用内联样式表。内联样式表是在<head>头部通过<style>标签定义内部样式表。

示例如下：

```
<!DOCTYPE html>
<html lang="zh-CN">

<head>
    <meta charset="UTF-8">
    <title>Document</title>
    <style>
        p {
            color:green;
            font-weight:bold;
        }
    </style>
```

```
</head>

<body>
    <p>这是内联样式表设置的段落样式。</p>
</body>

</html>
```

3. 外部引用

1）引用外部样式表

当样式需要被多个页面引用时，可通过引用外部样式表来实现。需要在<head>元素中添加<link>标签，然后通过<link>标签的 href 属性引入外部 CSS 文件，外部 CSS 文件一般以.css 方式命名。语法如下：

```
<head>
    <link rel="stylesheet" type="text/css" href="style.css">
</head>
```

HTML 代码如下：

```
<!DOCTYPE html>
<html lang="en">

<head>
    <meta charset="UTF-8">
    <title>Document</title>
    <link rel="stylesheet" href="style.css">
</head>

<body>
    <p>这是使用外部引用设置的段落样式。</p>
</body>

</html>
```

CSS 代码如下：

```
p {
    color:blue;
    font-weight:bold;
}
```

2）导入外部样式表

导入式是将一个独立的 CSS 文件导入 HTML 文档中，其是在 HTML 文档的<head>标签中应用<style>标签，并在<style>标签的开头处使用@import 语句，即可导入外部样式表文件。语法如下：

```
<style>
    @import url("CSS 文件路径");
    /* 此处还可以存放其他 CSS 样式 */
</style>
```

通常导入外部样式写在最前面，内部样式写在后面。导入式会在整个网页加载完后再加载 CSS 文件，因此，如果网页比较大，则会出现先显示无样式的页面，再出现网页样式的情况，这是导入式的一个固有缺陷。示例代码如下：

```
<!DOCTYPE html>
<html lang="en">
<head>
    <meta charset="UTF-8">
    <title>导入外部样式表</title>
    <style>
        @import url("style.css");
    </style>
</head>
<body>
    <h2>css 标题</h2>
    <p>通过 style 标签将外部样式表 style.css 导入 HTML 文档中</p>
</body>
</html>
```

CSS 代码如下：

```
p {
    color:blue;
    font-weight:bold;
}
```

虽然导入式和链接式的功能基本相同，但大部分网站都是采用链接式引入外部链接表，这是因为两者的加载时间和顺序不同。当加载页面时，<link>标签引用的 CSS 样式表将同时被加载，而"@import"引用的 CSS 样式表会等整个网页下载结束后再被加载，导致可能会显示无样式的页面，造成不友好的用户体验。因此，连接外部样式表示大多数网站使用频率最高、最实用的 CSS 样式表。它可以将 HTML 代码和 CSS 代码分离为两个或多个文件，实现类结构和表现的完全分离，使得网页的前期制作和后期维护都变得十分方便。

1.4 jQuery 简介

JavaScript 是互联网上非常流行的脚本语言，这门语言很多时候都是与 HTML 文档一起使用的，用来为网页提供动态交互效果。jQuery 是一个 JavaScript 库，它极大地简化了 JavaScript 编程，使得编写更少的代码，可以实现更好的效果，且非常容易学习。目前网络上有大量开源的 JavaScript 框架，但是 jQuery 是目前较流行的 JavaScript 框架，且提供了大量的扩展。

通过<script>标签可以在 HTML 中使用 JavaScript，可分为以下两种使用方式。

（1）在<script></script>标签中直接放入 JavaScript 代码。示例代码如下：

```
<script type="text/javascript">
```

```
    alert("内嵌 js 文件");
</script>
```

（2）通过<script>标签的 src 属性引入外部的 JavaScript 文件。外部 JavaScript 文件一般以 xx.js 方式命名。

```
<script type="text/javascript" src="index.js"></script>
```

HTML 代码如下：

```
<!DOCTYPE html>
<html lang="en">

<head>
    <meta charset="UTF-8">
    <title>Document</title>
</head>

<body>
    <script type="text/javascript">
        alert("内嵌 js 文件");
    </script>
</body>

</html>
```

JS 代码如下：

```
alert("外部引用 js 文件");
```

一般情况下，浏览器会按照 JavaScript 代码在文档中出现的先后顺序执行。但是，也有一些例外情况，比如给<script>标签添加了 async 或 defer 属性，可能会改变 JavaScript 的执行顺序。

1.5　开发编译环境

HTML 文档的后缀名为.html 或.htm，这两种后缀名没有区别，都可以使用。通常情况下，我们会使用专业的 HTML 编辑器编辑 HTML 语言，常见的 HTML 编辑器主要有 VS Code、Sublime Text、HBuilder、Notepad++、Dreamweaver 等。

本书推荐使用以下软件。

- VS Code:https://code.visualstudio.com/。
- Sublime Text：http://www.sublimetext.com/。

可以从以上软件对应的官网上下载，按照步骤安装即可。接下来将演示如何使用 VS Code 工具来创建 HTML 文件。

VS Code 是 Visual Studio Code 的简称，由微软公司开发，同时支持 Windows、Linux 和

macOS 等操作系统且开放源代码的代码编辑器，编辑器中内置了扩展程序管理的功能。

1.新建 HTML 文件

VS Code 安装完成并打开后，点击 VS Code 右上角的文件→新建文件，文件新建完成后，依然点击右上角的文件→保存，文件命名为 test.html。

2.编辑 HTML 语言

在 test.html 的空白文档中输入字符 html，会显示出不同的 html 文档声明格式，如图 1-2 所示。

图 1-2 html 文档声明格式

选择对应的 html 文档声明格式，然后回车，会显示出对应的声明文档的文档结构。此处选择 html:5，回车后显示的文档结构如图 1-3 所示。

```html
<!DOCTYPE html>
<html lang="en">
<head>
    <meta charset="UTF 8">
    <meta http-equiv="X-UA-Compatible" content="IE=edge">
    <meta name="viewport" content="width=device-width, initial-scale=1.0">
    <title>Document</title>
</head>
<body>
    
</body>
</html>
```

图 1-3 html:5 的文档结构

在<body>标签中输入如下代码：

```html
<body>
    <h1>我的第一个标题</h1>
    <p>我的第一个段落</p>
</body>
```

3.运行 HTML 文件

保存文件后双击 test.html 文件，会在浏览器中打开此文件，运行结果如图 1-4 所示。

我的第一个标题

我的第一个段落

图 1-4　test.html 文件的运行结果

1.5.1　运行

开发者需要经常查看 HTML 源代码及其效果，还要进行代码的调试。使用浏览器可以查看页面的显示效果，也可以在浏览器中直接查看 HTML 源代码，还可以进行布局、程序、数据等的调试。

查看页面源代码的常见方法一般是在页面空白处右击，从弹出的快捷菜单中选择"查看页面源代码"，如图 1-5 所示。

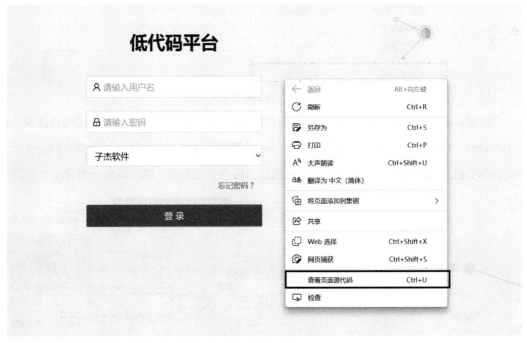

图 1-5　查看页面源代码

1.5.2　调试

为了便于代码的调试，每个浏览器都提供了不同的调试页面，下面以 Chrome 浏览器为例，其他浏览器的调试工具大同小异。调出调试页面的方式有以下两种。

- 在需要调试的浏览器中直接按快捷键 F12。
- 选择菜单中的"更多工具"→"开发者工具"，进入开发者调试页面，如图 1-6 所示。

图 1-6　调出调试页面

调试窗口的组成如图 1-7 所示，左边是页面显示效果，右边上面部分是调试窗口菜单，包括 Elements（元素）、Console（控制台）、Sources（源代码）等，选中某个功能页面后会显示对应的调试信息，如 Elements（元素）的调试信息包括当前元素值、源代码和元素盒模型等。

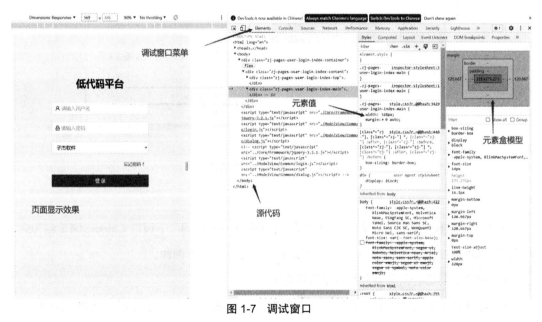

图 1-7　调试窗口

小结

本章介绍了网站和网页的基本知识，通过本章的学习，读者了解了网站的构成、如何使用 HTML、CSS、JavaScript 来编写网页。本章的内容比较基础，相关代码的难度不大。读者可以应用本章的代码编写简单的网页，提升 Web 应用开发的兴趣。

习题

一、选择题

1. 以下（　　）不是 Web 服务器的功能。

   A.存储网站文件　　　B.存储网站数据　　　C.域名解析　　　D.查找文件

2. 以下（　　）软件不能用于写网页源代码。

   A.记事本　　　　　B.画图　　　　　C.Dreamweaver　　　D.MS Word

3. www.blcu.edu.cn 属于（　　）。

   A.网站　　　　　B.Web　　　　　C.IP 地址　　　D.域名

4. Web 诞生于（　　）。

   A.美国国防部高级研究计划管理局　　　B.美国加州大学伯克利分校

   C.欧洲粒子物理研究中心　　　　　D.微软公司

5. 负责管理和维护 Web 相关技术的组织是（　　）。

   A.HTML　　　　　B.W3C　　　　　C.Internet　　　D.CNNIC

6. HTML 是指（　　）。

   A.超文本标记语言（Hyper Text Markup Language）

   B.家庭工具标记语言（Home Tool Markup Language）

   C.超链接和文本标记语言（Hyperlinks and Text Markup Language）

   D.以上都不对

7. 用 HTML 标记语言编写一个简单网页，则该网页最基本的结构是（　　）。

   A.<html><head>…</head><frame>…</frame></html>

   B.<html><title>…</title><body>…</body></html>

   C.<html><title>…</title><frame>…</frame></html>

   D.<html><head>…</head><body>…</body></html>

8. 浏览器针对 HTML 文档起到（　　）的作用。

A.浏览器用于创建 HTML 文档　　　　B.浏览器用于展示 HTML 文档

C.浏览器用于发送 HTML 文档　　　　D.浏览器用于修改 HTML 文档

9. 在下列的 HTML 中，（　　）可以产生超链接。

A.<a url="http://www.itcast.cn">itcast.cn</a>

B.<a href="http://www.itcast.cn">itcast</a>

C.<a>http://www.itcast.cn</a>

D.<a name="http://www.itcast.cn">itcast.cn</a>

10. 下面关于文件路径的说法，错误的是（　　）。

A.文件路径是指文件存储的位置

B."../"用于返回当前目录的上一级目录

C."../"用于访问当前目录的下一级目录

D.访问下一级目录直接输入相应的目录名即可

11. CSS 是指（　　）。

A.Computer Style Sheets　　　　B.Cascading Style Sheets

C.Creative Style Sheets　　　　D.Colorful Style Sheets

12. （　　）HTML 标签用于定义内部样式表。

A.<style>　　　B.<script>　　　C.<css>　　　D.<body>

13. 在 HTML 文档中，引用外部样式表的正确位置是（　　）。

A.文档的末尾　　　B.文档的顶部　　　C.<body>部分　　　D.<head>部分

14. 在以下 HTML 中，（　　）是正确引用外部样式表的方法。

A.<style src="mystyle.css">

B.<link rel="stylesheet" type="text/css" href="mystyle.css">

C.<stylesheet>mystyle.css</stylesheet>

D.<css rel="stylesheet" type="text/css" href="mystyle.css">

15. 下列能够正确在 html 页面中导入同一个目录下的 "style.css" 样式表的是（　　）。

A. <link rel="stylesheet" type="text/css" href="styles.css">

B. <style type="text/css" href="styles.css"></style>

C. <script type="text/javascript" src="styles.css"></script>

D. <link type="text/css" rel="styles.css">

二、填空题

1. 网站由网页构成，并且根据功能的不同，网页又有_____和动态网页之分。

2. 在网站建设中，HTML 用于搭建页面结构，CSS 用于设置页面样式，_____用于为页面添加动态效果。

3. HTML 全称为_____。

4. 创建一个 HTML 文档的开始标记符是_____，结束标记符是_____。

5. 把 HTML 文档分为_____和_____两部分。_____部分就是在 Web 浏览器窗口的用户区内看到额度内容，而_____部分用来设置该文档的标题（出现在 Web 浏览器窗口的标题栏中）和文档的一些属性。

6. 在标签中可以通过_____属性设定 CSS 样式。

7. CSS 样式遵循_____原则。

8. 在 HTML 中，引入 CSS 的方法主要有_____、_____、_____和_____四种。

第2章　网页基础

⊙ 章节导读

网页设计一般涉及几方面的知识：HTML、CSS、JavaScript 语言。首先我们要学习 HTML 语言，任何网页的显示都要靠 HTML 语言来表达，然后由浏览器解析 HTML 语言并显示出来。其次我们要学习基本的 CSS 知识，掌握 CSS 是步入高手的必经之路。CSS 控制着网页图片、表格、文字等内容的显示样式，比如颜色、边框、大小等。专业的网页制作一般是 div 加上 CSS 布局，网页元素靠它来搭建基本框架。最后我们还要学习 JavaScript，我们在浏览器上看到的大多数东西都是由 JavaScript 驱动的，网页里的验证码、弹窗、特效、动画、游戏等都与它有关。网络在我们的日常生活中无处不在，娱乐、工作都可以通过网络进行，浏览器是网络的重要组成部分，只要与浏览器保持紧密耦合，JavaScript 的影响将会一直存在。

⊙ 知识目标

（1）掌握 HTML 标签的写法，包括块级元素、行级元素、行级块元素。

（2）掌握 CSS 选择器的使用。

（3）了解 CSS 几种常用的布局方法。

（4）了解什么是 AJAX。

（5）掌握 jQuery 框架的相关内容。

（6）掌握 jQuery 的基本语法、函数、事件。

标准的 HTML 网页有一个固定的结构，具体来说，就是必须包含一些固定的标签元素，如 DOCTYPE、html、head 和 body，这些标签元素是必不可少的。这些固定的标签元素构成 HTML 网页的一个框架结构，缺一不可。

2.1　HTML 标签

HTML 文档是通过 HTML 标签来标记的，了解 HTML 标签非常重要。HTML 标签的基本结构如表 2-1 所示。

表 2-1　HTML 标签的基本结构

标签名	定义	说明
<html></html>	HTML 标签	页面中最大的标签，称为根标签
<head></head>	文档的头部	注意，在 head 标签中必须设置的标签是 title
<title></title>	文档的标题	让页面拥有一个属于自己的网页标题
<body></body>	文档的主体	元素包含文档的所有内容，页面内容基本都是放在 body 中的

网页的结构由语义化的标签组成，每个标签的语义指出了该标签的含义，即这个标签是用来干什么的。根据标签的语义，在合适的地方给一个最为合理的标签，可以让页面结构更清晰。编写网页时，块级标签一般用来布局，行级标签用来显示内容。

HTML 也可以将元素划分为块级元素、行级元素、行级块元素。这三者各有特点，也可以相互转换。转换时主要通过设置 CSS 的 display 属性来进行，具体如下。

（1）display 属性值设置为 inline，可将元素转换为行级元素。

（2）display 属性值设置为 block，可将元素转换为块级元素。

（3）display 属性值设置为 inline-block，可将元素转换为行级块元素。

2.1.1　块级元素

块级元素在 HTML 页面上表现为可以独占一行的元素。块级元素的特点如下。

（1）块级元素都是独占一行的。

（2）元素的高度（加上 height）、宽度（加上 width）、行高以及内容边距都可以设置。

（3）元素宽度默认与其父元素一致，即为 100%。

（4）块级元素可以包含行内元素和块级元素，行内元素不能包含块级元素。

示例代码如下：

```
<!DOCTYPE html>
<html lang="zh-CN">

<head>
    <meta charset="UTF-8">
    <title>Document</title>
    <style>
        /* 对 p 标签、h1 标签和 div 标签添加背景色为红色 */
        p,
        h1,
        div {
            background:red;
        }
    </style>
</head>
```

```
<body>
    <p>This paragraph is a block-level element;its background has been
        colored to display the paragraph's parent
        element.</p>
    <h1>This is a heading.</h1>
    <div>This is a division.</div>
</body>

</html>
```

标签添加红色背景后在浏览器上的显示效果如图 2-1 所示。

图 2-1　标签添加红色背景色后在浏览器上的显示效果

在 HTML 中，常见的块标签如表 2-2 所示。

表 2-2　常见的块标签

标签名	说明	标签名	说明
<h1>~<h6>	标题	<p>	段落
<hr>	水平分割线	<pre>	格式化文本
<blockquote>	块引用	<table>	表格
<center>	居中对齐块	<ol>	有序列表
<dir>	目录列表	<dl>	自定义列表
<div>	常用块状标签	<ul>	无序列表
<fieldset form>	控制组	<address>	地址
<form>	交互表单		

1. HTML 标题

在 HTML 文档中，标题非常重要。搜索引擎将通过标题为您的网页的结构和内容编制索引，这样用户就可以通过标题来快速浏览您的网页。

HTML 中的标题是通过<h1>-<h6>标签进行定义的。其中<h1>用于定义主标题，其次是<h2>（次重要的），再其次是<h3>，以此类推。<h1>定义的标题是最大的，<h6>定义的标题是最小的。在 HTML 文档<body>标签中添加 HTML 标题的示例如下：

```
<h1>这是标题 1</h1>
<h2>这是标题 2</h2>
<h3>这是标题 3</h3>
```

```
<h4>这是标题 4</h4>
<h5>这是标题 5</h5>
<h6>这是标题 6</h6>
```

HTML 标题在页面中的显示效果如图 2-2 所示。

图 2-2　HTML 标题在页面中的显示效果

2. HTML 段落

HTML 段落是通过<p>标签定义的。示例如下：

```
<p>这是 HTML 文档中的一个段落。</p>
<p>这是 HTML 文档中的另一个段落。</p>
```

HTML 段落在页面中的显示效果如图 2-3 所示。

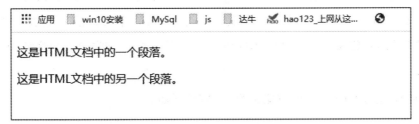

图 2-3　HTML 段落在页面中的显示效果

3. HTML <div>

所有主流浏览器都支持<div>标签，<div>元素是用于组合其他 HTML 元素的容器，<div>是一个块级元素。这意味着它的内容自动地开始一个新行。实际上，换行是<div>固有的唯一格式表现。

<div>可定义文档中的分区或节（division/section）。<div>标签可以把文档分割为独立的、不同的部分。它可以用作严格的组织工具，并且不使用任何格式与其关联。如果用 id 或 class 来标记<div>，那么该标签的作用会变得更加有效。

它有两种常见的用途，一是与 CSS 配合，对大的容器块设置样式属性。二是用于文档布局。示例如下：

```
<p>这是 div 元素外的文本。</p>
<div style="color:purple;">
    <h3>这是一个在 div 元素中的标题。</h3>
    <p>这是一个在 div 元素中的文本。</p>
</div>
<p>这是 div 元素外的文本。</p>
```

div 元素的显示效果如图 2-4 所示。

图 2-4　div 元素的显示效果

4. HTML 列表

HTML 支持有序、无序和自定义列表。列表标签包括<ol>、<ul>、<li>、<dl>、<dt>、<dd>。

有序列表是只有一列列表项的列表。什么是列表项呢？列表中的每个元素我们都称为列表项。那什么又是只有一列列表项呢？可以理解为列表的层级只有一级，没有下属的二级子分支。有序列表使用<ol>标签进行定义，列表项使用<li>标签进行定义。列表项的顺序默认使用阿拉伯数字进行编号。

有序列表是通过<ol>、<li>标签定义的。示例代码如下：

```
<ol>
    <li>Coffee</li>
    <li>Milk</li>
    <li>Tea</li>
</ol>
```

有序列表标签在页面上的显示效果如图 2-5 所示。

图 2-5　有序列表标签在页面上的显示效果

　　无序列表同有序列表一样，也是只有一列列表项的列表。无序列表使用<ul>标签进行定义，列表项使用<li>标签进行定义。列表项默认使用粗体圆点（即实心圆圈）进行标记。例如，其中无序列表是通过<ul>、<li>来定义的。示例代码如下：

```
<ul>
    <li>Coffee</li>
    <li>Milk</li>
    <li>Tea</li>
</ul>
```

无序列表标签在页面上的显示效果如图 2-6 所示。

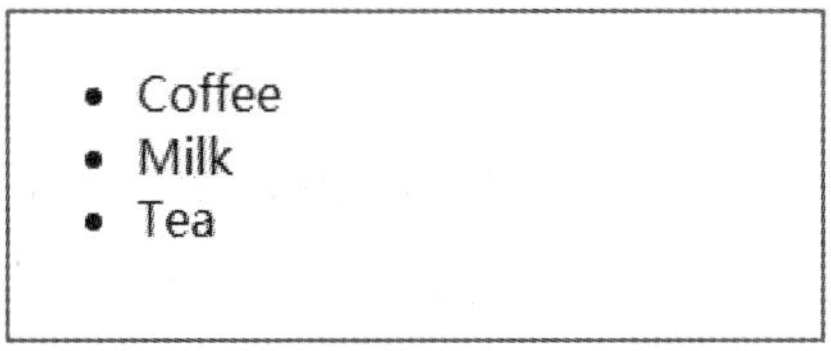

图 2-6　无序列表标签在页面上的显示效果

　　自定义列表不仅只有一列列表项，而且包含列表项和列表项描述的一种特殊的列表。其中，列表项的描述与列表项有着明显的缩进关系，因此也可以当作具有两层关系的列表来使用。

　　自定义列表是通过<dl>、<dt>、<dd>标签来定义的，其中<dl>用于定义列表容器，<dt>用于定义列表项，<dd>用于定义列表项的定义。示例代码如下：

```
<dl>
    <dt>Coffee</dt>
    <dd>Black hot drink</dd>
    <dt>Milk</dt>
    <dd>White cold drink</dd>
</dl>
```

自定义列表在页面上的显示效果如图 2-7 所示。

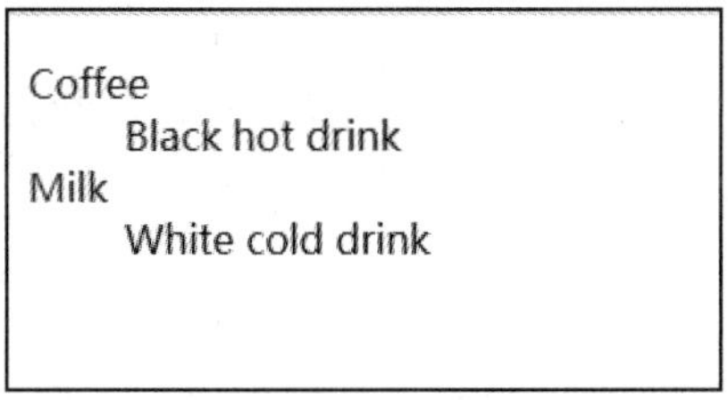

图 2-7　自定义列表在页面上的显示效果

2.1.2 行级元素

行级元素是指只占据它对应标签的边框所包含空间的元素。行级元素的特点如下。

（1）不会自动换行，行级元素所占空间只有其边框和包含内容的空间，不会独占一行。

（2）一般情况下，行内元素只能包含数据和其他行内元素。

（3）能够识别宽高，设置 width（宽度）和 height（高度）属性无效。

（4）排列方式为从左到右（默认），margin（外边距）属性仅设置左右方向有效，设置上下方向无效；padding（内边距）属性设置上下左右方向都有效，可以撑大空间。

常见的行级元素代码如下：

```
<span>我是</span>
<a href="http://www.20-80.cn/">超链接</a>
<span>，可点击链接到学习城。</span>
```

行级元素的显示效果如图 2-8 所示。

我是 <u>超链接</u> ，可点击链接到学习城。

图 2-8　行级元素的显示效果

常见的行级元素如表 2-3 所示，包含<span>、<a>、<b>、<i>等标签。

表 2-3　常见的行级元素

标签名	说明	标签名	说明
<span>	双标签，万能标签，用于区别样式	<i>	定义域文本中其他部分不同的部分，将这一部分呈现为斜体，没有特殊语义
<a>	超链接，用于从一个页面链接到另一个页面	<em>	强调标签，对应文本呈现斜体效果
 	换行	<del>	删除线
<b>	实体标签，用来呈现加粗效果	<u>	下划线
<strong>	语义标签，加强字符的语义，用来表示强调	<sup>	上标
<sub>	下标		

1. <span>元素

<span>元素用于对文档中的行内元素进行组合，它没有固定的表现格式。当对它添加样式时，它才会产生视觉上的变化。如果不对<span>应用样式，则<span>元素中的文本与其他文本不会有任何视觉上的差异。

2. <a>元素

<a>元素用于定义 HTML 文档中的超链接，用于从一个页面链接到另一个页面。在浏览器

中，超链接拥有自己的默认外观，具体如下。

（1）未被访问的链接带有下划线且是蓝色的。

（2）已被访问的链接带有下划线且是紫色的。

（3）活动链接带有下划线且是红色的。

<a>元素有一个非常重要的属性为 href 属性，用来指定链接的目标。

2.1.3 行级块元素

行级块元素是指没有独占一行，但却具有块级元素等一些特点的元素。与块级元素相比，行级块元素具有如下特点。

（1）与块级元素不同，它不会独占一行。

（2）具有块级元素可以设置宽度（width）和高度（height）的特点。

（3）具有块级元素可以设置内边距（padding）和外边距（margin）的特点。

示例代码如下：

```
<!DOCTYPE html>
<html lang="en">
<head>
    <meta charset="UTF-8">
    <meta name="viewport" content="width=device-width,initial-scale=1.0">
    <title>Document</title>
    <style>
        button {
            margin:40px;
            width:50px;
            height:50px;
        }
    </style>
</head>
<body>
    <button>按钮</button>
</body>
</html>
```

常见的行块级元素有<img>、<input type="text">、<button>等，如表 2-4 所示。

表 2-4　常见的行级块元素

标签名	说明	标签名	说明
button	定义一个按钮	input	规定用户可以在其中输入数据的输入字段
textarea	定义一个多行的文本输入控件	select	创建下拉列表
img	定义 HTML 页面中的图像	td	定义 HTML 表格中的标准单元格
th	定义 HTML 表格中的表头单元	object	定义一个嵌入的对象

1. <img>元素

在 HTML 中，<img>标签用于定义图像。<img>标签包含两个必须的属性 src 和 alt。

（1）src 指的是"source"，用于指定图像的 url 地址。url 地址指的是资源存储图像的位置。

（2）alt 属性用来为图像定义可替代的文本。当浏览器无法载入图像时，替换文本会告知用户图片信息。此时浏览器上显示的是替代的文本而不是图像。

为页面上的图像都加上替换文本是一个非常好的习惯，这样有助于更好地显示信息，并且对那些使用纯文本浏览器的人来说是非常有用的。

当在 HTML 文档的同级目录下放入一张 smiley.gif 图片时，HTML 引用此图片的示例代码如下：

```
<img src="smiley.gif" alt="笑脸图片">
```

<img>元素的显示效果如图 2-9 所示。

图 2-9　<img>元素的显示效果

删除图片后<img>元素的显示效果如图 2-10 所示。

图 2-10　删除图片后<img>元素的显示效果

2. <input type="text">控件

<input>标签属于 HTML 定义表单的一个元素，可通过设置 type 属性不同的值来声明用户输入数据的 input 控件。比如，<input type="text">定义的是文本输入框、<input type="radio">定义的是表单单选框、<input type="checkbox">定义的是表单复选框。

<input>标签定义文本输入框的示例如下：

```
<!-- form 为定义表单的标签，form 中可以包含各种表单元素 -->
<form>
    <!-- name 属性用于规定表单元素的名称，br 为换行标签。-->
    <!-- placeholder 属性可为文本框提供一个样本值或者预期格式的短描述。-->
    First name:<input type="text" name="firstname" placeholder='Bill'><br>
    Last name:<input type="text" name="lastname" placeholder='Gates'>
</form>
```

<img>元素的页面显示效果如图 2-11 所示。

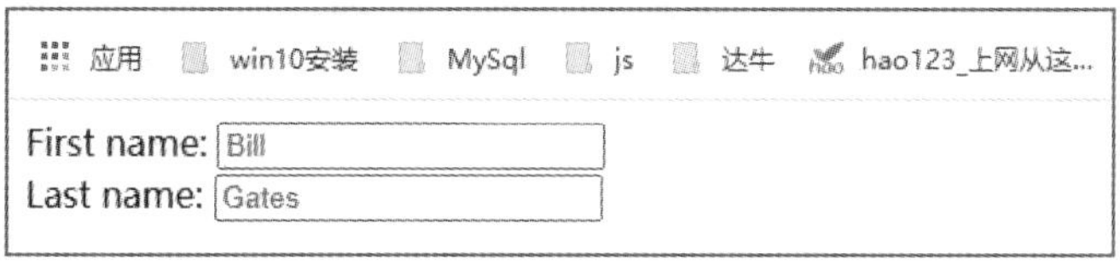

图 2-11　<img>元素的页面显示效果图

<input>元素是非常重要的表单元素，根据不同的 type 属性，<input>元素有很多形态。常用的<input>表单元素如表 2-5 所示。

表 2-5　常用的<input>表单元素

type 属性值	描述
button	没有默认行为的按钮，上面显示 value 属性的值，默认为空
checkbox	复选框，可设置为选中或未选中
date	输入日期的控件（年、月、日，不包括时间）。当支持的浏览器激活时，打开日期选择器或年月日的数字滚轮
email	编辑邮箱地址的区域。类似 text 输入，但在支持的浏览器和带有动态键盘的设备上会有确认的参数和相应的键盘
file	让用户选择文件的控件。使用 accept 属性可规定控件选择的文件类型
password	单行文本区域，其值会被遮盖。如果站点不安全，则会警告用户
radio	单选按钮，允许在拥有多个相同 name 值的选项中选择其中一个
submit	用于提交表单的按钮
text	默认值。单行文本区域，输入中的换行会被自动去除

2.1.4　按用途分类

HTML 中有多种不同类型的元素，这些元素可以用来表示文本、图像、视频、链接、表格、表单、页面结构等不同的内容和结构。按照用途分类的元素如表 2-6 所示。

表 2-6　按照用途分类的元素

序号	类型	标签	说明
1	文本元素	<h1>~<h6>、<p>、<span>	用于文本的展示
2	超链接元素	<a>	用于创建链接到其他页面或文档
3	多媒体元素	<img>、<video>、<audio>、<picture>、<source>	用于插入图像、视频和音频
4	列表元素	<ul>、<ol>、<li>	表示无序、有序列表和列表项

续表

序号	类型	标签	说明
5	表格元素	<table>、<tr>、<th>、<td>	表示表格和表格的行及单元格
6	表单元素	<form>、<input>、<button>、<textarea>、<select>	用于创建表单，包括文本框、单选按钮、复选框、下拉框等
7	框架元素	<iframe>	用于嵌入其他网页或文档
8	头部元素	<head>、<meta>、<title>	用于定义文档的头部信息，如标题、关键字、描述、作者、字符编码等
9	分区元素	<div>、<section>、<article>、<nav>、<aside>	用于组织和划分文档内容的区块
10	样式类元素	<link>、<style>	用于连接外部样式表或内部样式表
11	脚本元素	<script>	用于嵌入 JavaScript 代码
12	区块级别	<header>、<main>、<footer>	用于标识文档中的不同区域

HTML 中有多个标签都是缩写，具体的对应关系如表 2-7 所示。

表 2-7　标签说明

标签名	英文全称	说明
b	bold	加黑
dl	definition list	定义列表
dt	definition term	表示放在每个定义术语前
dd	definition description	定义描述
dfn	define	术语定义
em	emphasize	表示强调文本，通常是斜体加黑体
hr	horizontal rule	水平线
i	italics	斜体字
pre	preformatted	预先格式化文本
p	paragraphs	表示创建一个段落
sup	superscript	上标
sub	subscript	下标
ul	unordered lists	无序列表
u	underline	下划线
var	variable	变量

2.2　CSS 基础

CSS（Cascading Style Sheets，层叠样式表），即将多种样式层叠式地定义为一个整体，用标准的布局语言控制元素的颜色、尺寸与排版。CSS 用于代替其他如表格布局、框架布局以及非标准的表现方法。

CSS 是一种用来表现 HTML 或 XML 等文件样式的计算机语言。CSS 不仅可以静态地修饰网页，还可以配合各种脚本语言动态地对网页各元素进行格式化。

CSS 能够对网页中元素位置的排版进行像素级精确控制，支持几乎所有的字体字号样式，拥有对网页对象和模型样式编辑的能力。

当前最新的 CSS 标准是 CSS 3，CSS 3 是 CSS（层叠样式表）技术的升级版本，于 1999 年开始制订，2001 年 5 月 23 日 W3C 完成了 CSS 3 的工作草案，主要包括盒子模型、列表模块、超链接方式、语言模块、背景和边框、文字特效、多栏布局等模块。

CSS 演进的一个主要变化就是 W3C 决定将 CSS 3 分成一系列模块。浏览器厂商按 CSS 节奏快速创新，因此，通过采用模块方法，CSS 3 规范里的元素能以不同的速度向前发展，因为不同的浏览器厂商只支持给定特性。但不同的浏览器在不同的时间支持不同的特性，这也让跨浏览器开发变得复杂。

2.2.1　CSS 的使用

1. CSS 语法

CSS 语法规则由两个部分构成：选择器（selector）及一条或多条声明（声明组）。其基础语法格式如下：

```
selector {
    declaration-1;
    declaration-2;
    ……
    declaration-n;
}
```

其中：选择器通常是你需要改变样式的 HTML 元素。每条声明由一个属性和一个值组成，属性（property）是设置的样式属性（style attribute）；每个属性用一个属性名称和属性值定义，属性和值被冒号分开。CSS 声明总是以分号（;）结束，声明组以大括号（{}）括起来。

HTML 代码如下：

```
<body>
    <h1>This header is 36 px</h1>
    <h2>This header is blue</h2>
    <p>This paragraph has a left margin of 50 pixels</p>
</body>
```

无 CSS 时的执行效果如图 2-12 所示。

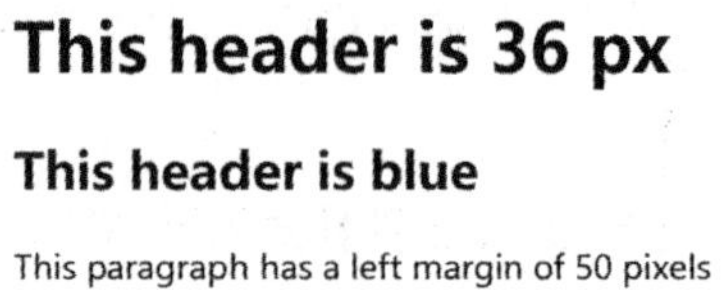

This header is 36 px

This header is blue

This paragraph has a left margin of 50 pixels

图 2-12　无 CSS 时的执行效果

在网页中插入一段 CSS 代码，如下：

```
<!DOCTYPE html>
<head>
  <!--这是 CSS 的代码-->
  <style type="text/css">
    body {
      background-color:yellow;
    }
    h1 {
      font-size:36px;
    }
    h2 {
      color:blue;
    }
    p {
      margin-left:50px;
    }
  </style>
  <body>
    <h1>This header is 36 px</h1>
    <h2>This header is blue</h2>
    <p>This paragraph has a left margin of 50 pixels</p>
  </body>
</head>
```

在上面这段 CSS 样式代码中，body 是选择器，background-color（背景颜色）是属性，yellow 是值。因此，"background-color:yellow;"这样一组 { 属性:值 } 对就称为一个声明。

声明样式的显示效果如图 2-13 所示，页面背景变成黄色，This header is blue 这段文字变成蓝色。

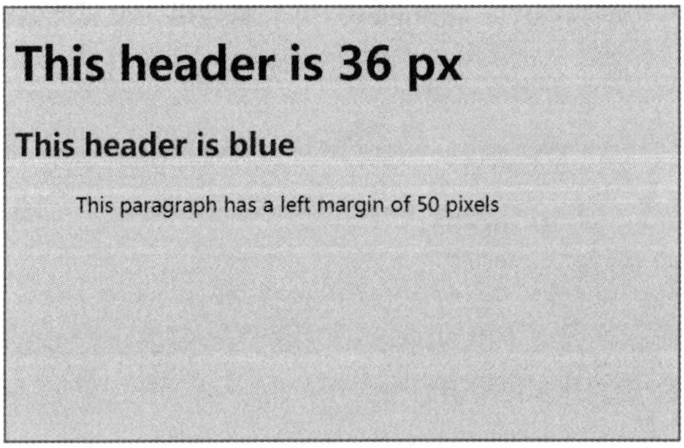

This header is 36 px

This header is blue

This paragraph has a left margin of 50 pixels

图 2-13　声明样式的显示效果

2. CSS 选择器

选择器也称选择符，HTML 中的所有标签都是通过不同的 CSS 选择器进行控制的。选择器不只是 HTML 文档中的元素标签，它还可以是类、ID 或元素的某种状态。根据 CSS 选择器的用途，可以把选择器分为通配选择器、标签选择器、类选择器、ID 选择器、伪类选择器和组合选择器等，如表 2-8 所示。

表 2-8　CSS 选择器的分类

序号	选择器类型	说明
1	通配选择器	使用 "*" 符号来选择
2	标签选择器	根据 HTML 页面中的标签元素来选择
3	属性选择器	根据元素的属性及属性值来选择元素
4	类选择器	根据类名（ "." 符号）来选择
5	ID 选择器	根据 HTML 页面中定义的元素 "id" 值来选择
6	伪类选择器	用于向某些选择器添加特殊的效果
7	组合选择器	根据若干元素样式属性一样时来选择

1）通配选择器

在 CSS 中，一个星号（*）就是一个通配选择器，它可以匹配任意类型的 HTML 元素。当配合其他简单选择器的时候，省略通配选择器会有同样的效果。

语法格式如下：

```
*{属性名:属性值;}
```

请参考以下示例代码。HTML 代码如下：

```
<body>
<h1>标题</h1>
<p>段落</p>
<a href="#">超链接</a>
</body>
```

CSS 代码如下：

```
*{
color:red;
}
```

通配选择器的示例效果如图 2-14 所示。

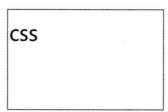

图 2-14　通配选择器的示例效果图

2）标签选择器

标签选择器选择的是页面上所有这种类型的标签，可以用来控制标签的应用样式。

语法格式如下：

标签名称{CSS 属性：属性值；}

HTML 代码如下：

```
<body>
    <div>css 选择器</div>
    <p>css 选择器</p>
</body>
```

CSS 代码如下：

```
p {
    font-size:14px;
    color:green;
}
```

标签选择器的示例效果如图 2-15 所示。

图 2-15　标签选择器的示例效果图

3）属性选择器

在 CSS 中，我们还可以根据元素的属性及属性值来选择元素，此时用到的选择器称为属性选择器。属性选择器的使用主要有两种形式。

语法如下：

```
属性选择器 1 属性选择器 2...{
    属性 1:属性值 1;
    属性 2:属性值 2;
}
```

元素选择器 属性选择器 1 属性选择器 2...{
　　属性 1:属性值 1;
　　属性 2:属性值 2;
}

请参考以下示例代码。HTML 代码如下：

```
<body>
    <h2>应用属性选择器样式：</h2>
    <h3 title="Helloworld">Helloworld</h3>
    <a title="首页" href="#">返回首页</a><br/><br/>
    <p align="center">段落一</p>
    <hr/>
    <h2>没有应用属性选择器样式</h2>
    <h3>Helloworld</h3>
    <a href="#">返回首页 </a><br/><br/>
    <p align="right">段落二</p>
</body>
```

CSS 代码如下：

```
[title] {
    /* 选择具有 title 属性的元素 */
    color:green;
}

a[href][title] {
    /* 选择同时具有 href 和 title 属性的 a 元素 */
    font-size:36px;
}

p[align="center"] {
    /* 选择 align 属性等于 center 的 p 元素 */
    color:red;
    font-weight:bolder;
}
```

属性选择器的示例效果如图 2-16 所示。

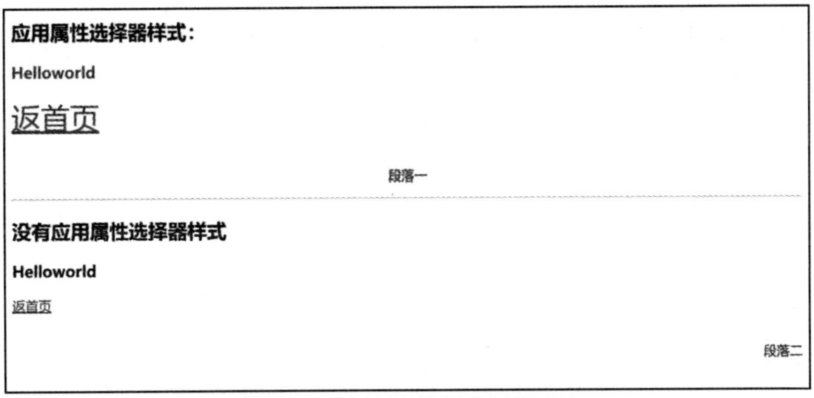

图 2-16　属性选择器的示例效果图

4）类选择器

在 HTML 文档中，CSS 类选择器会根据元素的类属性中的内容匹配元素。类属性被定义为一个以空格分隔的列表项，在这组类名中，必须有一项与类选择器中的类名完全匹配，此条样式声明才会生效。

类选择器的基本语法如下：

```
.类选择器名称 {CSS 属性：属性值；}
```

HTML 代码如下：

```
<body>
    <p class="oneclass">使用类选择器定义样式</p>
    <p>未使用类选择器</p>
</body>
```

CSS 代码如下：

```
.oneclass {
    font-size:20px;
    width:200px;
    background-color:yellow;
}
```

类选择器的示例效果如图 2-17 所示。

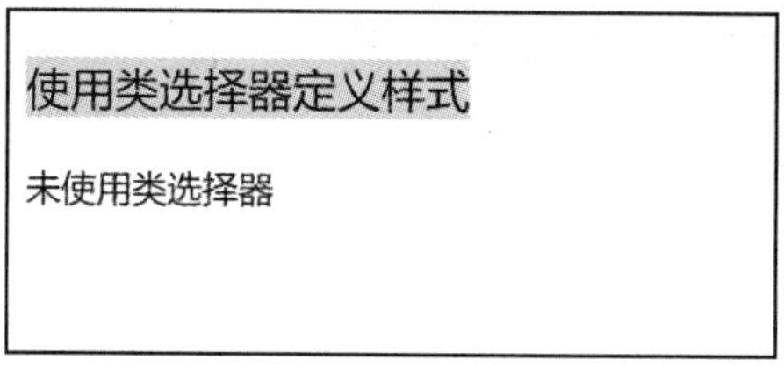

图 2-17　类选择器的示例效果图

5）ID 选择器

在 HTML 文档中，CSS ID 选择器会根据该元素的 ID 属性中的内容匹配元素，元素 ID 的属性名必须与选择器中的 ID 属性名完全匹配，此条样式声明才会生效。

ID 选择器的基本语法如下：

```
#ID 名称 {CSS 属性：属性值；}
```

HTML 代码如下：

```
<body>
    <h2 id="mytitle">你好</h2>
</body>
```

CSS 代码如下：

```
#mytitle{
```

```
    border:3px dashed green;
}
```

ID 选择器的示例效果如图 2-18 所示。

图 2-18 ID 选择器的示例效果图

6）伪类选择器

伪类选择器进一步可以分为链接伪类选择器以及结构伪类选择器。

（1）链接伪类选择器。

常见的链接伪类选择器有 link、visited、hover、focus 以及 active 等。下面介绍以 hover 为例的示例代码。

HTML 代码如下。

```
<body>
    <a href="">首页</a>
</body>
```

CSS 代码如下：

```
a {
    font-size:14px;
    font-weight:bold;
    color:darkgray;
}

a:hover {
    color:red;
}
```

链接伪类选择器的示例效果如图 2-19 所示。

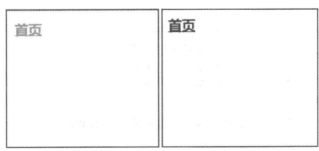

初始效果   鼠标经过时效果

图 2-19 链接伪类选择器的示例效果图

（2）结构伪类选择器。

常见的结构伪类选择器有 first-child、last-child、nth-child(n)、nth-last-child(n)。

HTML 代码如下：

```
<body>
    <ul>
        <li>第一个子元素</li>
        <li>第二个子元素</li>
        <li>第三个子元素</li>
        <li>第四个子元素</li>
        <li>第五个子元素</li>
        <li>第六个子元素</li>
        <li>第七个子元素</li>
    </ul>
</body>
```

CSS 代码如下：

```
li:first-child {
    /*选择第一个子元素*/
    color:red;
}

li:last-child {
    /* 选择最后一个子元素 */
    color:blue;
}

li:nth-child(3) {
    /* 选择第三个子元素 n 代表第几个的意思 */
    color:orange;
}
```

结构伪类选择器的示例效果如图 2-20 所示。

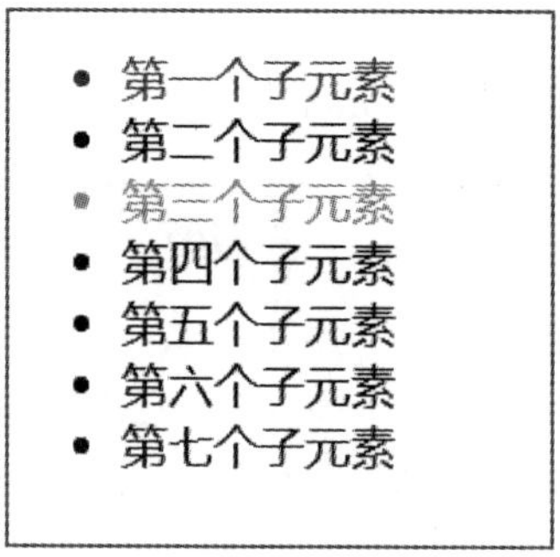

- 第一个子元素
- 第二个子元素
- 第三个子元素
- 第四个子元素
- 第五个子元素
- 第六个子元素
- 第七个子元素

图 2-20　结构伪类选择器的示例效果图

7）复合选择器

复合选择器是由两个或多个基础选择器通过不同的方式组合而成的，目的是选择更准确、更精细的元素标签。将复合选择器进一步归类为交集选择器、并集选择器、后代选择器、子元素选择器和相邻兄弟选择器等。

（1）交集选择器。

交集选择器由两个选择器直接连接构成，其中第一个选择器必须是元素选择器，第二个选择器必须是类选择器或者 ID 选择器，两个选择器之间必须连续写，不能有空格。

交集选择器选择的元素必须是由第一个选择器指定的元素类型，该元素必须包含第二个选择器对应的 ID 名或类名。交集选择器选择的元素样式是三个选择器样式，即第一个选择器；

语法如下：

```
元素选择器.类选择器|#ID选择器 {
    属性1:属性值1;
    属性2:属性值2;
}
```

HTML 代码如下：

```
<body>
    <div> 元素选择器效果 </div>
    <div class="txt"> 交集选择器效果 </div>
    <span class="txt"> 类选择器效果 </p>
</body>
```

CSS 代码如下：

```
/* 元素选择器设置边框和下外边距样式 */
div {
    border:5px solid red;
    margin-bottom:20px;
}
/* 交集选择器设置背景颜色 */
div.txt {
    background:#33FFCC;
}
/* 类选择器设置字体格式 */
.txt {
    font-style:italic;
}
```

属性选择器的示例效果如图 2-21 所示。

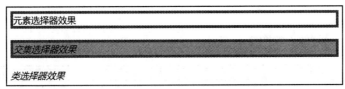

图 2-21　属性选择器的示例效果图

（2）并集选择器。

并集选择器也叫分组选择器或群组选择器，它是由两个或两个以上的任意选择器组成的，不同的选择器之间用","隔开，实现对多个选择器进行"集体声明"。

并集选择器的特点是，所设置的样式对并集选择器中的各个选择器都有效。

语法如下：

```
选择器 1,
选择器 2,
选择器 3,
{
属性 1:属性值 1;
属性 2:属性值 2;
}
```

HTML 代码如下：

```
<body>
<div id="d1">这是 DIV1</div>
<div>这是 DIV2</div>
<p class="p1"> 这是段落一 </p>
<p> 这是段落二 </p>
<span> 这是一个 SPAN</div>
</body>
```

CSS 代码如下：

```
div {
    margin-bottom:10px;
    border:3px solid red;
}

span {
    font-size:26px;
}

p {
    font-style:italic;
}

/* 使用并集选择器设置元素的公共样式 */

span,.p1,#d1 {
    background:#CCC;
}
```

并集选择器的示例效果如图 2-22 所示。

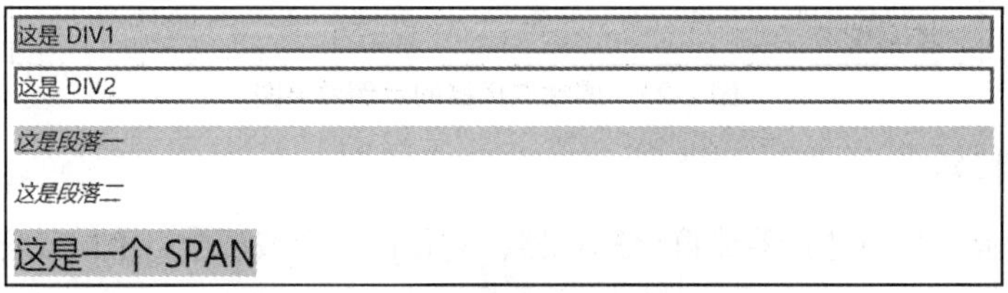

图 2-22 并集选择器的示例效果图

（3）后代选择器。

后代选择器又称包含选择器，用于选择指定元素的后代元素。使用后代选择器可以帮助我们更快、更确切地找到目标元素。

语法如下：

```
选择器 1 选择器 2 选择器 3 {
属性 1:属性值 1；
    属性 2:属性值 2；
}
```

HTML 代码如下：

```
<body>
    <div id="box1">
        <p class="p1"> 段落一 </p>
        <p class="p2"> 段落二 </p>
    </div>
    <div id="box2">
        <p class="p1"> 段落三 </p>
        <p> 段落四 </p>
    </div>
    <p class="p1"> 段落五 </p>
    <p> 段落六 </p>
</body>
```

CSS 代码如下：

```
#box1 .p1 {
    /* 后代选择器 */
    background:#CCC;
}

#box2 p {
    /* 后代选择器 */
    background:#CFC;
}
```

后代选择器的示例效果如图 2-23 所示。

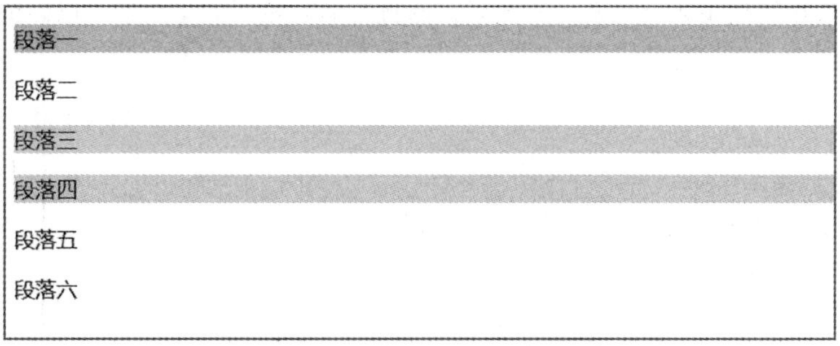

图 2-23　后代选择器的示例效果图

（4）子元素选择器。

后代选择器可以选择某个元素指定类型的所有后代元素，如果只想选择某个元素的所有子元素，则需要使用子元素选择器。

语法如下：

```
选择器 1 > 选择器 2 {
    属性 1:属性值 1;
    属性 2:属性值 2;
}
```

语法说明："＞"称为左结合符，在其左右两边可以出现空格，"选择器 1>选择器 2"的含意是指选择作为选择器 1 指定元素的所有选择器 2 指定的子元素。

HTML 代码如下：

```
<body>
    <h1> 这是非常非常 <span> 重要 </span> 且 <span> 关键 </span> 的一步。</h1>
    <h1> 这是真的非常 <em><span> 重要 </span> 且 <span> 关键 </span></em> 的一步。
</h1>
</body>
```

CSS 代码如下：

```
h1 > span {
    color:red;
}
```

子元素选择器的示例效果如图 2-24 所示。

图 2-24　后代选择器的示例效果图

（5）相邻兄弟选择器。

如果需要选择紧接在某个元素后的元素，而且二者有相同的父元素，可以使用相邻兄弟选择器。

语法如下：

```
选择器 1+选择器 2 {
    属性 1:属性值 1;
    属性 2:属性值 2;
}
```

请看以下示例代码。HTML 代码如下:

```
<body>
    <h1> 这是一个一级标题 </h1>
    <p> 这是段落一。</p>
    <p> 这是段落二。</p>
    <p> 这是段落三。</p>
</body>
```

CSS 代码如下:

```
h1+p {
    color:red;
    font-weight:bold;
    margin-top:50px;
}

p+p {
    color:blue;
    text-decoration:underline;
}
```

相邻兄弟选择器的示例效果如图 2-25 所示。

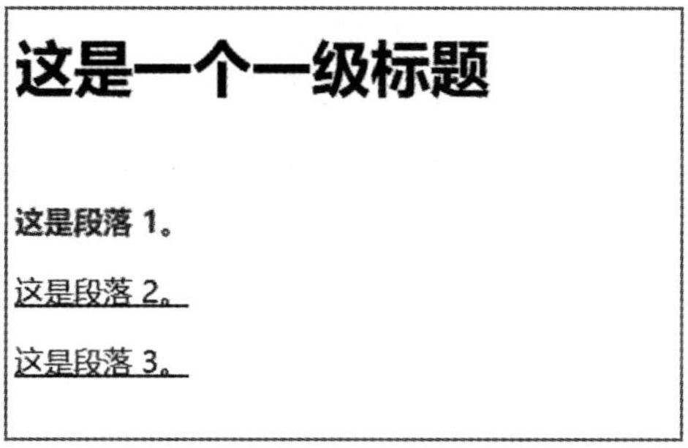

图 2-25　相邻兄弟选择器的示例效果图

3. CSS 样式

本节主要介绍 CSS 基础样式的知识,包括常用属性、背景样式、字体样式、文本样式等。HTML 网页通过添加以上 CSS 样式的渲染,页面的美化效果十分显著。

1) CSS 高度和宽度

CSS 中的宽度和高度分别用来定义 HTML 元素的宽度和高度。在页面中,一些元素拥有自己的宽度和高度,其实大部分是通过 CSS 的 width 和 height 属性来设置的,而不是直接通过 HTML 元素自身的 width 属性来设置的。

width 属性用来定义元素内容区域的宽度,在内容区域外面可以增加内边距、边框和外边距。height 属性用来定义元素内容区域的高度,在内容区域外面可以增加内边距、边框和外边距。

宽度和高度的值可以是以下几种形式。

- auto：浏览器会计算出实际的宽度/高度。

- length：使用 px、cm 等单位定义宽度/高度。

- %：基于包含其块级对象的百分比宽度/高度。

- Inherit：规定应该从父元素继承 width/height 属性的值。

在 CSS 中，只有块级元素才可以使用宽/高属性，行内元素是不可以使用的。例如，可以在页面中对<div>元素进行宽/高的设置，但是却不能对<a>链接元素设置宽和高。反之，可以从元素是否可以设置宽/高属性来确定它们为块级元素。

请看以下示例代码。

HTML 代码如下：

```
<body>
    <div class="a">块级元素</div>
    <a href="#" class="b">行内元素</a>
</body>
```

无 CSS 的代码执行效果如图 2-26 所示。

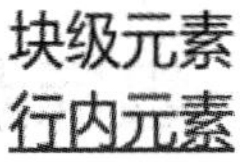

块级元素
行内元素

图 2-26　无 CSS 的代码执行效果

加入 CSS 后，代码如下：

```
<!DOCTYPE html>
<head>
    <style>
    div {
        width:200px;
        height:200px;
        background-color:green;
    }
    a {
        width:200px;
        height:200px;
        background-color:red;
    }
    </style>
</head>
<body>
    <div class="a">块级元素</div>
    <a href="#" class="b">行内元素</a>
</body>
```

宽高属性的示例效果如图 2-27 所示。

图 2-27　宽高属性的示例效果图

从上述示例效果可以看出，块级元素<div>可以设置宽度和高度，页面显示的是设置的高度和宽度；行内元素<a>同样可以设置宽度和高度，但页面显示的不是设置的宽度值和高度值，而是实际内容的宽度和高度。

2）CSS 背景样式

CSS 背景（background）属性用于定义 HTML 元素的背景，背景效果主要有以下几种。

（1）background-color：定义元素的背景颜色。

语法如下：

```
background-color:color_name | hex_number | rgb_number | transparent | inherit;
```

- color_name：规定颜色值为颜色名称的背景颜色（如 red）。
- hex_number：规定颜色值为十六进制值的背景颜色（如#ff0000）。
- rgb_number：规定颜色值为 rgb 代码的背景颜色（如 rgb(255,0,0)）。
- transparent：为默认值，背景颜色为透明。
- inherit：规定应该从父元素继承 background-color 属性的设置。

（2）background-image：定义元素的背景图像。

语法如下：

```
background-image:url('URL') | none | inherit;
```

- url('URL')：指向图像的路径。
- none：为默认值，不显示背景图像。
- inherit：规定应该从父元素继承 background-image 属性的设置。

（3）background-repeat：设置图像是否平铺。

语法如下：

```
background-repeat: repeat | repeat-x | repeat-y | no-repeat | inherit;
```

- repeat：为默认值，背景图像将在垂直方向和水平方向重复。

- repeat-x：背景图像将在水平方向重复。

- repeat-y：背景图像将在垂直方向重复。

- no-repeat：背景图像仅显示一次。

- inheri：规定应该从父元素继承 background-repeat 属性的设置。

（4）background-attachment：设置图像在可视区域是否固定。

语法如下：

```
background-attachment:scroll | fixed | inherit;
```

- scroll：为默认值，背景图像会随着页面其余部分的滚动而移动。

- fixed：规定当页面的其余部分滚动时，背景图像不会移动。

- inheri：规定应该从父元素继承 background-attachment 属性的设置。

（5）background-position：设置图像在背景中的位置。

语法如下：

```
background-position:top left | x% y% | xpos ypos;
```

- top left：如果仅规定一个关键词，那么第二个值将是 center，默认值为 0% 0%。

- x% y%：规定第一个值是水平位置，第二个值是垂直位置，左上角是 0% 0%，右下角是 100% 100%，如果仅规定一个值，则另一个值将是 50%。

- xpos ypos：规定第一个值是水平位置，第二个值是垂直位置，左上角是 0 0，单位是像素（0px 0px）或任何其他的 CSS 单位，如果仅规定一个值，则另一个值将是 50%，可以混合使用%和 position 值。

综合示例如下。

HTML 代码如下：

```
<body>
    <h1>Hello World!</h1>
</body>
```

CSS 代码如下：

```
body
{
    background-image:url('background.jpg');
    background-color: bisque;
    background-repeat:no-repeat;
    background-position:left top;
    margin-right:200px;
}
```

背景属性的示例效果如图 2-28 所示。

图 2-28　背景属性的示例效果

3）CSS 字体样式

CSS 字体属性用于定义字体、字体风格、字体加粗、字体大小。

（1）字体。

在 CSS 规范中，总体上定义了两种不同类型的字体系列，分别为通用字体系列和特定字体系列。通用字体系列是指拥有相似外观的字体系统组合（比如，Serif 就是通用字体系列中的一种）。特定字体系列是指具体的字体系列（比如，Times、Courier、Georgia 等就是特定字体系列）。

CSS 字体主要包含 Serif 字体、Sans-serif 字体、Monospace 字体、Cursive 字体、Georgia 字体、Fantasy 字体等几种类型。通过 font-family 设置字体的类型。

示例代码如下：

```
<!DOCTYPE html>
<head>
    <style>
    p.p-serif {
        font-family:serif;
    }
    p.p-sans-serif {
        font-family:sans-serif;
    }
    p.p-monospace {
        font-family:monospace;
    }
    p.p-cursive {
        font-family:cursive;
    }
    p.p-fantasy {
        font-family:fantasy;
    }
    p.p-georgia {
        font-family:georgia;
```

```
    }
    </style>
</head>
<body>
    <p class="p-serif">CSS 字体（serif）</p>
    <p class="p-san-serif">CSS 字体（san-serif）</p>
    <p class="p-monospace">CSS 字体（monospace）</p>
    <p class="p-cursive">CSS 字体（cursive）</p>
    <p class="p-fantasy">CSS 字体（fantasy）</p>
    <p class="p-georgia">CSS 字体（georgia）</p>
</body>
```

字体的示例效果如图 2-29 所示。

CSS 字体（serif）

CSS 字体（san-serif）

CSS 字体（monospace）

CSS 字体（cursive）

CSS字体（fantasy）

CSS 字体（georgia）

图 2-29　字体的示例效果

（2）字体风格。

字体风格（font-style）属性常用于斜体文本。该属性包含以下三个值。

① normal：文本显示为正常。

② italic：文本显示为斜体。

③ oblique：文本显示为倾斜。

请参考以下示例代码。

HTML 代码如下：

```
<body>
<p class="normal">This is a paragraph,normal.</p>
<p class="italic">This is a paragraph,italic.</p>
<p class="oblique">This is a paragraph,oblique.</p>
</body>
```

CSS 代码如下：

```
.normal {
    font-style:normal
}
```

```
.italic {
    font-style:italic
}

.oblique {
    font-style:oblique
}
```

字体风格的示例效果如图 2-30 所示。

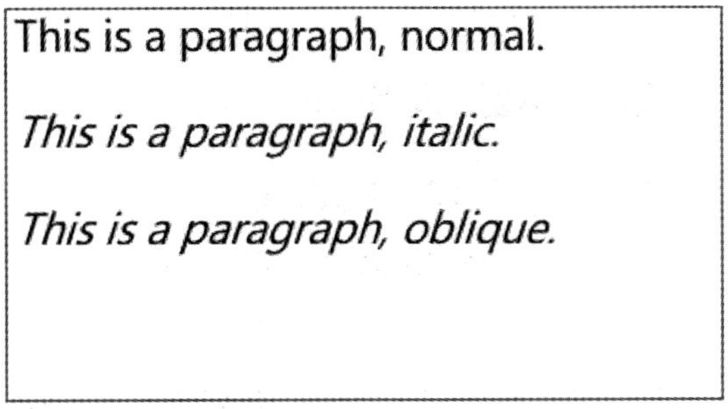

This is a paragraph, normal.

This is a paragraph, italic.

This is a paragraph, oblique.

图 2-30　字体风格的示例效果

（3）字体加粗。

字体加粗（font-weight）属性用于设置文本的粗细。使用 bold 关键字可以将文本设置为粗体。

100~900 指定字体 9 级加粗度。如果一个字体内置了这些加粗级别，那么这些数字就直接映射到预定义的级别，100 对应最细的字体变形，900 对应最粗的字体变形。数字 400 等价于 normal，而 700 等价于 bold。

如果将元素的加粗设置为 bolder，则浏览器会设置比继承值更粗的一个字体加粗。与此相反，设置为 lighter 会导致浏览器的加粗度下降。

示例如下：

```
<!DOCTYPE html>
<head>
    <style>
    p{
        font-family:'Segoe UI',Tahoma,Geneva,Verdana,sans-serif;
    }
    p.normal {
        font-weight:normal;
    }
    p.thick {
        font-weight:bold;
    }
    p.thicker {
        font-weight:900;
    }
    </style>
</head>
```

```
<body>
    <p class="normal"> 字体加粗效果（normal）</p>
    <p class="thick"> 字体加粗效果 thick</p>
    <p class="thicker"> 字体加粗效果 thicker</p>
</body>
```

字体加粗的示例效果如图 2-31 所示。

字体加粗效果 （normal）

字体加粗效果 thick

字体加粗效果 thicker

图 2-31　字体加粗的示例效果

（4）字体大小。

字体大小（font-size）属性用于设置文本的大小。设置字体大小的方式主要有两种，一种是使用像素设置文本大小，另一种是使用 em 来设置字体大小。使用像素设置文本大小，可以对文本大小进行完全控制；使用 em 设置字体大小时，1em 等于当前字体尺寸。

请参考以下代码示例。

HTML 代码如下：

```
<body>
<h1>This is heading 1</h1>
<h2>This is heading 2</h2>
<p>This is a paragraph.</p>
<p>This is a paragraph.</p>
<p>...</p>
</body>
```

CSS 代码如下：

```
h1 {
    font-size:3.75em;
}

h2 {
    font-size:2.5em;
}

p {
    font-size:40px;
}
```

字体大小的示例效果如图 2-32 所示。

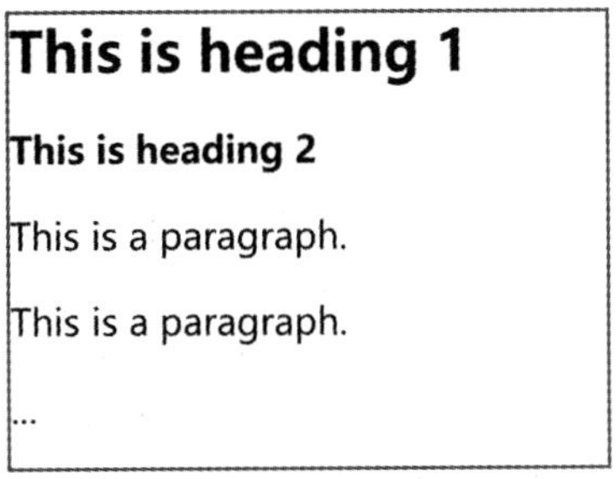

This is heading 1

This is heading 2

This is a paragraph.

This is a paragraph.

...

图 2-32　字体大小的示例效果

4）CSS 颜色样式

CSS 的颜色包括十六进制颜色、rgb 颜色、rgba 颜色和透明属性等。颜色（color）属性用来设置文字的颜色、背景的颜色等，颜色值可以使用以下几种方式来设置。

- 十六进制值：如 # FF0000，所有的颜色值必须介于#000000~#FFFFFF 之间。

- rgb 值：用语法 rgb（red,green,blue）表示，所有的颜色值应介于 0~255 之间，比如 rgb（255,0,0）表示红色。

- rgba 值：用语法 rgba（red,green,blue,alpha）表示，所有的颜色值应介于 0~255 之间，alpha 参数介于 0（完全透明）~1（完全不透明）之间，比如 rgba（255,0,0）表示红色。

- 颜色的名称（颜色的英文单词）：如"红"用 red 表示。

HTML 代码如下：

```
<!DOCTYPE html>
<head>
    <style>
        p.p-color-hex-style1 {
            color:#ff0000;
            background-color:#c0c0c0;
        }
        p.p-color-hex-style2 {
            color:#00ff00;
            background-color:#d0d0d0;
        }
        p.p-color-rgb-style1 {
            color:rgb(255,0,0);
            background-color:rgb(240,240,240);
        }
        p.p-color-rgb-style2 {
            color:rgb(0,0,255);
            background-color:rgb(240,240,240);
        }
        p.p-color-rgba-style1 {
            color:rgba(255,0,0,0.5);
            background-color:rgba(240,240,240,0.5);
        }
        p.p-color-rgba-style2 {
            color:rgba(0,64,64,0.5);
            background-color:rgba(240,240,240,0.5);
```

```
        }
      </style>
  </head>
  <body>
      <p class="p-color-hex-style1">颜色十六进制效果 style1</p>
      <p class="p-color-hex-style2">颜色十六进制效果 style2</p>
      <p class="p-color-rgb-style1">颜色 rgb 进制效果 style1</p>
      <p class="p-color-rgb-style2">颜色 rgb 进制效果 style2</p>
      <p class="p-color-rgba-style1">颜色 rgba 进制效果 style1</p>
      <p class="p-color-rgba-style2">颜色 rgba 进制效果 style2</p>
  </body>
```

字体颜色的示例效果如图 2-33 所示。

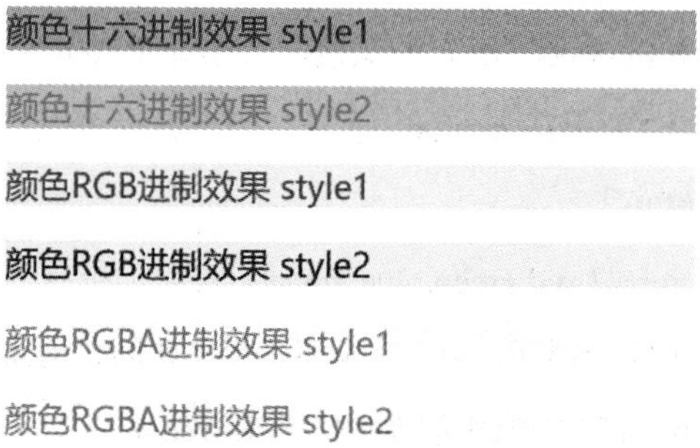

图 2-33　字体颜色的示例效果

5）CSS 文本样式

CSS 文本属性可用于定义文本的外观。通过文本属性，可以改变文本的颜色、字符间距、文本对齐、文本修饰、文本缩进等。

（1）字符间距。

letter-spacing（字符间距）属性用于增加或减少字符间的空白（字符间距）。该属性定义了在文本字符框之间插入多少空间。由于字符字形通常比其字符框要窄，当指定长度值时，会调整字母之间通常的间隔。因此，normal 就相当于值为 0。

语法格式如下：

```
letter-spacing: normal | length | inherit
```

其中：normal 为默认值，用于规定字符间没有额外的空间；length 用于定义字符间的固定空间（允许使用负值）；inherit 用于规定应该从父元素继承 letter-spacing 属性的值。

请参考以下示例代码。

HTML 代码如下：

```
<body>
```

```
    <h1>This is header 1</h1>
    <h2>This is header 2</h2>
</body>
```

CSS 代码如下：

```
h1 {
    letter-spacing:-0.2em
}
h2 {
    letter-spacing:20px
}
```

字符间距的示例效果如图 2-34 所示。

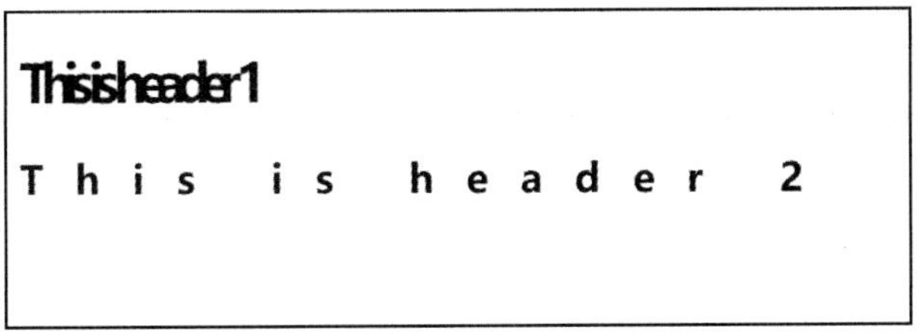

图 2-34　字符间距的示例效果

（2）文本对齐方式。

文本排列属性是用来设置文本的水平对齐方式。文本可居中对齐或左对齐或右对齐或两端对齐。当 text-align 设置为 justify 时，每一行被展开为宽度相等，左、右、外边距均对齐。

HTML 代码如下：

```
<body>
    <h1>CSS text-align 实例</h1>
    <p class="date">2021 年 1 月 16 号</p>
    <p class="main">CSS（Cascading Style Sheets）样式称为层叠样式表，即将多种样式层
叠式地定义为一个整体，用标准的布局语言控制元素的颜色、尺寸与排版，用于代替其他如表格布局、框
架布局以及非标准的表现方法。</p>
</body>
```

CSS 代码如下：

```
h1 {
    text-align:center
}

p.date {
    text-align:right
}

p.main {
    text-align:justify
}
```

文本对齐方式的示例效果如图 2-35 所示。

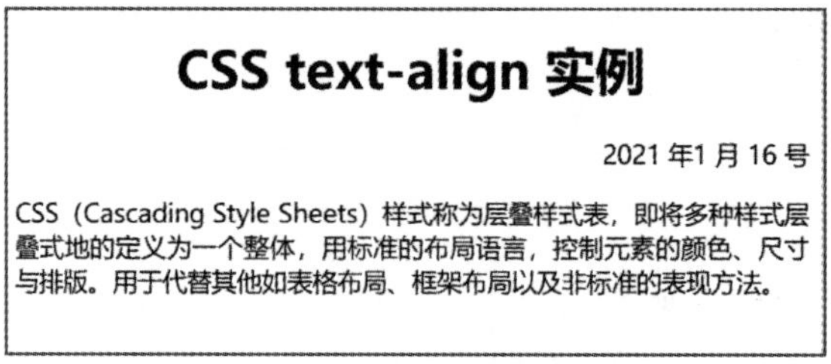

CSS text-align 实例

2021 年1 月 16 号

CSS（Cascading Style Sheets）样式称为层叠样式表，即将多种样式层叠式地的定义为一个整体，用标准的布局语言，控制元素的颜色、尺寸与排版。用于代替其他如表格布局、框架布局以及非标准的表现方法。

图 2-35　文本对齐方式的示例效果

（3）文本修饰。

text-decoration（文本修饰）属性用来设置或删除文本的装饰。

HTML 代码如下：

```
<body>
<p>链接到:<a href="http://2080.zj-xx.cn/">2080-精英教程</a></p>
</body>
```

CSS 代码如下：

```
a {
    text-decoration:none;
}
```

文本修饰的示例效果如图 2-36 所示。

链接到: 2080-精英教程

图 2-36　文本修饰的示例效果

（4）文本缩进。

文本缩进属性是用来指定文本的第一行的缩进。CSS 提供了 text-indent 属性，该属性可以方便实现文本缩进。通过使用 text-indent 属性，所有元素的第一行都可以缩进一个给定的长度。

HTML 代码如下：

```
<body>
<p>文本缩进属性是用来指定文本的第一行的缩进。CSS 提供了 text-indent 属性，该属性可以方便实现文本缩进。</p>
</body>
```

CSS 代码如下：

```
p {text-indent:50px;}
```

文本缩进的示例效果如图 2-37 所示。

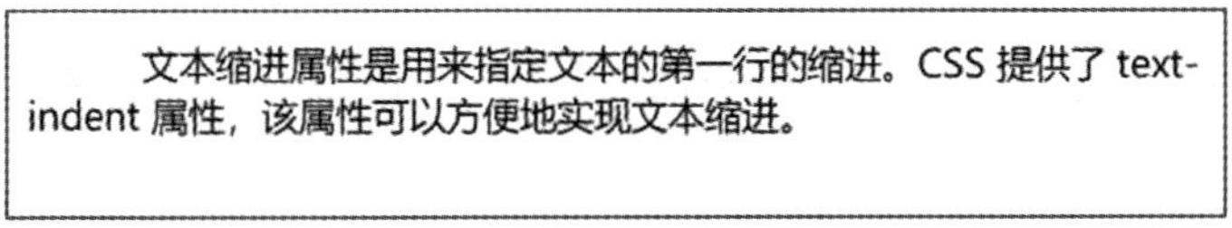

文本缩进属性是用来指定文本的第一行的缩进。CSS 提供了 text-indent 属性，该属性可以方便地实现文本缩进。

图 2-37　文本缩进的示例效果

4. 优先级

浏览器是通过判断 CSS 优先级来决定哪些属性值是与元素最相关的，从而作用到该元素上。CSS 选择器的合理组成规则决定了其优先级，我们也常用选择器优先级来合理控制元素，以达到我们想要的显示状态。

CSS 样式可以分为内联样式、嵌入式样式以及外部样式等。其中，内联样式就是把 CSS 代码直接写在现有的 HTML 标签中；嵌入式样式是把 CSS 样式代码写在<style type="text/css"></style>标签之间；外部样式是使用<link>标签将 CSS 样式文件链接到 HTML 文件内。

CSS 样式的优先规则如下。

（1）更近的样式比其他样式优先级高。代码如下：

```
<body>
    <div style="color:red">
        <div style="color:blue">
            <p>CSS 优先级</p>
        </div>
    </div>
</body>
```

由于更近的样式属性优先级高，因此 p 标签内的文字将会显示为蓝色。

（2）选择器的优先级。

CSS 选择器的优先级为：通配选择器<标签选择器<类选择器=属性选择器=伪类选择器<ID 选择器<内联样式

（3）属性后插有!important 的属性拥有最高优先级。

当用户设置的样式中使用了!important 命令声明时，用户的!important 命令会优先于作者声明的!important 命令。

综合示例如下。

HTML 代码如下：

```
<body>
    <div style="color:blue">
        <div style="color:red">
            <p>CSS 选择器</p>
        </div>
    </div>
    <div class="content-class" id="content-id">
        <p>选择器优先级</p>
```

```
    </div>
    <span class="span-class" id="span-id">插有!important 的属性拥有最高优先级</span>
</body>
```

CSS 代码如下：

```
#content-id {
    color:green;
}
.content-class {
    color:purple;
}

#span-id {
    color:pink;
}

.span-class{
    /* 若不添加!important，则字体颜色为粉色 */
    color:skyblue !important;
}
```

属性选择器的示例效果如图 2-38 所示。

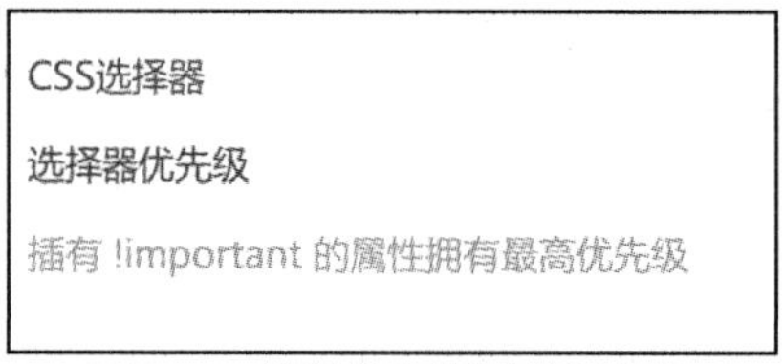

图 2-38　属性选择器的示例效果

2.2.2　盒子模型

1. 盒子模型简介

所有的 HTML 元素可以看成是盒子，在 CSS 中，box model 这一术语是用来设计和布局时使用的。CSS 盒子模型本质上是一个盒子，用来封装周围的 HTML 元素，由 margin（外边距）、border（边框）、padding（填充）和 content（内容）四部分构成，如表 2-9 所示。盒子模型允许在其他元素和周围元素边框之间的空间放置元素。

表 2-9　盒子模型说明

英文	中文	说明
margin	外边距	定义元素周围的空间，清除边框外的元素区域。margin 没有背景颜色，是完全透明的
border	边框	围绕在填充和内容外的边框
padding	填充	清除内容周围的区域，填充是透明的
content	内容	盒子的内容，显示文本和图像

盒子模型结构如图 2-39 所示。

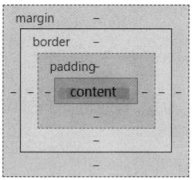

图 2-39　盒子模型结构

以下是一个盒子模型的简单示例代码：

```
<!DOCTYPE html>
<head>
    <style type="text/css">
        div {
            background-color:antiquewhite;
            width:150px;
            border:25px solid green;
            padding:25px;
            margin:25px;
        }
    </style>
    <body>
        <h1>这是标题一</h1>
        <p>CSS 盒子的元素由外边距、边框、填充和内容四部分构成</p>
        <div>这是一个 div 标签</div>
    </body>
</head>
```

简单的 CSS 盒子模型代码的执行效果如图 2-40 所示。CSS 盒子的总宽度=150 px+50 px（左+右填充宽度）+50 px（左+右边框宽度）+50 px（左+右边距宽度）=300 px。

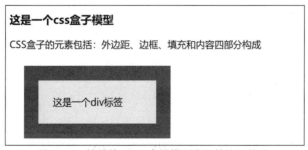

图 2-40　简单的 CSS 盒子模型代码的执行效果

2. margin

margin（外边距）用于设置页面中元素和元素之间的距离，定义元素周围的空间范围，是网页布局中常用的概念，也称外边距。

margin 属性的基本语法格式如下：

```
margin:auto | length;
```

例如，在 margin：10px 20px 30px 40px;中，10px 表示上边距，20px 表示右边距，30px 表示下边距，40px 表示左边距。

margin 属性进一步衍生出上、下、左、右四边的边界属性，分别是 margin-top、margin-bottom、margin-left 和 margin-right。

- margin-top：设置元素上边距。

- margin-bottom：设置元素下边距。

- margin-left：设置元素左边距。

- margin-right：设置元素右边距。

1）margin 塌陷问题

以下是两个关于父、子盒子的示例代码：

```
<!DOCTYPE html>
<head>
    <style type="text/css">
        body {
            background-color:gold;
        }
        .title{
            background-color:white;
            width:300px;
            border:1px solid gray;
            padding:5px 0;
        }
        .outsidebox {
            width:200px;
            height:200px;
            background-color:greenyellow;
            margin-top:0px;
        }
        .box {
            width:100px;
            height:50px;
            background-color:white;
            margin-top:0px;
        }
        .subsidebox {
            width:100px;
            height:50px;
            background-color:white;
            margin-top:50px;
        }
    </style>
<body>
```

```
    <div class="title">外层、内层 margin-top 都为 0</div>
    <div class="outsidebox">
        <div class="box">没有塌陷</div>
    </div>
    <div class="title">外层 margin-top 为 0、内层 margin-top 为 50px</div>
    <div class="outsidebox">
    <div class="subsidebox">发生了塌陷</div>
    </div>
</body>
</head>
```

以上关于塌陷代码的执行效果如图 2-41 所示。当父、子元素未设置 margin-top 时，父、子元素都与 title 元素的底部边框线对齐，但是当子元素设置 margin-top 时（本意只想影响子元素），父、子元素一起向下移动，都有了一定的间距。这种现象就是 margin 塌陷。

图 2-41　关于塌陷代码的执行效果

（1）合并。

在盒子模型的使用过程中，经常会出现外边距合并的问题。外边距合并指的是两个垂直外边距相遇，形成一个外边距。合并后的外边距的高度等于两个发生合并的外边距中较大者的高度。

当一个元素出现在另一个元素上面时，第一个元素的下外边距与第二个元素的上外边距会发生合并，如图 2-42 所示。

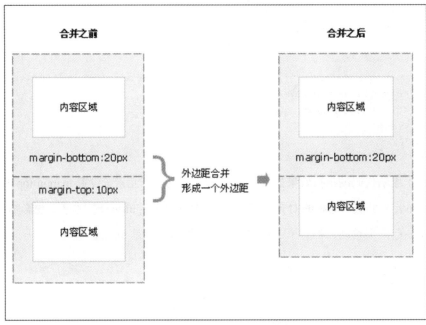

图 2-42　外边距合并后的效果

（2）嵌套。

当一个元素包含在另一个元素中时（假设没有内边距或边框把外边距分隔开），它们的上或下外边距会发生嵌套合并，如图 2-43 所示。

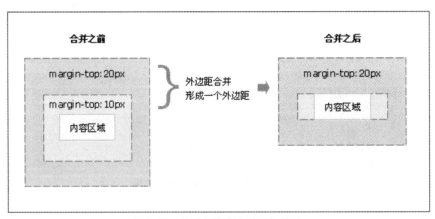

图 2-43　外边距嵌套合并后的效果

【注意】　只有普通文档流中块框的垂直外边距才会发生外边距合并。行内框、浮动框或绝对定位之间的外边距不会合并。

（3）margin 塌陷问题示例。

出现 margin 塌陷问题时，具体的 HTML 代码如下：

```
<body>
```

```
<div class="wrapper">
      <div class="box"></div>
   </div>
</body>
```

CSS 代码如下：

```
body {
   background-color:gray;
}

.wrapper {
   width:200px;
   height:200px;
   background-color:greenyellow;
   margin-top:100px;
}

.box {
   width:50px;
   height:50px;
   background-color:black;
   margin-top:100px;
}
```

出现 margin 塌陷问题的效果如图 2-44 所示。

图 2-44　出现 margin 塌陷问题的效果

从图 2-44 可以看出，虽然给内层盒子加了 margin-top，但并没有出现 margin-top 为 100 px 的效果。那么，我们就要解决 margin 塌陷的问题。接下来将介绍相应的解决方法。

2）margin 塌陷问题解决方法

由于 margin 存在塌陷问题，下面提供两种解决方法，即给父级设置边框或内边距，触发 bfc（块级格式上下文）改变父级的渲染规则。

（1）给父级设置边框或内边距。

将上述示例的代码修改如下：

```
.wrapper {
    width:200px;
    height:200px;
    background-color:greenyellow;
    margin-top:100px;
    border:1px solid red;
}
```

为父级设置边框和内边距解决塌陷问题的效果如图 2-45 所示。

图 2-45   为父级设置边框和内边距解决塌陷问题的效果

（2）触发 bfc（块级格式上下文）改变父级的渲染规则。给父级盒子添加属性时又有以下四种方法。

- position：absolute/fixed。

- display：inline-block。

- float：left/right。

- overflow：hidden。

这四种方法都能触发 bfc，但是使用时都会带来不同的麻烦，具体使用中还需根据具体的情况选择没有影响的方法来解决 margin 塌陷问题。

以 overflow:hidden 为例，将上述示例代码修改如下：

```
.wrapper {
width:200px;
height:200px;
background-color:greenyellow;
margin-top:100px;
overflow:hidden;
}
```

改变父级渲染规则解决塌陷问题的效果如图 2-46 所示。

图 2-46　改变父级渲染规则解决塌陷问题的效果

3. border

border（边框）是内边距和外边距的分界线，可以分离不同的 HTML 元素，border 的外边是元素的最外围。在网页设计中，若要计算元素的宽和高，则需要将 border 计算在内。border 属性包含三个属性，分别是属性的边框样式（style）、边框颜色（color）以及边框宽度（width）。

例如：

```
border:10px solid #ff0000;
```

表示效果为 10px 宽度的红色实线边框。

常见的 border-style 属性如表 2-10 所示。

表 2-10　常见的 border-style 属性

类型	说明
none	定义无边框
hidden	与 none 相同。但应用于表时除外，对于表，hidden 用于解决边框冲突
dotted	定义点状边框。在大多数浏览器中呈现为实线
dashed	定义虚线。在大多数浏览器中呈现为实线
solid	定义实线
double	定义双线。双线的宽度等于 border-width 的值
groove	定义 3D 凹槽边框。其效果取决于 border-color 的值
ridge	定义 3D 垄状边框。其效果取决于 border-color 的值
inset	定义 3D inset 边框。其效果取决于 border-color 的值
outset	定义 3D outset 边框。其效果取决于 border-color 的值
inherit	规定应该从父元素继承边框样式

4. padding

在 CSS 样式中，通过 padding 属性设置内容与边框的距离，也称内边距。

padding 的基本语法格式如下：

```
padding: length;
```

padding 的属性值可以是具体长度，也可以是百分比，但不能是负数。

例如：

```
padding:10px 20px 30px 40px;
```

其中：10px 表示上内边距，20px 表示右内边距，30px 表示下内边距，40px 表示左内边距。

padding 属性进一步衍生出上、下、左、右四边的填充属性，分别是 padding-top、padding-bottom、padding-left 和 padding-right。

- padding-top：设置元素上填充。

- padding-bottom：设置元素下填充。

- padding-left：设置元素左填充。

- padding-right：设置元素右边填充。

5. 盒子模型的使用

前面已经对盒子模型进行了讲解，盒子模型的结构如图 2-47 所示。

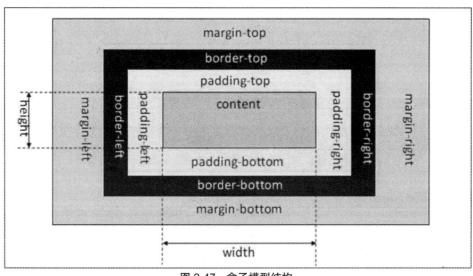

图 2-47　盒子模型结构

图 2-47 中，最内部的框是元素的实际内容，也就是元素框，紧挨着元素框外部的是内边距，其次是边框（border），最外层是外边距（margin），整体构成框模型。通常我们设置的背景显示区域就是内容、内边距、边框这一块范围。而外边距（margin）是透明的，不会遮挡周边的其

他元素。

元素框的总宽度 = width + padding + margin + border；

元素框的总高度 = height + padding + margin + border；

元素可见区域的宽度（offsetwidth）= width + padding + border。

CSS 中的 box-sizing 属性用于定义用户该如何计算一个元素的总宽度和总高度。

box-sizing 属性的语法格式如下：

```
box-sizing: content-box | border-box;
```

当 box-sizing 的属性值为 content-box 时，padding 和 border 不包含在定义的 width 和 height 之内。对象的实际宽度等于设置的 width 值和 border、padding 之和，即

元素框的总宽度 = width + border + padding；

元素框的总高度 = height+ border + padding；

当 box-sizing 的属性值为 border-box 时，padding 和 border 包含在定义的 width 和 height 之内。对象的实际宽度就等于设置的 width 值，即使定义有 border 和 padding，也不会改变对象的实际宽度，即

元素框的总宽度 = width；

元素框的总高度 = height；

在标准盒子模型中，width 和 height 指的是内容区域的宽度和高度。增加内边距、边框和外边距不会影响内容区域的尺寸，但是会增加元素框的总尺寸。

盒子模型的示例代码如下。

HTML 代码如下：

```
<body>
    <div class="box">盒子 1</div>
    <div class="box">盒子 2</div>
</body>
```

CSS 代码如下：

```
.box {
    width:200px;
    height:200px;
    border:10px solid #ff0000;
    margin:10px 20px 30px 40px;
    padding:10px 20px 30px 40px;
}
```

例子模型的示例效果如图 2-48 所示。

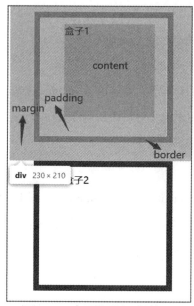

图 2-48　盒子模型的示例效果

2.3　CSS 常用布局方法

　　网页布局就是将不同的内容放到不同的区域里，用<div>标签将元素划分为不同的区域块，用 CSS 样式对每一块区域进行定位。CSS 布局可以进一步分为静态布局、自适应布局、流式布局、响应式布局以及弹性布局等。

　　静态布局（static layout）：传统的 Web 设计，网页上的所有元素的尺寸一律用 px 作为单位，网页最外层容器（outer）有固定的大小，所有的内容以该容器为标准，超出宽高的部分用滚动条（overflow:scroll）来实现滚动查阅。

　　浮动布局（float layout）：浮动布局就是使用 float 属性，使元素脱离文档流浮动起来。浮动元素会脱离文档流并向左/向右浮动，直到碰到父元素或者另一个浮动元素。

　　定位布局（position layout）：在实际的网页设计中，可能需要在上下左右几个方向上同时偏移元素，定位布局可以解决这一问题。通过设置元素的 position 属性，可以让元素处于定位流中，并通过 left、right、top、bottom 属性设置元素的具体偏移量。

　　弹性布局（flex layout）：总体宽度及其中所有栏的值都以单位编写。这种布局能够使用浏览器指定的基本字体大小来缩放。栏宽度将变得更宽，且能以任何大小显示更舒适、更可读的行长度。弹性布局是 CSS 3 引入的布局方式，用来替代以前 Web 开发人员使用的一些复杂易错的 hacks 方法（如 float 实现流式布局）。

自适应布局（adaptation layout）：分别为不同的屏幕分辨率定义布局，即创建多个静态布局，每个静态布局对应一个屏幕分辨率范围。

流式布局（liquid layout）：流式布局也叫百分比布局，元素的宽、高用百分比做单位，总体宽度及其中所有栏的值都以百分比编写，页面元素的宽度按照屏幕分辨率进行适配调整，但整体布局不变。

响应式布局（responsive layout）：创建多个流式布局，分别对应一个屏幕的分辨率范围，可以看作是流式布局和自适应布局的融合。

下面将对常用的布局方法进行讲解。

2.3.1　浮动布局

float（浮动）属性是网页布局中最重要的属性，网页中常用 float 属性对<div>元素进行定位，不仅能应用到整个模块，还可以对模块内的一些标签进行浮动定位。

float 属性的基本语法如下：

```
float:left | right | none;
```

其中：left 表示元素左浮动，right 表示元素右浮动，none 表示元素不浮动。

使用 float 时，应注意以下问题。

- 元素一旦浮动后，脱离标准流，朝着向左或向右方向移动，直到自己的边界紧贴着包含块（一般是父元素）或其他元素的边界为止；定位元素会层叠在浮动元素上面。
- 浮动元素不能和行内级元素重叠，行内级内容会被浮动元素推出如行内级元素、inline-block、块级元素。
- 行内级元素、inline-block 元素浮动后，其顶部将与所在行的顶部对齐。
- 如果元素是向左（右）浮动，浮动元素的左（右）边界不能超出包含块的左（右）边界。
- 浮动元素之间不能层叠。
- 如果一个元素浮动，另外一个浮动元素已经在那个位置了，则后浮动的元素将紧贴着前一个浮动元素（左浮找左浮，右浮找右浮）。
- 浮动元素的顶部不能超过包含块的顶端，也不能超过之前所有浮动元素的顶端。

浮动综合示例 1 的代码如下：

```
<!DOCTYPE html>
<html lang="en">
<head>
    <style>
        .box {
        height:600px;
            width:500px;
            background-color:red;
```

```
        }
        .inner1 {
            float:left;
            height:200px;
            width:100px;
            background-color:teal;
        }
        .inner2 {
            float:left;
            height:200px;
            width:450px;
            background-color:sandybrown;
        }
        .inner3 {
            float:left;
            height:200px;
            width:30px;
            background-color:seagreen;
        }
    </style>
</head>

<body>
    <div class="box">
        <div class="inner1">inner1</div>
        <div class="inner2">inner2</div>
        <div class="inner3">inner3</div>
    </div>
</body>
</html>
```

浮动综合示例 1 的代码执行效果如图 2-49 所示。

图 2-49 浮动综合示例 1 的代码执行效果

浮动综合示例 2 的代码如下。

HTML 代码如下：

```
<body>
    <div class="container">
        <div class="left">
            左
        </div>
        <div class="right">
            右
        </div>
        <div class="middle">
            中间
        </div>
    </div>
</body>
```

CSS 代码如下：

```
.container {
    width:800px;
    height:200px;
}

.left {
    background:red;
    float:left;
    height:100%;
    width:200px;
}

.right {
    background:blue;
    float:right;
    width:200px;
    height:100%;
}

.middle {
    margin-left:200px;
    margin-right:200px;
}
```

浮动综合示例 2 的代码执行效果如图 2-50 所示。

图 2-50　浮动综合示例 2 的代码执行效果

2.3.2 定位布局

在 CSS 布局中, position 属性是比较常用的, 一些特殊容器的定位大多要用到 position 属性。定位可以让网页中的元素出现在合适的位置, 可以相对于它自己原来的位置, 相对于父元素, 相对于另一个元素, 或者相对于浏览器本身。

position 属性的基本语法如下:

```
position:absolute | fixed | relative | sticky;
```

其中: position 的属性值 absolute 表示绝对定位, fixed 表示固定定位, relative 表示相对定位, sticky 表示黏性定位。

1. 相对定位

relative 生成相对定位元素, 元素所占据的文档流的位置保留, 元素本身相对自身原位置进行偏移。

HTML 代码如下:

```
<body>
<div class="outside">
<div class="box1"></div>
<div class="box2"></div>
</div>
</body>
```

CSS 代码如下:

```
.outside {
    width:300px;
    height:300px;
    border:1px solid #000;
    margin:50px auto 0;
}
.outside div {
    width:200px;
    height:100px;
}
.box1 {
    background-color:green;
    position:relative;
    left:50px;
    top:50px;
}
.box2 {
    background-color:gold;
}
```

没添加相对定位的效果如图 2-51 所示。

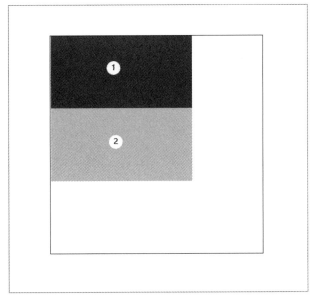

图 2-51　没添加相对定位的效果

添加相对定位后的效果如图 2-52 所示。

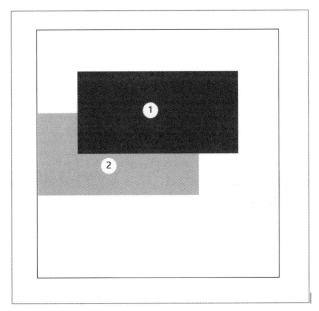

图 2-52　添加相对定位的效果

2. 绝对定位

Absolute 用于生成绝对定位元素，元素脱离文档流，不占据文档流的位置，可以理解为漂浮在文档流的上方，相对于上一个设置了定位的父级元素来进行定位，如果找不到，则相对于 body 元素进行定位。

HTML 代码如下：

```
<body>
    <div class="outside">
        <div class="box1"></div>
        <div class="box2"></div>
    </div>
</body>
```

CSS 代码如下：

```
.outside {
    width:300px;
    height:300px;
    border:1px solid #000;
    margin:50px auto 0;
}

.outside div {
    width:200px;
    height:100px;
}

.box1 {
    background-color:green;
    position:absolute;
    left:50px;
    top:50px;
}

.box2 {
    background-color:gold;
}
```

盒子①没添加绝对定位的效果如图 2-53 所示。

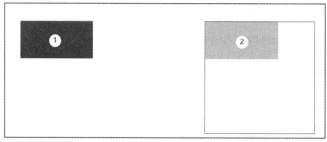

图 2-53　盒子①没添加绝对定位的效果

从图 2-53 可以看出，盒子①进行了偏移，由于盒子①的父级 div 没有设置定位，所以盒子①的绝对定位是相对于浏览器 body 元素的。若我们给盒子①的父级 div 设置定位，盒子①的绝对定位则是相对于父级元素的。

HTML 代码如下：

```
<body>
```

```
    <div class="outside">
        <div class="box1"></div>
        <div class="box2"></div>
    </div>
</body>
```

CSS 代码如下：

```
..outside {
    width:300px;
    height:300px;
    border:1px solid #000;
    margin:50px auto 0;
    position:relative;
}

.outside div {
    width:200px;
    height:100px;
}

.box1 {
    background-color:green;
    position:absolute;
    left:50px;
    top:50px;
}

.box2 {
    background-color:gold;
}
```

盒子①添加绝对定位的效果如图 2-54 所示。

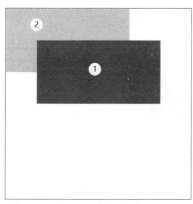

图 2-54 盒子①添加绝对定位的效果

3. 固定定位

Fixed 用于生成固定定位元素，元素脱离文档流，不占据文档流的位置，可以理解为漂浮在文档流的上方，相对于浏览器窗口进行定位。

HTML 代码如下:

```html
<body>
    <div class="outside">
        <div class="box1"></div>
        <div class="box2"></div>
    </div>
</body>
```

CSS 代码如下:

```css
.outside {
    width:300px;
    height:300px;
    border:1px solid #000;
    position:relative;
    margin:50px auto 0;
}

.outside div {
    width:200px;
    height:100px;
}

.box1 {
    background-color:green;
    position:fixed;
    left:100px;
    top:100px;
}

.box2 {
    background-color:gold;
}
```

盒子①添加固定定位的效果如图 2-55 所示。

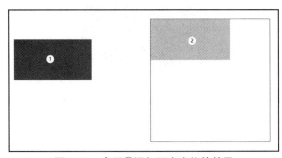

图 2-55　盒子①添加固定定位的效果

4. 黏性定位

黏性定位可以认为是相对定位和固定定位的混合。元素在跨越特定阈值前为相对定位，之后为固定定位。这个特定阈值是指 top、right、bottom 或 left 之一，换言之，是指定 top、right、bottom 或 left 四个阈值之一，才可使黏性定位生效。否则其行为与相对定位行为相同。

黏性定位中有一个"流盒"（flow box）的概念，指的是黏性定位元素最近的可滚动元素（overflow 属性值不是 visible 的元素）的尺寸盒子，如果没有可滚动元素，则表示浏览器视窗盒子。

使用黏性定位要注意以下几点。

- 黏性元素的位置只相对于第一个有滚动的父级块元素定位（scrolling mechanism，通过 overflow 设置为 overflow/scroll/auto/overlay 的元素），而不是父级块元素。

- 只有设置对应的方向（top/right/bottom/left），才会起作用，并且可以互相叠加，可以同时设置四个方向。

- 即使设置了 position:sticky，也只能显示父级块元素的内容区域，它无法超出这个区域，除非你设置了负数的值。

- position:sticky 并不会触发 bfc，简单来讲就是计算高度的时候不会计算 float 元素。

- 当设置了 position:sticky 之后，内部的定位会相对于这个元素。

- 虽然 position:sticky 表现的像 relative 或者 fixed，但也可以通过 z-index 设置它们的层级。当这个元素后面的兄弟节点会覆盖这个元素的时候，可以通过 z-index 调节层级。

- 黏性布局元素的父级元素在可视范围内，该元素的布局为 relative，反之，则为 fixed。

HTML 代码如下：

```html
<body>
<p>一段文字</p>
    <div id="sticky-nav">
        <ul>
            <li>导航 1</li>
            <li>导航 2</li>
            <li>导航 3</li>
            <li>导航 4</li>
        </ul>
    </div>
    <p>一段文字</p>
    <p>一段文字</p>
    <p>一段文字</p>
    <p>一段文字</p>
    <p>一段文字</p>
    <p>一段文字</p>
    <p>一段文字</p>
    <p>一段文字</p>
    <p>一段文字</p>
</body>
```

CSS 代码如下：

```
#sticky-nav {
    position:sticky;
    top:0px;
    background:skyblue;
}
#sticky-nav > ul {
    list-style:none;
    padding:0;
    margin:0;
    display:flex;
    justify-content:space-around;
}
#sticky-nav > ul > li{
    color:#fff;
    padding:8px 4px;
}
p{
    height:100px;
    line-height:100px;
    margin:6px 0;
    background:#eee;
}
```

添加黏性定位的初始效果图 2-56 所示。

图 2-56　添加黏性定位的初始效果

添加黏性定位且滚轮滚动后的效果如图 2-57 所示。

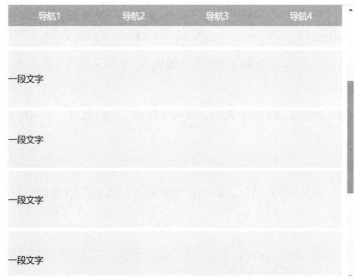

图 2-57　添加黏性定位且滚轮滚动后的效果

5. 定位相关属性

1）z-index

z-index 属性用于设置元素的堆叠顺序。拥有更高堆叠顺序的元素总会处于堆叠顺序较低元素的前面。z-index 堆叠顺序结构图如图 2-58 所示。

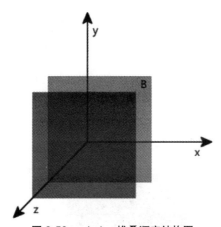

图 2-58　z-index 堆叠顺序结构图

堆叠次序的层级关系如下。

- 对于同级元素，默认（或 position:static）情况下，文档流后面的元素会覆盖前面的元素。

- 对于同级元素，position 不为 static 且 z-index 存在的情况下，z-index 大的元素会覆盖 z-index 小的元素，即 z-index 越大，优先级越高。

- IE 6/7 下，position 不为 static 且 z-index 不存在时，z-index 为 0，除此之外的浏览器，z-index 为 auto。

- z-index 为 auto 的元素不参与层级关系的比较，由向上遍历至此且 z-index 不为 auto 的元素来参与比较。

使用时，z-index 会遵循以下几个规则，即顺序规则、定位规则、参与规则、默认值规则以及从父规则等。

（1）顺序规则。

如果不对节点设定 position 属性，那么位于文档流后面的节点会遮盖前面的节点。

HTML 代码如下：

```
<body>
    <div class="blue"></div>
    <div class="green"></div>
</body>
```

CSS 代码如下：

```
.blue,.green {
    width:200px;
    height:200px;
}

.blue {
    background:blue;
}

.green {
    background:green;
    margin-top:-100px;
    margin-left:50px;
}
```

z-index 顺序规则的执行效果如图 2-59 所示。

图 2-59　z-index 顺序规则的执行效果

（2）定位规则。

如果将 position 设为 static，那么位于文档流后面的节点依然会遮盖前面的节点浮动，所以 position:static 不会影响节点的遮盖关系。

简单示例代码如下：

```
.blue {
    background:blue;
    position:static;
}
```

z-index 使用 static 定位规则的执行效果如图 2-60 所示。

图 2-60　z-index 使用 static 定位规则的执行效果

如果将 position 设为 relative（相对定位）、absolute（绝对定位）或者 fixed（固定定位），那么这样的节点会覆盖没有设置 position 属性或者属性值为 static 的节点，说明前者比后者的默认层级高。

示例代码如下：

```
.blue {
    background:blue;
    position:relative;
}
```

z-index 使用 relative 定位规则的执行效果如图 2-61 所示。

图 2-61　z-index 使用 relative 定位规则的执行效果

在没有 z-index 属性干扰的情况下，根据顺序规则和定位规则，我们可以给出更加复杂的结构。这里我们对 A 和 B 都不设定 position，但对 A 的子节点 A-1 设定 position:relative。根据顺序规则，B 会覆盖 A，又根据定位规则，A'会覆盖 B。

HTML 代码如下：

```
<body>
    <div class="blue"></div>
    <div class="green">
        <div class="innerbox" style="position:relative;">innerbox</div>
    </div>
    <div class="red"></div>
</body>
```

CSS 代码如下：

```
.innerbox {
    width:100px;
    height:100px;
    background:yellow;
    position:relative;
}
```

z-index 使用定位规则设置子节点的执行效果如图 2-62 所示。

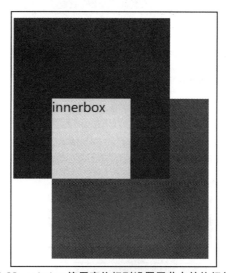

图 2-62　z-index 使用定位规则设置子节点的执行效果

（3）参与规则。

如果对没有使用 position 属性的节点添加 z-index 属性，这时 z-index 是无效的。z-index 属性仅在节点的 position 属性为 relative、absolute 或 fixed 时生效。

HTML 代码如下：

```
<body>
    <div class="blue"></div>
```

```
    <div class="green"></div>
    <div class="red"></div>
</body>
```

CSS 代码如下：

```
.blue,.green,.red {
    width:200px;
    height:200px;
}

.blue {
    background:blue;
    z-index:2;
}

.green {
    background:green;
    margin-top:-100px;
    margin-left:50px;
    z-index:1;
}

.red {
    background:red;
    margin-top:-250px;
    margin-left:100px;
    z-index:0;
}
```

z-index 使用参与规则的执行效果如图 2-63 所示。

图 2-63 z-index 使用参与规则的执行效果

加入节点的 position 属性后的示例代码如下：

```
.green {
    background:green;
    margin-top:-100px;
```

```
    margin-left:50px;
    z-index:1;
    position:relative;
}

.red {
    background:red;
    margin-top:-250px;
    margin-left:100px;
    z-index:0;
    position:relative;
}
```

z-index 使用参与规则加入 position 属性后的执行效果如图 2-64 所示。

图 2-64　z-index 使用参与规则加入 position 属性后的执行效果

2）定位方向属性

定位时常用到 left、right、top 及 bottom 等相关的定位方向属性，其中 left 为当前元素左侧与父元素左侧的距离值；right 为当前元素右侧与父元素右侧的距离值；top 为当前对象顶部距离与原位置顶部的距离值；bottom 为当前对象底部与原位置距离值。由于这几个定位方向属性的用法基本一致，所以下面将以 left 为例讲解定位方向属性的用法。

left 属性用于规定元素的左边缘。该属性定义定位元素左外边距边界与其包含块左边界之间的偏移。如果 position 属性的值为 static，那么设置 left 属性不会产生任何效果。

left 的语法格式如下：

```
left: auto | % | length | inherit;
```

- auto：为默认值。通过浏览器计算左边缘的位置。
- %：设置以包含元素百分比计的左边位置，可使用负值。
- length：使用 px、cm 等单位设置元素的左边位置，可使用负值。

- inherit：规定应该从父元素继承 left 属性的值。

HTML 代码如下：

```
<body>
    <img class="normal" src="smile.jpg" />
</body>
```

CSS 代码如下：

```
img {
    position:absolute;
    left:100px;
}
```

使用绝对定位的执行效果如图 2-65 所示。

图 2-65　使用绝对定位的执行效果

2.3.3　弹性布局

弹性布局是 CSS 3 的一种新的布局模式。当页面需要适应不同的屏幕大小及设备类型时，可以灵活调整和分配元素与空间二者之关的关系。flex 是 flexible box 的缩写，意为"灵活的盒子"或"弹性盒子"，所以 flex 布局一般也称"弹性盒子布局"、"弹性布局"。

弹性盒子由弹性容器（flex container）和弹性子元素（flex item）组成。弹性盒子是通过设置 display 属性的值为 flex 或 inline-flex 来将其定义为弹性容器。

弹性容器内包含一个或多个弹性子元素。

1. 如何开始使用 Flexbox

默认情况下，每个块级元素独占一行，当设置 display 属性的值为 flex 或 display:inline-flex 时，父元素就会自动变成弹性容器，而其子元素（本例中是指子元素 div）就变成弹性项目。此时内部的子元素则会在弹性容器内显示一行。

HTML 代码如下：

```
<div class="flex-container">
    <div class="flex-item">flex item 1</div>
    <div class="flex-item">flex item 2</div>
    <div class="flex-item">flex item 3</div>
</div>
```

CSS 代码如下：

```
.flex-container {
    display:flex;
    width:400px;
    height:250px;
    background-color:lightgrey;
}

.flex-item {
    background-color:cornflowerblue;
    width:100px;
    height:100px;
    margin:10px;
}
```

使用 flex 属性的初始效果如图 2-66 所示。

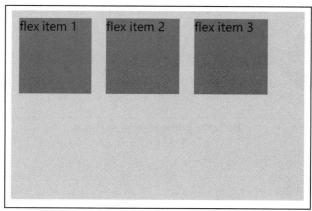

图 2-66　使用 flex 属性的初始效果

2. flex 容器属性

flex 容器属性主要包括 flex-direction、flex-wrap、flex-flow、justify-content、align-items、align-content 等。

1）flex-direction 属性

flex-direction 属性控制主轴（main-axis）的方向，即 flex 项目的排列方向，语法格式如下：

```
flex-direction:row || column || row-reverse || column-reverse;
```

flex-direction 属性的呈现效果如图 2-67 所示。

- flex-direction 属性可以决定 flex 项目如何排列。它可以是行（水平）、列（垂直）或行和列的反向。

- flex 布局中，一般不说水平方向和竖直方向，只有主轴（main-axis）和侧轴（cross-axis）。

- flex 布局中，默认主轴（main-axis）为 row。

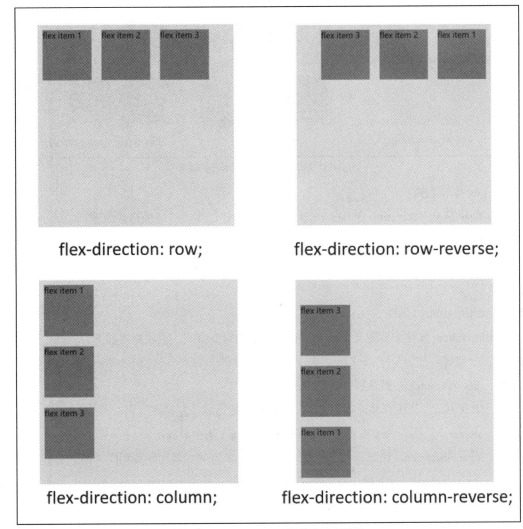

图 2-67　flex-direction 属性的呈现效果

2）flex-warp 属性

当 flex 布局中一行显示不完所有元素时，可以用到弹性盒子的换行属性 flex-warp，语法格式如下：

```
flex-wrap:nowrap | wrap | wrap-reverse;
```

- nowrap：默认，弹性容器为单行。此种情况下，弹性子项可能会溢出容器。
- wrap：弹性容器为多行。此种情况下，弹性子项溢出的部分会被放置到新行，子项内部会发生断行。
- wrap-reverse：反转 wrap 排列。

flex-wrap 属性呈现出的效果如图 2-68 所示。

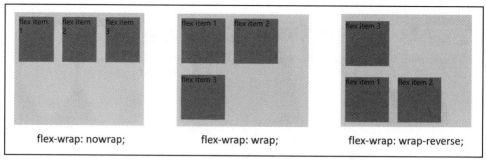

图 2-68　flex-wrap 属性呈现出的效果

3）flex-flow 属性

flex-flow 是 flex-direction 和 flex-wrap 两个属性的速记属性。语法格式如下：

```
flex-flow:row wrap;
```

等价于：

```
flex-direction:row;flex-wrap:wrap;
```

4）justify-content 属性

justify-content 属性主要定义 flex 项目在主轴上的对齐方式。语法格式如下：

```
justify-content:flex-start || flex-end || center || space-between || space-around
```

- justify-content：默认属性值是 flex-start。
- flex-start：让所有 flex 项目靠 Main-Axis 开始边缘（左对齐）。
- center：让所有 flex 项目排在 Main-Axis 中间（居中对齐）。
- space-between：让除第一个和最后一个 flex 项目的二者间间距相同（两端对齐）。
- space-around：让每个 flex 项目有相同的空间。

justify-content 属性的呈现效果如图 2-69 所示。

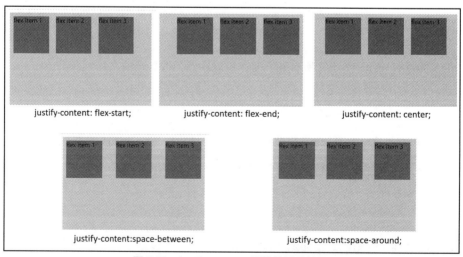

图 2-69　justify-content 属性的呈现效果

5）align-items 属性

align-items 属性主要用来控制 flex 项目在侧轴上的对齐方式。语法格式如下：

```
align-items:stretch | flex-start | flex-end | center | baseline;
```

- align-items：默认值是 stretch。它使所有的 flex 项目高度和 flex 容器高度一样。
- flex-start：使所有 flex 项目靠 Cross-Axis 开始边缘（顶部对齐）。
- flex-end：使所有 flex 项目靠 Cross-Axis 结束边缘（底部对齐）。
- center：使 flex 项目在 Cross-Axis 中间（居中对齐）。
- baseline：使所有 flex 项目在 Cross-Axis 上沿其自己的基线对齐。

align-items 属性的呈现效果如图 2-70 所示。

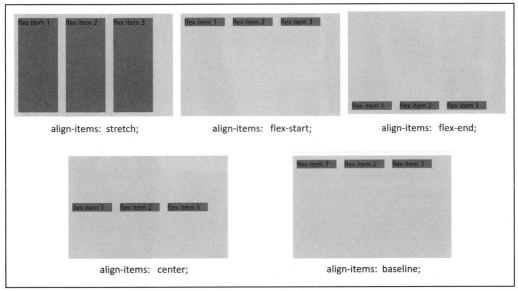

图 2-70　align-items 属性的呈现效果

6）align-content 属性

align-content 属性用于多行的 flex 容器。它也是用来控制 flex 项目在 flex 容器里的排列方式，排列效果与 align-items 值一样，但除了 baseline 属性值。语法格式如下：

```
align-content:stretch | flex-start | flex-end | center | space-between |
space-around;
```

- stretch：默认。各行会伸展以占用剩余的空间。
- flex-start：各行向弹性盒子容器的起始位置堆叠。
- flex-end：各行向弹性盒子容器的结束位置堆叠。
- center：各行向弹性盒子容器的中间位置堆叠。
- space-between：各行在弹性盒子容器中平均分布。
- space-around：各行在弹性盒子容器中平均分布，两端保留子元素与子元素之间间距大小的一半。

align-content 属性的呈现效果如图 2-71 所示。

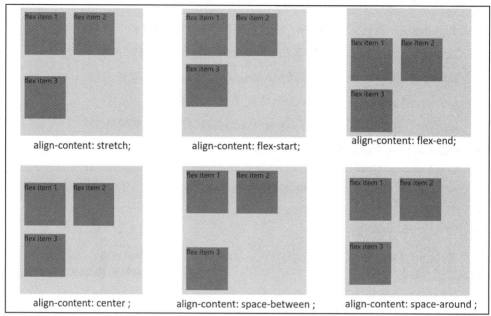

图 2-71　align-content 属性的呈现效果

2.4　响应式布局

随着 iOS 和 Android 系统的发布，智能手机、平板电脑和智能家电等设备层出不穷，但面对形形色色的终端设备，千差万别的屏幕分辨率也给网页设计带来了新的挑战。

响应式网页设计提供了一种设计方法，可以使同一网站在智能手机、平板电脑以及介于二者之间的任意设备上完美显示，如图 2-72 所示。

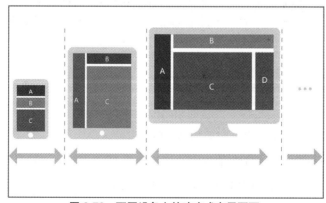

图 2-72　不同设备上的响应式布局页面

响应式设计使用百分比布局创建流动的弹性界面，同时使用媒体查询来限制元素的变动范围。当然，并不是所有的情况都采用响应式设计，以下情况适合采用响应式网页设计。

1. 节约成本以适应更多场景

资源都是有限的，但总是希望能利用有限的资源去获得更大的价值，相比开发设计一个普通的网站，打造一个响应式站点所需要的人力和时间会有所增加，但为不同设备分别打造多个版本的成本还是要低很多；从维护的角度来说，也会轻松很多。

2. 不清楚开发页面更适合哪个场景

与其预测、挑选核心设备再分别设计，不如花些心思将网站打造得更具弹性，使其在各种设备中拥有优秀体验，因为在各方面都未知的情况下，做预测会加剧过程风险，使得结果存在巨大的挑战性。

3. 网站可以兼容未来的新设备

新的设备层出不穷，与其被动地进行更新维护，不如主动应万变，成为响应式页面。当然，这里只是说更适合，其实只要项目资源和时间允许，大部分网站都可以尝试实现响应式设计。而对于初次尝试响应式设计的，可以从"简单浏览型页面"开始。

2.4.1　响应式布局的实现

响应式布局的关键是媒体查询，通过媒体查询可以为不同的设备、设备的不同状态来分别设置样式，使页面在不同在终端设备下达到不同的渲染效果。

媒体查询可以获取的值如下。

- 设备的宽和高。
- 渲染窗口的宽和高。
- 设备的手持方向。
- 画面比例。
- 设备比例。
- 对象颜色或颜色列表。
- 设备的分辨率。

1. 媒体查询的语法

媒体查询的语法如下：

```
@media 设备名 only（选取条件）not（选取条件）and（选取条件）
{
    CSS 样式规则
}
```

在以上语法中，需要注意以下三点。

（1）only（限定某种设备，可省略）、and（逻辑与）和 not（排除某种设备）为逻辑关键字，多种设备用逗号分隔。

（2）可用设备名参数如表 2-11 所示。

表 2-11　可用设备名参数

属性名	说明
all	所有设备
braille	盲文
handheld	手持设备
print	文档打印或打印预览模式
projection	项目演示，如幻灯片
screen	彩色电脑屏幕
speech	演讲
tty	固定字母间距的网格媒体，如电传打印机
tv	电视

（3）语法中选取条件的部分属性如表 2-12 所示。

表 2-12　选取条件的部分属性

属性名	说明
width	输出设备中的页面可见区域宽度
height	输出设备中的页面可见区域高度
device-width	输出设备的屏幕可见宽度
device-height	输出设备的屏幕可见高度
aspect-ratio	定义 width 与 height 的比率
device-aspect-ratio	定义 device-width 与 device-height 的比率
color	每一组输出设备的彩色原件个数。如果不是彩色设备，则值等于 0
resolution	设备的分辨率

2. 媒体查询的使用

媒体查询在网页使用中有以下两种方式。

（1）在样式表中内嵌媒体查询@media。

（2）在<link>标签中使用媒体查询@media。

例如，使用两种方式实现页面宽度在 800px 以上时背景颜色为红色，反之为绿色。

方法 1：使用样式表内嵌媒体查询@media，直接在样式最后面写上媒体查询的内容，代码如下：

```
<head>
    <meta charset="UTF-8">

    <title>两种方式实现响应式效果</title>
    <style type="text/css">
       body {
           background-color:lightgray;
       }
       /* 样式中内嵌媒体查询 */
       @media all and (min-width:800px) {
           body {
               background-color:black
           }
       }
    </style>
</head>
```

方法 2：在<link>标签中使用媒体查询@media。

HTML 代码如下：

```
<head>
    <meta charset="UTF-8">
    <meta name="viewport" content="width=device-width,initial-scale=1.0">
    <title>两种方式实现响应式效果</title>
    <style type="text/css">
       body {
           background-color:lightgray;
       }
    </style>
    <!--使用 link 引入媒体查询样式 -->
    <link rel="stylesheet" type="text/css" media="all and (min-width:800px)"
        href="./response.css" />
</head>
```

CSS 代码如下：

创建响应式页面样式 response.css 文件，代码如下：

```
body {
background-color:black;
}
```

以上两种实现响应式方法代码的运行效果如图 2-73 和图 2-74 所示。

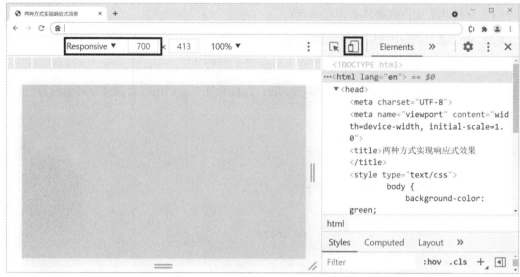

图 2-73　页面在 800px 以下显示灰色

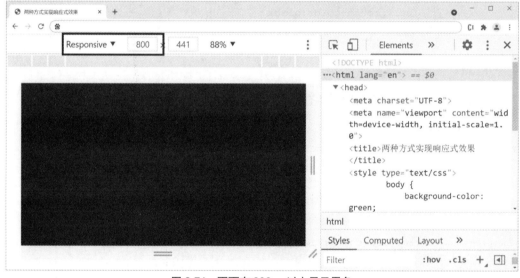

图 2-74　页面在 800px 以上显示黑色

【注意】　在 Chrome 浏览器中，可以在页面中使用"F12"调出检查工具，然后点击图 2-74 中的响应式工具，帮助查看不同尺寸下的页面效果。

除了使用 Chrome 浏览器的响应式查看工具外，还可以直接在页面中使用鼠标放大/缩小页面或者拖动窗口左右边界放大/缩小窗口大小，以实现不同尺寸下页面的响应式效果。

2.4.2　响应式布局的优缺点

响应式布局的优点如下。

（1）面对不同分辨率的设备时，灵活性较强。

（2）能够快速解决多设备显示适应问题。

响应式布局的缺点如下。

（1）兼容各种设备，工作量大，效率低。

（2）代码累赘，加载时间加长。

（3）受多方面因素影响而达不到最佳效果。

（4）一定程度上改变了网站原有的布局结构，会出现用户混淆的情况。

2.5　CSS 3 动画

CSS 3 分为 transitions 和 animations 两种动画功能，它们都是通过持续改变 CSS 属性值来产生动态样式效果。transitions 功能支持属性从一个值平滑过渡到另一个值，由此产生渐变的动态效果；animations 功能支持通过关键帧产生序列渐变动画，每个关键帧中可以包含多个动态属性，从而可以在页面中产生更复杂的动画效果。另外，CSS 3 中新增了变换属性 transform。transform 功能支持对象的位移、缩放、旋转、倾斜等变换操作。本节将对 transform、transitions 和 animations 动画功能进行介绍。

2.5.1　transform

transform 属性应用于 2D 或 3D 转换。该属性允许我们对元素进行旋转、缩放、倾斜、移动这四类操作。

transform 属性的语法格式如下：

```
transform:none|transform-functions;
```

参数说明如下。

- none：定义不进行任何转换，一般用于注册掉该转换。

- transform-functions：定义要进行转换的类型函数，主要有以下几种。

（1）旋转（rotate）：主要分为 2D 旋转和 3D 旋转。

①rotate(angle)，2D 旋转，参数为角度，如 45deg。

②rotate(x,y,z,angle)，3D 旋转，围绕原地到（x,y,z）的直线进行 3D 旋转；rotateX(angle)，沿着 X 轴进行 3D 旋转；rotateY(angle)；rotateZ(angle)。

（2）缩放（scale）：一般用于元素的大小收缩设定。

主要类型同上，有 scale(x,y)、scale3d(x,y,z)、scaleX(x)、scaleY(y)、scaleZ(z)，其中 x、y、z 为收缩比例。

（3）倾斜（skew）：主要对元素的样式倾斜。

① skew(x-angle,y-angle)，沿着 x 和 y 轴的 2D 倾斜转换。

② skewX(angle)，沿着 x 轴的 2D 倾斜转换。

③ skew(angle)，沿着 y 轴的 2D 倾斜转换。

（4）移动（translate）：主要用于移动元素。

① translate(x,y)，定义向 x 和 y 轴移动的像素点。

② translate(x,y,z)，定义向 x、y、z 轴移动的像素点。

③ translateX(x)；translateY(y)；translateZ(z)。

2.5.2　transition

ransition 属性用来定义过渡动画的 CSS 属性名称。

transition 属性的语法格式如下：

```
transition:property duration timing-function delay;
```

参数说明如下。

- property（设置过渡效果的 CSS 属性名称）：none | all | property。none 表示没有属性获得过渡效果；all 表示所有属性都将获得过渡效果；property 表示 css 属性列表，多个属性用逗号（,）隔开。

- duration（设置完成过渡效果的时间）：秒或毫秒（s/ms）。

- timing-function（设置效果速度的速度曲线）：linear，规定以相同速度开始和结束，等价于 cubic-bezier(0,0,1,1)；ease，慢速开始，然后慢速结束，等价于 cubic-bezier(0.25,0.1,0.25,1)；ease-in，慢速开始，等价于 cubic-bezier(0.42,0,1,1)；ease-out，慢速结束，等价于 cubic-bezier(0,0,0.58,1)；ease-in-out，慢速开始和结束，等价于 cubic-bezier(0.42,0,0.58,1)；cubic-bezier(n,n,n,n)，在该函数中定义自己的值，数值范围为 0~1 之间。

- delay（过渡效果何时开始）：值多少秒后执行过渡效果，如 2s，表示 2s 后执行。

2.5.3　animation

CSS 3 使用 animation 属性定义帧动画，若要创建动画，必须使用@keyframes 规则，在@keyframes 中规定某项 CSS 样式，就能创建由当前样式逐渐修改为新样式的动画效果。使用@keyframes 规则设置关键帧的语法如下：

```
@keygrames animationname {
    keyframes-selector {
```

```
        css-styles;
    }
}
```

参数说明如下。

- animationname：定义动画的名称。

- keyframes-selector：定义帧的时间未知，也就是动画时长的百分比，合法的值包括 0~100%、from（等价于 0%）、to（等价于 100%）。

- css-styles：表示一个或多个合法的 CSS 样式属性。

在创建动画过程中，用户能够多次改变这套 CSS 样式。以百分比来定义样式改变发生的时间，或者通过关键词 from 和 to。

animation 是所有属性的简写属性，与动画相关的属性总结如下。

- animation-name：需要绑定到选择器的 keyframe 名称。

- animation-duration：完成该动画需要花费的时间，单位为秒或毫秒。

- animation-timing-function：动画的运动速度曲线。linear，规定以相同的速度从开始到结束，等价于 cubic-bezier(0,0,1,1)；ease，以慢速开始和结束，等价于 cubic-bezier(0.25,0.1,0.25,1)；ease-in，以慢速开始，等价于 cubic-bezier(0.42,0,1,1)；ease-out，以慢速结束，等价于 cubic-bezier(0,0,0.58,1)；ease-in-out，以慢速开始和结束，等价于 cubic-bezier(0.42,0,0.58,1)；cubic-bezier(n,n,n,n)，在该函数中定义自己的值，数值在 0~1 之间。

- animation-delay：设置动画在开始之前的延迟。

- animation-iteration-count：设置动画执行的次数。

- animation-direction：是否轮询反向播放动画。normal，默认值，动画应该正常播放；alternate，动画应该轮流反向播放。

2.5.4　动画综合实例

1. 实例 1

HTML 代码如下：

```
<body>
    <div id="div1">transition</div>
    <div id="div2">transform rotate</div>
    <div id="div3">transform scale</div>
    <div id="div4">transform skew</div>
    <div id="div5">transform translate</div>
</body>
```

CSS 代码如下:

```
#div1 {
    float:left;
    height:100px;
    width:100px;
    background-color:red;
}
#div2 {
    float:left;
    height:100px;
    width:100px;
    background-color:green;
}
#div3 {
    float:left;
    height:100px;
    width:100px;
    background-color:blue;
}

#div4 {
    float:left;
    height:100px;
    width:100px;
    background-color:#234F21;
}

#div5 {
    float:left;
    height:100px;
    width:100px;
    background-color:#af123c;
}

#div6 {
    float:left;
    height:100px;
    width:100px;
    background-color:#affa3c;
}

/* transition 实现多个属性 */

#div1:active {
    width:200px;
    height:200px;
    transition:width 2s ease,height 2s ease;
    -moz-transition:width 2s ease,height 2s ease;
    /* Firefox 4 */
    -webkit-transition:width 2s ease,height 2s ease;
    /* Safari 和 Chrome */
    -o-transition:width 2s ease,height 2s ease;
    /* Opera */
}
```

```
/* transform 旋转 rotate */

#div2:hover {
    transform:rotate(35deg);
    -ms-transform:rotate(35deg);
    /* IE 9 */
    -moz-transform:rotate(35deg);
    /* Firefox */
    -webkit-transform:rotate(35deg);
    /* Safari 和 Chrome */
    -o-transform:rotate(35deg);
    /* Opera */
}


/* transform 缩放 scale */

#div3:hover {
    transform:scale(0.8,1.5);
    -ms-transform:scale(0.8,1.5);
    /* IE 9 */
    -moz-transform:scale(0.8,1.5);
    /* Firefox */
    -webkit-transform:scale(0.8,1.5);
    /* Safari 和 Chrome */
    -o-transform:scale(0.8,1.5);
    /* Opera */
}
/* transform 倾斜 skew */
#div4:hover {
    transform:skew(35deg);
    -ms-transform:skew(35deg);
    /* IE 9 */
    -moz-transform:skew(35deg);
    /* Firefox */
    -webkit-transform:skew(35deg);
    /* Safari 和 Chrome */
    -o-transform:skew(35deg);
    /* Opera */
}


/* transform 移动 translate */

#div5:hover {
    transform:translate(45px,45px);
    -ms-transform:translate(45px,45px);
    /* IE 9 */
    -moz-transform:translate(45px,45px);
    /* Firefox */
    -webkit-transform:translate(45px,45px);
    /* Safari 和 Chrome */
    -o-transform:translate(45px,45px);
    /* Opera */
```

```
}
```

动画综合实例 1 的执行效果如图 2-75 所示。

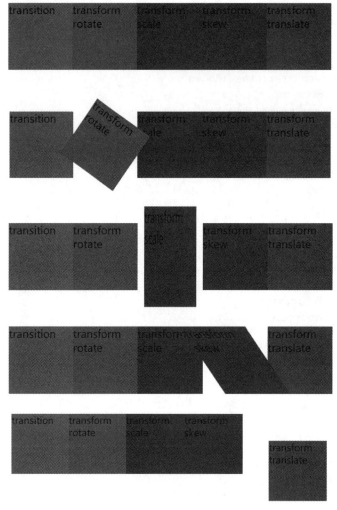

图 2-75 动画综合实例 1 的执行效果

2. 实例 2

HTML 代码如下:

```html
<body>
    <div class="div1">animation</div>
</body>
```

CSS 代码如下:

```css
.div1 {
    width:100px;
    height:100px;
    background:red;
```

```
    position:relative;
    animation:myfirst 5s infinite;
    animation-direction:alternate;
}

@keyframes myfirst {
    0% {
        background:red;
        left:0px;
        top:0px;
    }
    25% {
        background:yellow;
        left:200px;
        top:0px;
    }
    100% {
        background:red;
        left:0px;
        top:0px;
    }
}
```

动画综合示例 2 的执行效果图如图 2-76 所示。

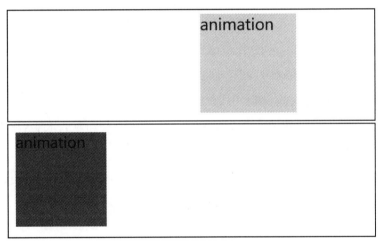

图 2-76 动画综合示例 2 的执行效果

2.6 jQuery

jQuery 是一个快速、简洁的 JavaScript 框架,是继 Prototype 之后又一个优秀的 JavaScript 代码库(或 JavaScript 框架)。jQuery 设计的宗旨是"write Less,Do More",即倡导写更少的代码,做更多的事情。它用于封装 JavaScript 常用的功能代码,提供一种简便的 JavaScript 设计模式,优化 HTML 文档操作、事件处理、动画设计和 Ajax 交互。

jQuery 的核心特性可以总结为：具有独特的链式语法和短小清晰的多功能接口；具有高效灵活的 CSS 选择器，并且可对 CSS 选择器进行扩展；拥有便捷的插件扩展机制和丰富的插件。

jQuery 有如下六大特点。

1. 快速获取文档元素

jQuery 的选择机制构建于 CSS 的选择器，它提供了快速查询 DOM 文档中元素的能力，而且大大强化了 JavaScript 中获取页面元素的方式。

2. 提供漂亮的页面动态效果

jQuery 中内置了一系列的动画效果，可以开发出非常漂亮的网页，许多网站都使用 jQuery 的内置的效果，比如淡入淡出、元素移除等动态特效。

3. 创建 Ajax 无需刷新网页

Ajax 是异步的 JavaScript 和 XML 的简称，它不是一种新的编程语言，而是一种用于创建更好、更快以及交互性更强的 Web 应用程序的技术。使用 JavaScript 向服务器提出请求并处理响应而不阻塞用户核心对象 XMLHttpRequest。通过这个对象，包含 JavaScript 的页面可在不重载页面的情况下与 Web 服务器交换数据，即在不需要刷新页面的情况下就可产生局部刷新的效果。

Ajax 可以开发出非常灵敏无需刷新的网页，特别是开发服务器端网页时，比如 PHP 网站，需要往返地与服务器通信，如果不使用 Ajax，每次数据更新不得不重新刷新网页，而使用 Ajax 特效后，可以对页面进行局部刷新，提供动态的效果。

4. 提供对 JavaScript 语言的增强

jQuery 提供了对基本 JavaScript 结构的增强，比如元素迭代和数组处理等操作。

5. 增强的事件处理

jQuery 提供了各种页面事件，可以避免程序员在 HTML 中添加太多事件处理代码，重要的是，它的事件处理器消除了各种浏览器兼容性问题。

6. 更改网页内容

jQuery 可以修改网页中的内容，比如更改网页的文本、插入或者翻转网页图像，jQuery 简化了原本需要使用 JavaScript 代码处理的方式。

2.6.1　jQuery 的引用

jQuery 分为两种引用方式：引用本地的 jQuery 和引用在线的 jQuery。

1. 引用本地的 jQuery

引用本地的 jQuery 应分为以下两步。

（1）下载 jQuery，官方网址为 https://jquery.com/，页面如图 2-77 所示。

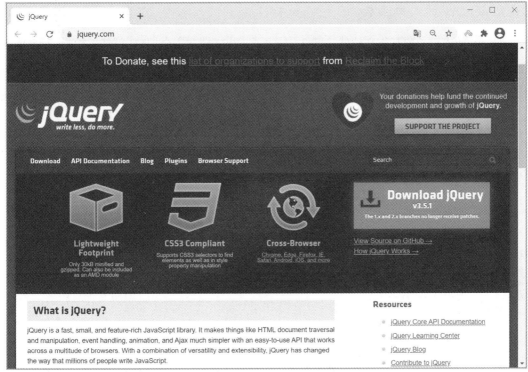

图 2-77　jQuery 官网页面

（2）使用 HTML 的<script>标签引用本地的 jQuery，代码如下：

```
<head>
    <script src="jquery-3.5.1.min.js"></script>
</head>
```

2. 引用在线的 jQuery

引用在线的 jQuery 不需要下载 jQuery 包，直接在代码中插入如下代码：

```
<head>
    <script src="https://code.jquery.com/jquery-3.5.1.min.js"></script>
</head>
```

2.6.2　jQuery 的语法

通过 jQuery，可以选取 HTML 元素，并对选取的元素执行某些操作。使用语法如下：

```
$(selector).action()
```

在上述语法中，需要注意以下三点。

（1）美元符号（$）表示 jQuery。

（2）(selector)表示选择符，能够"查询"和"查找"HTML 元素。

（3）action()表示对元素执行的操作。

2.6.3　jQuery 的入口函数

jQuery 的入口函数又称文档就绪事件，是为了防止文档在完全加载（就绪）之前运行 jQuery 代码，即在 DOM 加载完成后才可以对 DOM 进行操作。如果在文档没有完全加载之前就运行函数，操作可能会失败，例如，试图隐藏一个不存在的元素，或者获得未完全加载的图像的大小。

在原生的 JavaScript 中，会使用 onload()事件或者 ready()事件来避免上述因加载顺序造成的 JS 效果失败的问题，在 jQuery 中会使用如下代码表示入口函数：

```
$(document).ready(function(){
    //jQuery 代码...
});
```

或者写成：

```
$(function(){
    //jQuery 代码...
});
```

2.6.4　jQuery 选择器

jQuery 常用的选择器可以分为基本选择器、层次选择器、过滤选择器和表单选择器四类。

1. 基本选择器

jQuery 基本选择器如表 2-13 所示。

表 2-13　jQuery 基本选择器

语法	描述
$("div")	标签元素选择器
$("#id")	ID 选择器
$(".classname")	类选择器
$(".classname,.classname1,#id1")	组合选择器
$("*")	选取所有元素
$(this)	选取当前 HTML 元素

2. 层次选择器

jQuery 层次选择器如表 2-14 所示。

表 2-14　jQuery 层次选择器

语法	描述
$("#id>.classname")	子元素选择器
$("#id.classname")	后代元素选择器

续表

语法	描述
$("#id+.classname")	紧邻下一个元素选择器
$("#id~.classname")	兄弟元素选择器

3. 过滤选择器

过滤选择器可以分为基本过滤选择器、内容过滤选择器、可见性过滤选择器、属性过滤选择器和状态过滤选择器五种。

jQuery 基本过滤选择器如表 2-15 所示。

表 2-15　jQuery 基本过滤选择器

语法	描述
$("li:first")	第一个 li
$("li:first-child")	子元素中第一个 li
$("li:last")	最后一个 li
$("li:last-child")	子元素中最后一个 li
$("li:even")	挑选下标为偶数的 li
$("li:odd")	挑选下标为奇数的 li
$("li:eq(4)")	下标等于 4 的 li（第五个 li 元素）
$("li:gt(2)")	下标大于 2 的 li
$("li:lt(2)")	下标小于 2 的 li
$("li:not(#obj)")	挑选除 id="obj"以外的所有 li

除此之外，常用的方法是 eq()方法，该方法用于获取指定标签的对应下标的元素。

例如，获取 li 标签中的第五个元素，因为元素的下标从 0 开始，所以第五个元素的下标应该是 4，代码如下：

```
$("li:eq(4)")
```

2.6.5　jQuery 常用的事件

在 jQuery 中，页面对不同访问者的响应称为事件。常用的事件可以分为鼠标事件、键盘事件和文档/窗口事件。jQuery 常用的事件如表 2-16 所示。

表 2-16　jQuery 常用的事件

方法	描述
bind()	向元素添加事件处理程序
blur()	添加/触发失去焦点事件

续表

方法	描述
change()	添加/触发 change 事件
click()	添加/触发 click 事件
dblclick()	添加/触发 double click 事件
delegate()	向匹配元素的当前或未来的子元素添加处理程序
event.currentTarget	在事件冒泡阶段内的当前 DOM 元素
event.data	包含当前执行的处理程序被绑定时传递到事件方法的可选数据
event.delegateTarget	返回当前调用的 jQuery 事件处理程序所添加的元素
event.namespace	返回当事件被触发时指定的命名空间
event.pageX	返回相对于文档左边缘的鼠标位置
event.pageY	返回相对于文档上边缘的鼠标位置
event.preventDefault()	阻止事件的默认行为
event.relatedTarget	返回当鼠标移动时哪个元素进入或退出
event.result	包含由被指定事件触发的事件处理程序返回的最后一个值
event.target	返回哪个 DOM 元素触发事件
event.timeStamp	返回从 1970 年 1 月 1 日到事件被触发时的毫秒数
event.type	返回哪种事件类型被触发
event.which	返回指定事件上哪个键盘键或鼠标按钮被按下
event.metaKey	事件触发时 META 键是否被按下
focus()	添加/触发 focus 事件
focusin()	添加事件处理程序到 focusin 事件
focusout()	添加事件处理程序到 focusout 事件
hover()	添加两个事件处理程序到 hover 事件
keydown()	添加/触发 keydown 事件
keypress()	添加/触发 keypress 事件
keyup()	添加/触发 keyup 事件
mousedown()	添加/触发 mousedown 事件
mouseenter()	添加/触发 mouseenter 事件
mouseleave()	添加/触发 mouseleave 事件
mousemove()	添加/触发 mousemove 事件
mouseout()	添加/触发 mouseout 事件
mouseover()	添加/触发 mouseover 事件
mouseup()	添加/触发 mouseup 事件
off()	移除通过 on()方法添加的事件处理程序
on()	向元素添加事件处理程序

续表

方法	描述
one()	向被选元素添加一个或多个事件处理程序。该处理程序只能被每个元素触发一次
$.proxy()	接受一个已有的函数，并返回一个带特定上下文的新的函数
ready()	规定当 DOM 完全加载时要执行的函数
resize()	添加/触发 resize 事件
scroll()	添加/触发 scroll 事件
select()	添加/触发 select 事件
submit()	添加/触发 submit 事件
trigger()	触发绑定到被选元素的所有事件
triggerHandler()	触发绑定到被选元素的指定事件上的所有函数
unbind()	从被选元素上移除添加的事件处理程序
undelegate()	从现在或未来的被选元素上移除事件处理程序
contextmenu()	添加事件处理程序到 contextmenu 事件
$.holdReady()	用于暂停或恢复 .ready() 事件的执行

1. 绑定事件 on() 方法

on() 方法在被选元素及子元素上添加一个或多个事件处理程序。自 jQuer 版本 1.7 开始，on() 方法是 bind()、live() 和 delegate() 方法的新的替代品。

使用 on() 方法添加的事件处理程序适用于当前及未来的元素，如需移除事件处理程序，请使用 off() 方法。如需添加只运行一次的事件后移除，请使用 one() 方法。

on() 方法的语法规则如下：

```
$(selector).on(event,childSelector,data,function)
```

on() 方法的参数说明如表 2-17 所示。

表 2-17　on() 方法的参数说明

参数	描述
event	必须。规定要从被选元素添加一个或多个事件或命名空间，由空格分隔多个事件值，也可以是数组，必须是有效的事件
childSelector	可选。规定只能添加到指定的子元素上的事件处理程序（且不是选择器本身，比如已废弃的 delegate() 方法）
data	可选。规定传递到函数的额外数据
function	可选。规定当事件发生时运行的函数

例如，向段落 p 标签绑定单个事件，代码如下：

```html
<!DOCTYPE html>
<html lang="en">

<head>
    <meta charset="UTF-8">
    <meta name="viewport" content="width=device-width,initial-scale=1.0">
    <title>绑定事件 on()方法:单个事件</title>
    <script src="./jquery-3.4.1.min.js"></script>
    <script>
        $(document).ready(function () {
            $("p").on("click",function () {
                alert("段落被点击了。");
            });
        });
    </script>
</head>

<body>
    <p>点击这个段落。</p>
</body>

</html>
```

使用 on()方法绑定单个事件的运行效果如图 2-78 所示。

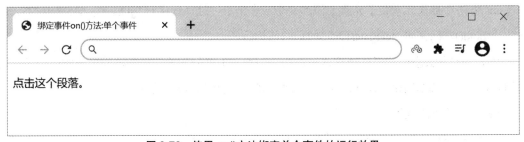

图 2-78　使用 on()方法绑定单个事件的运行效果

当点击了段落文字后，会显示提示窗口，如图 2-79 所示。

图 2-79　段落的单击事件被激发

除了绑定单个事件，on()方法也可以向元素添加多个事件处理程序，代码如下：

```html
<!DOCTYPE html>
<html lang="en">
    <head>
        <meta charset="UTF-8">
        <meta name="viewport" content="width=device-width,initial-scale=1.0">
        <title>绑定事件 on()方法:多个事件</title>
        <script src="./jquery-3.4.1/jquery-3.4.1.min.js"></script>
        <script>
            $(document).ready(function() {
                $("p").on("mouseover mouseout",function() {
                    $("p").toggleClass("intro");
                });
            });
        </script>
        <style type="text/css">
            .intro {
                font-size:150%;
                color:red;
            }
        </style>
    </head>
    <body>
        <p>Move the mouse pointer over this paragraph.</p>
    </body>
</html>
```

使用 on()方法绑定多个事件的运行效果（初始效果和鼠标移出效果）如图 2-80 所示。

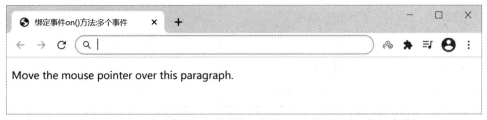

图 2-80　使用 on()方法绑定多个事件的运行效果（初始效果和鼠标移出效果）

当鼠标移入段落文字时，显示效果如图 2-81 所示。当鼠标移出文字时，恢复原段落效果。

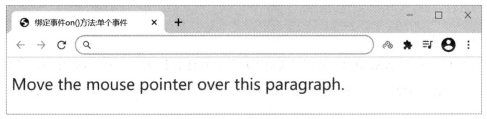

图 2-81　鼠标移入段落文字时的显示效果

2. 鼠标事件

jQuery 中常见的鼠标事件如表 2-18 所示。

表 2-18　jQuery 中常见的鼠标事件

事件名称	描述	示例
click()	单击事件	$('p').click(function(){});
dbclick()	双击事件	$('p').dbclick(function(){});
mousedown()	按下鼠标事件	$('p').mousedown(function(){});
mouseup()	松开鼠标事件	$('p').mouseup(function(){});
mouseover()	鼠标移入事件	$('p').mouseover(function(){});
mouseout()	鼠标移出事件	$('p').mouseout(function(){});
mouseenter()	鼠标移入事件	$('p').mouseenter(function(){});
mouseleave()	鼠标移出事件	$('p').mouseleave(function(){});
hover()	鼠标悬停事件	$('p').hover(function(){},function(){});
toggle()	鼠标点击切换事件	$('p').toggle(function(){},function(){});

3. 键盘事件

jQuery 中的键盘事件可以帮助用户获取键盘码，从而为每个键盘按键绑定对应的事件。jQuery 中常见的键盘事件如表 2-19 所示。

表 2-19　jQuery 中常见的键盘事件

事件名称	描述	示例
keydown()	键盘按下事件	$('p').keydown(function(){});
keyup()	键盘松开事件	$('p').keyup(function(){});
keypress()	敲击按键事件	$('p').keypress(function(){});

例如，获得键盘上对应的 ASCII 码，代码如下：

```
//键码获取
$(document).keydown(function (event) {
    alert(event.keyCode);
});
```

在上述代码中，event.keyCode 可以帮助用户获取到键盘上按键对应的 ASCII 码，例如键盘的上下左右键，对应的 ASCII 码分别是 38、40、37、39。常见的键盘对应的 keyCode 大全请参见附录。

例如，使用键盘按键进行密码设置，并判断只能输入数字，输错会提醒，按 Backspace 键会回退并提示删除原有数据，效果如图 2-82 至图 2-85 所示。

图 2-82　设置密码的初始效果

图 2-83　输入不是数字时的提示效果

图 2-84　输入是数字时会自动移到下一个输入框

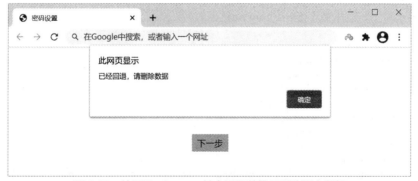

图 2-85　按下 Backspace 键会回退并提示删除原有数据

实现上述代码需要使用的代码如下。

HTML 代码如下：

```
<!DOCTYPE html>
<html lang="en">

<head>
    <meta charset="UTF-8">
    <meta name="viewport" content="width=device-width,initial-scale=1.0">
    <title>密码设置</title>
    <link rel="stylesheet" href="style.css">
    <script src="./jquery-3.4.1.min.js"></script>
    <script>
        $(function() {    //jQuery 的入口函数，避免因为加载顺序问题引起 JS 的失效
            $(".pwd input").keyup(function (event) {
                var e = (event) ? event:window.event;
                if ((e.keyCode >= 48 && e.keyCode <= 57) || (e.keyCode >=
                    96 && e.keyCode <= 105)) {
                    var value = $(this).val();
                    var length = value.length;
                    var val;
                    if (length > 0.5) {
                        val = value.substring(length - 1,length);
                        $(this).val(val).next().focus()
                    }
                } else if (e.keyCode == 8) {
                    alert("已经回退，请删除数据");
                    $(this).prev().focus();
                } else {
                    var _val = this.value;
                    alert("输入的不是数字");
                    //不是数字，就不输入
                    this.value = _val.replace(/\D/g,'');
                }
            });
        });
    </script>
</head>

<body>
    <center>设置六位数字密码</center>
    <br />
    <div class="pwd">
        <input type="password">
        <input type="password">
        <input type="password">
        <input type="password">
        <input type="password">
        <input type="password">
    </div>
    <br/><br/><br/>
    <center><span style="padding:5px 10px;background-color:greenyellow;">
        下一步</span></center>
```

```
</body>

</html>
```

CSS 代码如下：

```
* {
   padding:0px;
   margin:0px;
}

.pwd {
   width:336px;
   margin:0px auto;
   /* 解决浮动塌陷 */
   overflow:hidden;
}

.pwd input {
   width:30px;
   height:30px;
   float:left;
   margin:10px;
   text-align:center;
   line-height:21px;
   border:3px solid rgba(0,0,0,.2);
   border-radius:3px;
   outline:none;
   background-color:#fff;
}
```

4. 文档/窗口事件

jQuery 中常见的文档/窗口事件如表 2-20 所示。

表 2-20　jQuery 中常见的文档/窗口事件

事件名称	描述	示例
resize()	调整窗口大小事件	$('p').resize(function(){});
scroll()	滚动事件	$('p').scroll(function(){});

例如，对浏览器窗口调整大小进行计数，代码如下：

```
<!DOCTYPE html>
<html lang="en">

<head>
   <meta charset="UTF-8">
   <meta name="viewport" content="width=device-width,initial-scale=1.0">
   <title>resize()事件</title>
   <script src="./jquery-3.4.1/jquery-3.4.1.min.js"></script>
   <script>
      x = 0;
      $(document).ready(function() {
```

```
        $(window).resize(function() {
            $("span").text(x += 1);
        });
    });
    </script>
</head>

<body>
    <p>窗口重置了<span>0</span>次大小。</p>
    <p>尝试重置窗口大小。</p>
</body>

</html>
```

窗口重置函数的代码运行效果如图 2-86 所示。

图 2-86　窗口重置函数的代码运行效果

例如，使用 scroll() 事件查看元素的滚动次数，代码如下：

```
<!DOCTYPE html>
<html lang="en">

<head>
    <meta charset="UTF-8">
    <meta name="viewport" content="width=device-width,initial-scale=1.0">
    <title>scroll()事件</title>
    <script src="./jquery-3.4.1.min.js"></script>
    <script>
        x = 0;
        $(document).ready(function() {
            $("div").scroll(function() {
                $("span").text(x += 1);
            });
        });
    </script>
</head>

<body>
    <p>尝试滚动 div 中的滚动条</p>
    <div style="border:1px solid black;width:200px;height:100px;overflow:scroll;">
        尝试滚动 div 中的滚动条<br/>
        尝试滚动 div 中的滚动条<br/>
```

```
        尝试滚动 div 中的滚动条<br/>
        尝试滚动 div 中的滚动条<br/>
        尝试滚动 div 中的滚动条<br/>
        尝试滚动 div 中的滚动条<br/>
        尝试滚动 div 中的滚动条<br/>
        尝试滚动 div 中的滚动条<br/>
    </div>
    <p>滚动了<span>0</span>次。</p>
</body>
</body>

</html>
```

元素的滚动事件的代码运行效果如图 2-87 所示。

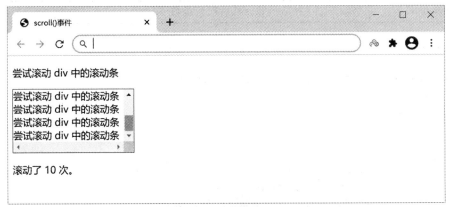

图 2-87　元素的滚动事件的代码运行效果

2.6.6　jQuery 的效果

在 jQuery 中，常用的效果函数包括隐藏、显示、切换、滑动、淡入、淡出以及动画等，详见表 2-21。

表 2-21　jQuery 中常用的效果函数

方法	描述
hide()	隐藏被选元素
show()	显示被选元素
toggle()	在 hide()和 show()方法之间进行切换
fadeIn()	逐渐改变被选元素的不透明度，从隐藏到可见
fadeOut()	逐渐改变被选元素的不透明度，从可见到隐藏
fadeTo()	将被选元素逐渐改变至给定的不透明度
fadeToggle()	在 fadeIn()和 fadeOut()方法之间进行切换

方法	描述
slideDown()	通过调整高度来滑动显示被选元素
slideUp()	通过调整高度来滑动隐藏被选元素
slideToggle()	slideUp()和 slideDown()方法之间的切换
animate()	对被选元素应用"自定义"的动画
stop()	停止被选元素上当前正在运行的动画
finish()	对被选元素停止、移除并完成所有排队动画
queue()	显示被选元素的排队函数
clearQueue()	对被选元素移除所有仍未运行的排队函数
delay()	对被选元素的所有仍未运行的排队函数，设置延迟
dequeue()	移除下一个排队函数，然后执行函数

1. 隐藏和显示

隐藏 hide()函数和显示 show()函数的示例代码如下：

```
<!DOCTYPE html>
<html lang="en">

<head>
    <meta charset="UTF-8">
    <meta name="viewport" content="width=device-width,initial-scale=1.0">
    <title>hide()函数和 show()函数</title>
    <script src="./jquery-3.4.1.min.js"></script>
    <script>
        $(document).ready(function() {
            $("#hide").click(function() {
                $("p").hide();
            });
            $("#show").click(function() {
                $("p").show();
            });
        });
    </script>
</head>

<body>
    <p>如果你点击"隐藏" 按钮，我将会消失。</p>
    <button id="hide">隐藏</button>
    <button id="show">显示</button>
</body>
</body>

</html>
```

隐藏和显示函数的代码运行效果如图 2-88 至图 2-90 所示。

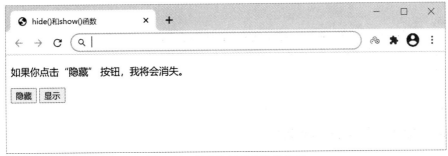

图 2-88　隐藏和显示函数的使用

图 2-89　点击"隐藏"元素的效果

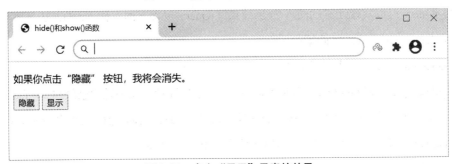

图 2-90　点击"显示"元素的效果

上述代码还可以使用 toggle()函数简化，该函数表示在 hide()和 show()方法之间进行切换，将上述代码改为如下代码：

```
<!DOCTYPE html>
<html lang="en">

<head>
    <meta charset="UTF-8">
    <meta name="viewport" content="width=device-width,initial-scale=1.0">
    <title>toggle 函数</title>
    <script src="./jquery-3.4.1.min.js"></script>
    <script>
        $(document).ready(function() {
            $("button").click(function() {
                $("p").toggle();
            });
        });
    </script>
</head>
```

```
<body>
    <p>如果你点击"隐藏/显示"按钮，我将会消失/显示。</p>
    <button>隐藏/显示</button>
</body>
</body>

</html>
```

toggle()方法的代码的运行效果如图 2-91 所示。

图 2-91　toggle()方法的代码的运行效果

2. 淡入和淡出

通过 jQuery 可以实现元素的淡入/淡出效果，jQuery 包含下面四种 fade()方法。

- fadeIn()：用于淡入已隐藏的元素。

- fadeOut()：用于淡出可见元素。

- fadeToggle()：在 fadeIn()与 fadeOut()方法之间进行切换。如果元素已淡出，则 fadeToggle() 会向元素添加淡入效果。如果元素已淡入，则 fadeToggle()会向元素添加淡出效果。

- fadeTo()：渐变为给定的不透明度（值介于 0 与 1 之间）。

注意大小写，fadeIn()、fadeOut()、fadeToggle()、fadeTo()大小写不能变。

1）fadeIn()淡入

fadeIn()淡入的语法如下：

```
$(selector).fadeIn(speed,callback);
```

在上述语法中，参数说明如下：

（1）speed 参数用于规定效果的时长，可以取 slow、fast 或毫秒等值。

（2）callback 参数是 fading 完成后所执行的函数名称。

例如，带有不同参数的 fadeIn()方法，代码如下：

```
<!DOCTYPE html>
<html lang="en">

<head>
    <meta charset="UTF-8">
    <meta name="viewport" content="width=device-width, initial-scale=1.0">
```

```
    <title>fadeIn()淡入</title>
    <script src="./jquery-3.4.1.min.js"></script>
    <script>
        $(document).ready(function() {
            $("button").click(function() {
                $("#div1").fadeIn();
                $("#div2").fadeIn("slow");
                $("#div3").fadeIn(3000);
            });
        });
    </script>
</head>

<body>
    <p>fadeIn()方法使用了不同参数的显示效果。</p>
    <button>点击淡入 div 元素。</button>
    <br><br>
    <div id="div1"
style="width:80px;height:80px;display:none;background-color:red;">
    </div><br>
    <div id="div2"
style="width:80px;height:80px;display:none;background-color:green;">
    </div><br>
    <div id="div3"
style="width:80px;height:80px;display:none;background-color:blue;">
    </div>
</body>

</html>
```

上述代码的运行效果如图 2-92 到图 2-94 所示。

图 2-92　fadeIn()方法的效果（页面初始）

图 2-93　fadeIn()方法的效果（"淡入"过程中）

图 2-94　fadeIn()方法的效果（"淡入"完成后）

2）fadeOut()淡出

fadeOut()淡出的语法与 fadeIn()淡入的语法类似。

例如，带有不同参数的 fadeOut()方法，代码如下：

```
<!DOCTYPE html>
<html lang="en">

<head>
    <meta charset="UTF-8">
    <meta name="viewport" content="width=device-width,initial-scale=1.0">
    <title>fadeOut()方法</title>
    <script src="./jquery-3.4.1.min.js"></script>
    <script>
        $(document).ready(function() {
            $("button").click(function() {
                $("#div1").fadeOut();
                $("#div2").fadeOut("slow");
                $("#div3").fadeOut(3000);
            });
        });
    </script>
</head>

<body>
    <p>fadeOut()方法使用了不同参数的效果。</p>
    <button>点击淡出div元素。</button>
    <br><br>
    <div id="div1" style="width:80px;height:80px;background-color:red;">
</div><br>
    <div id="div2" style="width:80px;height:80px;background-color:green;">
</div><br>
```

```
    <div id="div3" style="width:80px;height:80px;background-color:blue;"></div>
</body>

</html>
```

上述代码的运行效果图如图 2-95 到图 2-97 所示。

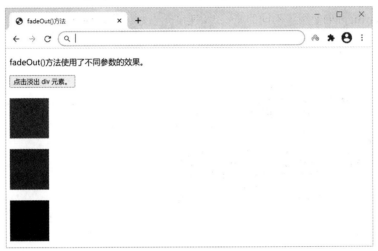

图 2-95　fadeOut()方法的效果（页面初始）

图 2-96　fadeOut()方法的效果（"淡出"过程中）

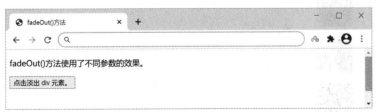

图 2-97　fadeOut()方法的效果（"淡出"完成后）

3）fadeToggle()切换淡入/淡出

fadeToggle()切换淡入/淡出的语法如下:

```
$(selector).fadeToggle(speed,callback);
```

在上述语法中,参数说明如 fadeIn()和 fadeOut()方法的参数说明。

例如,fadeToggle()使用了不同的 speed(速度)参数,代码如下:

```html
<!DOCTYPE html>
<html lang="en">

<head>
    <meta charset="UTF-8">
    <meta name="viewport" content="width=device-width,initial-scale=1.0">
    <title>fadeToggle()切换淡入/淡出</title>
    <script src="./jquery-3.4.1.min.js"></script>
    <script>
        $(document).ready(function() {
            $("button").click(function() {
                $("#div1").fadeToggle();
                $("#div2").fadeToggle("slow");
                $("#div3").fadeToggle(3000);
            });
        });
    </script>
</head>

<body>
    <p>fadeToggle()使用了不同的 speed(速度)参数。</p>
    <button>点击淡入/淡出</button>
    <br><br>
    <div id="div1" style="width:80px;height:80px;background-color:red;"></div>
    <br>
    <div id="div2" style="width:80px;height:80px;background-color:green;"></div>
    <br>
    <div id="div3" style="width:80px;height:80px;background-color:blue;"></div>
</body>

</html>
```

fadeToggle()方法的运行效果如图 2-98 所示。

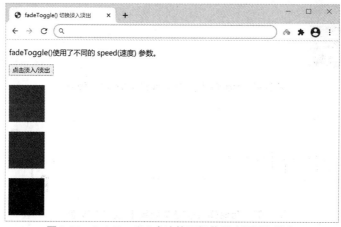

图 2-98　fadeToggle()方法的运行效果（页面初始）

点击按钮后，色块应淡出，效果如图 2-95 和图 2-96 所示。等色块都淡出后，再点击按钮，色块会淡出，效果如图 2-93 和图 2-94 所示。

4）fadeTo()渐变

fadeTo()方法允许渐变为给定的不透明度（值介于 0 与 1 之间），其使用语法如下：

```
$(selector).fadeTo(speed,opacity,callback);
```

在上述语法中，参数的说明如下。

（1）fadeTo()没有默认参数，必须使用参数规定效果的时长。参数可以取"slow"、"fast"或毫秒等值。

（2）fadeTo()方法中必须的 opacity 参数将淡入/淡出效果设置为给定的不透明度（值介于 0 与 1 之间）。

（3）可选的 callback 参数是该函数完成后所执行的函数名称。

例如，带有不同参数的 fadeTo()方法的使用，代码如下：

```
<!DOCTYPE html>
<html lang="en">

<head>
    <meta charset="UTF-8">
    <meta name="viewport" content="width=device-width,initial-scale=1.0">
    <title>fadeTo()渐变</title>
    <script src="./jquery-3.4.1.min.js"></script>
    <script>
        $(document).ready(function() {
            $("button").click(function() {
                $("#div1").fadeTo("slow",0.15);
                $("#div2").fadeTo("slow",0.4);
                $("#div3").fadeTo("slow",0.7);
            });
        });
    </script>
</head>

<body>
    <p>fadeTo()使用不同的参数</p>
    <button>点我让颜色变淡</button>
    <br><br>
    <div id="div1" style="width:80px;height:80px;background-color:red;"></div><br>
    <div id="div2" style="width:80px;height:80px;background-color:green;"></div><br>
    <div id="div3" style="width:80px;height:80px;background-color:blue;"></div>
</body>

</html>
```

上述代码的运行效果如图 2-99 和图 2-100 所示。

图 2-99　fadeTo()方法的效果（页面初始）

图 2-100　fadeTo()方法的效果（点击"渐变"后）

3. 滑入和滑出

通过 jQuery，可以在元素上创建滑动效果。jQuery 包含以下滑动方法。

（1）slideDown()：向下滑动元素。

（2）slideUp()：向上滑动元素。

（3）slideToggle()：在 slideDown()与 slideUp()方法之间进行切换。如果元素向下滑动，则 slideToggle()可向上滑动它们。如果元素向上滑动，则 slideToggle()可向下滑动它们。

以上三种方法的使用语法类似，这里重点介绍 slideDown()方法的语法，语法格式如下：

```
$(selector).slideDown(speed,callback);
```

上述语法中，参数说明如下。

- 可选的 speed 参数规定效果的时长。它可以取 slow、fast 或毫秒等值。

- 可选的 callback 参数是滑动完成后所执行的函数名称。

因为滑入/滑出方法的使用和淡入/淡出方法的使用类似，因此，示例代码可以参考上面的示例，此处不再赘述。

4. jQuery 动画

1）animate()动画的基本使用

在 jQuery 中，使用 animate()方法创建自定义动画，语法如下：

```
$(selector).animate({params},speed,callback);
```

在上述语法中，参数说明如下。

（1）必需的 params 参数定义形成动画的 CSS 属性。

（2）可选的 speed 参数规定效果的时长，可以取 slow、fast 或毫秒等值。

（3）可选的 callback 参数是动画完成后所执行的函数名称。

例如，使用 animate()方法创建动画，使元素从左往右移动 250px，代码如下：

```
<!DOCTYPE html>
<html lang="en">

<head>
    <meta charset="UTF-8">
    <meta name="viewport" content="width=device-width,initial-scale=1.0">
    <title>jQuery 动画:animate()方法</title>
    <script src="./jquery-3.4.1.min.js"></script>
    <script>
        $(document).ready(function() {
            $("button").click(function() {
                $("div").animate({left:'250px'});
            });
        });
    </script>
</head>

<body>
    <button>开始动画</button>
    <p>默认情况下，所有的 HTML 元素有一个静态的位置，且是不可移动的
        如果要改变，我们需将元素的 position 属性设置为 relative、fixed 或 absolute!</p>
    <div style="background:#98bf21;height:100px;width:100px;position:absolute;">
    </div>
</body>

</html>
```

上述代码的运行效果如图 2-101 和图 2-102 所示。

图 2-101　动画开始前的页面初始效果

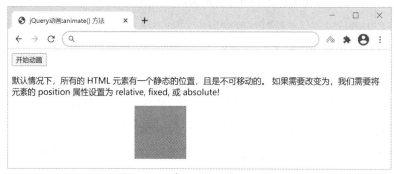

图 2-102　动画开始后的页面效果

在上述代码中，animate()方法除了操作单个属性外，也可以操作多个属性，代码如下：

```
$("button").click(function() {
  $("div").animate( {
    left:'250px',
    opacity:'0.5',
    height:'150px',
    width:'150px'
  });
});
```

也可以定义相对值（该值相对于元素的当前值），只需在值的前面加上+=或-=，代码如下：

```
$("button").click(function(){
  $("div").animate({
    left:'250px',
    height:'+=150px',
    width:'+=150px'
  });
});
```

除此之外，animate()方法还可以把属性的动画值设置为 show、hide 或 toggle，代码如下：

```
$("button").click(function() {
  $("div").animate( {
    height:'toggle'
  });
});
```

2）animate()动画队列

jQuery 提供针对动画的队列功能，在同一个元素上，如果有多个 animate()调用时，jQuery
会创建包含这些方法调用的"内部"队列，然后逐一运行这些 animate()调用。

例如，在同一个<div>元素上往右边移动 100px，然后增加文本的字号，代码如下：

```html
<!DOCTYPE html>
<html lang="en">

<head>
    <meta charset="UTF-8">
    <meta name="viewport" content="width=device-width,initial-scale=1.0">
    <title>jQuery动画:animate()队列</title>
    <script src="./jquery-3.4.1.min.js"></script>
    <script>
        $(document).ready(function() {
            $("button").click(function() {
                var div = $("div");
                div.animate({left:'100px'},"slow");
                div.animate({fontSize: '3em'},"slow");
            });
        });
    </script>
</head>

<body>
    <button>开始动画</button>
    <p>默认情况下，所有的 HTML 元素有一个静态的位置，且是不可移动的
        如果要改变，我们需将元素的 position 属性设置为 relative、fixed 或 absolute!</p>
    <div
style="background:#98bf21;height:100px;width:200px;position:absolute;">HELLO
</div>
</body>

</html>
```

上述代码的运行效果如图 2-103 和图 2-104 所示。

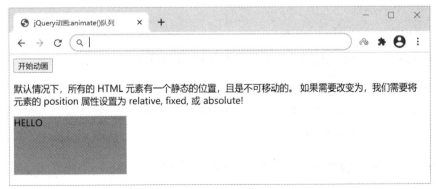

图 2-103　动画开始前的页面初始效果

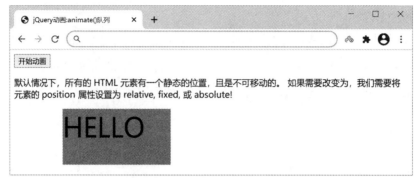

图 2-104　动画开始后的页面效果

5. jQuery 方法链

在前面介绍的内容中，效果或者动画都是一次写一条 jQuery 语句或者一条接着另一条语句实现的。

在 jQuery 中，有一种名为链接（chaining）的技术，允许我们在相同的元素上运行多条 jQuery 命令，一条接着另一条，因此，浏览器就不必多次查找相同的元素，若需链接一个动作，则只需要简单地把该动作追加到之前的动作上。

例如，将 css()、slideUp() 和 slideDown() 链接在一起，"p1" 元素首先会变为红色，然后向上滑动，再向下滑动，代码如下：

```
$("#p1").css("color","red").slideUp(2000).slideDown(2000);
```

【注意】　当进行链接时，代码行会变得很长。但是，jQuery 语法不是很严格，可以包含换行和缩进，例如以下书写也可以很好地运行：

```
$("#p1").css("color","red")
    .slideUp(2000)
    .slideDown(2000);
```

2.6.7　jQuery 操作 HTML

1. 获得内容和属性

1）获得内容

在 jQuery 中，有以下三种简单实用的用于 DOM 操作的 jQuery 方法。

（1）text()：获得所选元素的文本内容。

（2）html()：获得所选元素的内容（包括 HTML 标记）。

（3）val()：获得表单字段的值。

例如，通过 jQuery 的 text() 方法和 html() 方法来获得元素内容，代码如下：

```
<!DOCTYPE html>
<html lang="en">
<head>
```

```
<meta charset="UTF-8">
<meta name="viewport" content="width=device-width,initial-scale=1.0">
<title>使用 text()和 html()方法来获得元素内容</title>
<script src="./jquery-3.4.1.min.js"></script>
<script>
    $(document).ready(function() {
        $("#btn1").click(function() {
            alert("Text:" + $("#test").text());
        });
        $("#btn2").click(function() {
            alert("HTML:" + $("#test").html());
        });
    });
</script>
</head>

<body>
    <p id="test">这是段落中的<b>粗体</b>文本。</p>
    <button id="btn1">显示文本</button>
    <button id="btn2">显示 HTML</button>
</body>
</html>
```

使用 text()和 html()方法来获得元素内容的页面初始效果如图 2-105 所示，点击"显示文本"
的效果如图 2-106 所示，点击"显示 HTML"的效果如图 2-107 所示。

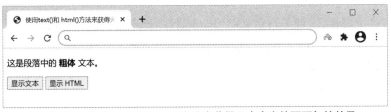

图 2-105　使用 text()和 html()方法来获得元素内容的页面初始效果

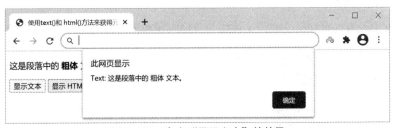

图 2-106　点击"显示文本"的效果

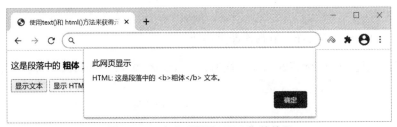

图 2-107　点击"显示 HTML"的效果

【注意】 从图 2-106 和图 2-107 可以看出，text()方法获得的是文本内容，而 html()方法获得的不仅有文本内容，还有 html 标签。

2）获得属性

除了获得元素的内容外，还可以获得元素的属性，需要使用 attr()方法和 prop()方法。在这两种方法中，prop()方法可以获得 HTML 元素自身具有的固有属性，attr 方法可以获得用户为 HTML 元素自定义的 DOM 属性。两者使用时需要注意以下两点。

（1）prop()函数的结果：如果有相应的属性，则返回指定的属性值。如果没有相应的属性，则返回值是空字符串。

（2）attr()函数的结果：如果有相应的属性，则返回指定的属性值。如果没有相应的属性，则返回值是 undefined。

【注意】 具有 true 和 false 两个属性的属性，如 checked、selected 或者 disabled，获得属性值时应使用 prop()方法。

例如，获取超链接<a>标签有 href、id 和 action 三个属性值，代码如下：

```
<a href="#" id="link1" action="delete" rel="nofollow">删除</a>
```

那么，获取 href 和 id 的属性值时，应使用 prop()方法。action 是人为自定义上去的，<a>元素本身没有这个属性，这就是自定义的 DOM 属性。处理这种属性时，建议使用 attr()方法。

例如，获取超链接<a>标签中 href 属性的值，代码如下：

```
$("button").click(function(){
    alert($("a").attr("href"));
});
```

2. 设置内容和属性

在 jQuery 中设置内容和属性时需要使用与获得内容和属性相同的方法。四种方法的含义如下。

（1）text()：设置所选元素的文本内容。

（2）html()：设置所选元素的内容（包括 HTML 标记）。

（3）val()：设置表单字段的值。

（4）attr()：设置或者改变属性值。

以上四种方法中，前三个用于设置内容，最后一个用于设置属性。四者的使用方法类似，重点介绍设置属性的 attr()方法，其他在此不赘述。

例如，设置超链接<a>标签的 href 属性值为 "https://www.baidu.com/"，代码如下：

```
$("button").click(function() {
    alert($("a").attr("href","https://www.baidu.com/"));
});
```

3. 对元素的操作

在 jQuery 中，元素的操作主要包括添加元素、删除元素、操作元素的 CSS 样式等，相关方法见表 2-22。

表 2-22　jQuery 对元素操作使用的函数

方法	描述
append()	在被选元素内部的结尾插入内容
appendTo()	在被选元素内部的结尾插入 HTML 元素
prepend()	在被选元素内部的开头插入内容
prependTo()	在被选元素内部的开头插入 HTML 元素
after()	在被选元素外部的后面插入内容
before()	在被选元素外部的前面插入内容
empty()	从被选元素中移除所有子节点和内容
remove()	移除被选元素（包含数据和事件）
detach()	移除被选元素（保留数据和事件）
unwrap()	移除被选元素的父元素
css()	为被选元素设置或返回一个或多个样式属性
addClass()	向被选元素添加一个或多个类名
removeClass()	从被选元素中移除一个或多个类
toggleClass()	在被选元素中添加/移除一个或多个类之间切换
hasClass()	检查被选元素是否包含指定的 class 名称
html()	设置或返回被选元素的内容
text()	设置或返回被选元素的文本内容
val()	设置或返回被选元素的属性值（针对表单元素）
prop()	设置或返回被选元素的固有属性值
attr()	设置或返回被选元素的属性值，一般用于自定义属性
removeProp()	移除通过 prop()方法设置的属性
removeAttr()	从被选元素移除一个或多个属性
clone()	生成被选元素的副本
replaceAll()	把被选元素替换为新的 HTML 元素
replaceWith()	把被选元素替换为新的内容
scrollLeft()	设置或返回被选元素的水平滚动条位置
scrollTop()	设置或返回被选元素的垂直滚动条位置

在表 2-22 中，对元素的 CSS 样式操作比较重要，接下来重点介绍以下四种方法。

- css()：设置或返回样式属性。

- addClass()：向被选元素添加一个或多个类。

- removeClass()：从被选元素中删除一个或多个类。

- toggleClass()：对被选元素进行添加/删除类的切换操作。

1）css()方法

css()方法能够设置或返回样式属性，例如，css()方法的使用，返回 CSS 属性，代码如下：

```
$("p").css("background-color");
```

设置指定的 CSS 属性，代码如下：

```
$("p").css("background-color","yellow");
```

设置多个 CSS 属性，代码如下：

```
$("p").css({"background-color":"yellow","font-size":"200%"});
```

2）addClass()方法和 removeClass()方法

addClass()方法能够向被选元素添加一个或多个类，语法如下：

```
addClass('c1 c2...' | function(i,c))
```

在上述语法中，第一个参数表示要添加或删除的类，既可以用类列表，也可以用函数返回值指定（i 是选择器选中的所有元素中当前对象的索引值，c 是当前对象的类名）。

例如，现有两个类样式，代码如下：

```
.important {
    font-weight:bold;
    font-size:xx-large;
}
    .blue {
    color:blue;
}
```

然后向不同的元素添加 class 属性，代码如下：

```
$("button").click(function(){
    $("h1,h2,p").addClass("blue");
    $("div").addClass("important");
});
```

当然，在添加类时，也可以选取多个元素，代码如下：

```
$("button").click(function(){
    $("body div:first").addClass("important blue");
});
```

removeClass()方法能够从被选元素中删除一个或多个类，其语法和 addClass()方法的相同。

例如，在不同的元素中删除指定的 class 属性，代码如下：

```
$("button").click(function(){
    $("h1,h2,p").removeClass("blue");
});
```

3）toggleClass()方法

toggleClass()方法能够从被选元素中删除一个或多个类，语法如下：

```
toggleClass('c1 c2...' | function(i,c),switch?)
```

在上述语法中，第一个参数表示要添加或删除的类，既可以用类列表，也可以用函数返回值指定（i 是选择器选中的所有元素中当前对象的索引值，c 是当前对象的类名）。switch 表示布尔值，true 表示只添加，false 表示只删除。

例如，使用 toggleClass()方法对被选元素进行添加/删除类的切换操作，代码如下：

```
$("button").click(function(){
    $("h1,h2,p").toggleClass("blue");
});
```

2.6.8　jQuery 遍历元素

jQuery 遍历元素用于根据其相对于其他元素的关系来"查找"（或选取）HTML 元素，从某个选择开始，并沿着这个选择移动，直到达到你期望的元素为止。

图 2-108 展示了一个家族树，通过 jQuery 遍历，能够从被选（当前的）元素开始，轻松地在家族树中向上移动（祖先）、向下移动（子孙）、水平移动（同胞），这种移动称为对 DOM 进行遍历。

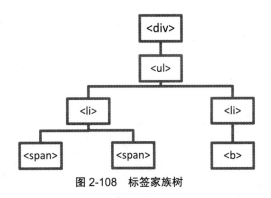

图 2-108　标签家族树

jQuery 提供了多种遍历 DOM 的方法。遍历方法中最大的种类是树遍历（tree-traversal）。

在 jQuery 中，常用的 jQuery 遍历方法如表 2-23 所示。

表 2-23　常用的 jQuery 遍历方法

方法	描述
add()	将元素添加到匹配元素的集合中
addBack()	将之前的元素集合添加到当前集合中
children()	返回被选元素的所有直接子元素

方法	描述
closest()	返回被选元素的第一个祖先元素
contents()	返回被选元素的所有直接子元素（包含文本和注释节点）
each()	为每个匹配元素执行函数
end()	结束当前链中最近的一次筛选操作，并将匹配元素集合返回到前一次的状态
eq()	返回带有被选元素的指定索引号的元素
filter()	将匹配元素集合缩减为匹配选择器或匹配函数返回值的新元素
find()	返回被选元素的后代元素
first()	返回被选元素的第一个元素
has()	返回包含一个或多个元素在内的所有元素
is()	根据选择器/元素/jQuery 对象检查匹配元素集合，如果存在至少一个匹配元素，则返回 true
last()	返回被选元素的最后一个元素
map()	将当前匹配集合中的每个元素传递给函数，产生包含返回值的新 jQuery 对象
next()	返回被选元素的下一个同胞元素
nextAll()	返回被选元素之后的所有同胞元素
nextUntil()	返回介于两个给定元素之间的每个元素之后的所有同级元素
not()	从匹配元素集合中移除元素
offsetParent()	返回第一个定位的父元素
parent()	返回被选元素的直接父元素
parents()	返回被选元素的所有祖先元素
parentsUntil()	返回介于两个给定元素之间的所有祖先元素
prev()	返回被选元素的前一个同胞元素
prevAll()	返回被选元素之前的所有同胞元素
prevUntil()	返回介于两个给定元素之间的每个元素之前的所有同级元素
siblings()	返回被选元素的所有同胞元素
slice()	将匹配元素集合缩减为指定范围的子集

1. 遍历祖先

遍历祖先是通过 jQuery 向上遍历 DOM 树来查找元素的祖先（父、祖父或曾祖父等），常用的方法有以下三种。

- parent()：返回被选元素的直接父元素。
- parents()：返回被选元素的所有祖先元素，它一路向上直到文档的根元素（<html>）。
- parentsUntil()：返回介于两个给定元素之间的所有祖先元素。

例如，返回每个<span>元素的直接父元素，代码如下：

```
$(document).ready(function(){
    $("span").parent();
});
```

如果需要返回所有<span>元素的所有祖先，则代码如下：

```
$(document).ready(function(){
    $("span").parents();
});
```

如果返回所有<span>元素的所有祖先，并且它是<ul>元素，则代码如下：

```
$(document).ready(function(){
    $("span").parents("ul");
});
```

如果返回介于<span>与<div>元素之间的所有祖先元素，则代码如下：

```
$(document).ready(function(){
    $("span").parentsUntil("div");
});
```

2. 遍历后代

遍历后代是通过 jQuery 向下遍历 DOM 树来查找元素的后代（子、孙、曾孙等），常用的方法有以下两个。

- children()：返回被选元素的所有直接子元素。
- find()：返回被选元素的后代元素，一路向下直到最后一个后代。

1）children()方法

例如，返回每个<div>元素的所有直接子元素，代码如下：

```
$(document).ready(function() {
    $("div").children();
});
```

还可以使用可选参数来过滤对子元素的搜索，例如返回类名为"1"的所有<p>元素，并且它们是<div>的直接子元素，代码如下：

```
$(document).ready(function(){
    $("div").children("p.1");
});
```

2）find()方法

例如，返回属于<div>后代的所有<span>元素，代码如下：

```
$(document).ready(function(){
    $("div").find("span");
});
```

或者返回<div>的所有后代，代码如下：

```
$(document).ready(function(){
    $("div").find("*");
});
```

3. 遍历同胞

通过 jQuery 在 DOM 树中遍历元素的同胞元素（兄弟姐妹），相当于水平遍历，常用的方法如下。

- siblings()：返回被选元素的所有同胞元素。
- next()：返回被选元素的下一个同胞元素。
- nextAll()：返回被选元素的所有跟随的同胞元素。
- nextUntil()：返回介于两个给定参数之间的所有跟随的同胞元素。
- prev()：返回被选元素的上一个同胞元素。
- prevAll()：返回被选元素的所有之前的同胞元素。
- prevUntil()：返回介于两个给定参数之间的每个元素之前的所有同级元素。

1）siblings()方法

例如，返回<h2>的所有同胞元素，代码如下：

```
$(document).ready(function(){
    $("h2").siblings();
});
```

也可以使用可选参数来过滤对同胞元素的搜索，例如返回属于<h2>的同胞元素的所有<p>元素，代码如下：

```
$(document).ready(function(){
    $("h2").siblings("p");
});
```

2）next()方法

例如，返回<h2>的下一个同胞元素，代码如下：

```
$(document).ready(function(){
    $("h2").next();
});
```

3）nextAll()方法

例如，返回<h2>的所有跟随（自身之后）的同胞元素，代码如下：

```
$(document).ready(function(){
    $("h2").nextAll();
});
```

4）nextUntil()方法

例如，返回介于<h2>与<h6>元素之间的所有同胞元素，代码如下：

```
$(document).ready(function(){
    $("h2").nextUntil("h6");
});
```

5）prev()、prevAll()及 prevUntil()方法

prev()、prevAll()及 prevUntil()方法的工作方式与上面的方法类似，只是方向相反而已：它们返回的是前面的同胞元素（在DOM树中沿着同胞之前的元素遍历，而不是之后的元素遍历）。其使用方法在此不再赘述。

小结

本章的学习内容比较多，分别对 HTML、CSS、jQuery 进行了系统的介绍。HTML 中我们需要掌握的知识有：HTML 的标准文件格式，各种标签元素 html、head、title、body、footer、div、input、form 等，编写网页程序需要熟练使用这些标签元素。本章详细介绍了 CSS 的相关知识，包括 CSS 盒子模型、常见布局、CSS 动画。本章还介绍了一个 JavaScript 框架 jQuery，包括 jQuery 语法、函数、选择器、常用事件、操作 HTML、元素遍历方法等。

本章涉及的知识点很多，仅凭记忆很难学习这些知识，只有在编程实践过程中才能加深对这些知识的理解。

习题

一、单选题

1. 下面不是 jQuery 的选择器的是（　　）。

   A.基本选择器　　　　B.后代选择器　　　　C.类选择器　　　　D.进一步选择器

2. 在 jQuery 中，如果想要从 DOM 中删除所有匹配的元素，下面正确的是（　　）。

   A.delete()　　　　B.empty()　　　　C.remove()　　　　D.removeAll()

3. 在 jQuery 中，如果想要获取当前窗口的宽度值，下面实现该功能的是（　　）。

   A、width()　　　　B.width(val)　　　　C.width　　　　D.innerWidth()

4. 下面用来追加到指定元素末尾的是（　　）。

   A.insertAfter()　　　B.append()　　　　C.appendTo()　　　　D.after()

5. slideUp 方法执行的效果为（　　）。

   A.以滑动的形式显示元素　　　　　　　B.以滑动的形式隐藏元素

   C.以淡入的形式显示元素　　　　　　　D.以淡入的形式隐藏元素

6. 在获取 id 值为 btn 的元素的 value 值时，下面代码正确的是（　　　）。

A.$("#btn").val()　　　　　　　　　　B.$("#btn").val(value)

C.$("#btn").value()　　　　　　　　　D.$("#btn").value(val)

7. 下列关于 jQuery 中$.ajax()方法的说法，错误的是（　　　）。

A.$.ajax()方法是 jQuery 中最底层的 Ajax 方法

B.$.ajax()方法在使用时只能传入一个参数

C.$.ajax()方法可以实现其他 jQuery 中 Ajax 方法能实现的功能

D.$.get()、$.post()方法以$.ajax()为基础来进行封装

8. 在 jQuery 中，页面 DOM 元素加载完成后便可触发的事件是（　　　）。

A.onload　　　　　B.ready()　　　　　C.finished()　　　　　D.end()

9. 下面代码$(selector).val(value);说法错误的是（　　　）。

A.value 表示表单元素的 value 属性的值　　　B.selector 一般是指表单元素

C.设置表单元素的状态属性　　　　　　　　D.设置表单元素的 value 值

10. jQuery 事件中，与 JavaScript 中的 onblur 用法类似的是（　　　）。

A.blur　　　　　B.focus　　　　　C.onfocus　　　　　D.change()

二、填空题

1. 在 jQuery 中，想让一个元素隐藏，用_____实现，显示隐藏的元素用_____实现。

2. 在 jQuery 中，如果想要自定义一个动画，用_____函数来实现。

3. 在 jQuery 中，鼠标移动到一个指定的元素上，会触发指定的一个方法，实现该操作的是_____。

4. toggle()方法的功能实现是在_____方法和_____方法之间切换调用。

5. 在使用 offset()方法获取元素的坐标时，如果元素的 display 属性值为 none，那么获取的 left 或 top 值为_____。

三、综合案例

1. 实现如下图所示表格，同时使用 jQuery 完成全选和全不选的操作。

☐	学生ID	学生姓名	班级分类	操作
☐	1	刘子茜	19级软工3班	修改|删除
☐	2	王北洛	19级软工2班	修改|删除
☐	3	云小萌	20级计科1班	修改|删除
☐	4	李师师	22级计科2班	修改|删除

2. 如下图所示，使用 jQuery 完成轮播图制作。要求：5 张轮播图自动循环播放，对应正下方的数字也发生变化。当用户鼠标移动到不同的数字时，切换与该数字对应的图片，鼠标移开

后，轮播图再次自动播放。用户也可以点击左、右两边的箭头进行轮播图的切换。

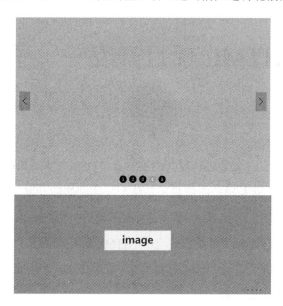

第 3 章　HTML 项目开发一（子杰官网）

◐ 章节导读

学习知识是为了应用，本章将前面学过的 HTML、CSS 与 JavaScript 结合起来，以案例的形式展示实用的效果，不管是单一的效果还是整个公司网站的开发，都能给读者带来不同的体验。

在创建项目时，认真体会页面的布局、不同 HTML 标记的语言和属性。HTML 和 CSS 都是所见即所得的语言，在项目创建过程中仔细体会它们的语义与样式效果，感受 HTML、CSS 3 和 JavaScript 脚本配合使用的效果。

建议读者在本课程的基础上不断深入学习 JavaScript、jQuery 和其他前端框架的编程知识，网页设计是一个注重实践的过程，读者只有多练习，才能提高代码的编写效率。

◐ 知识目标

（1）掌握如何使用 header 和 footer 元素。

（2）掌握导航栏的制作。

（3）掌握轮播图的制作。

（4）掌握网页主体内容的制作。

（5）了解响应式布局的制作。

3.1　项目介绍

经过前面章节的学习，我们已经对 HTML、CSS 以及 jQuery 的知识有了更深的了解和掌握。为了巩固我们所学的知识，加深所学知识在实战项目中的应用，本书提供一个完整的前端开发实战项目——子杰软件官网首页设计。

一般企业的网站规模不是很大，通常包括 3~5 个栏目，如首页、产品、新闻、动态等栏目，且有的栏目甚至只包含一个页面。此类网站主要用于发布企业产品信息、分享和交流相关经验等。

3.1.1　项目描述

本项目是对上海子杰软件官网进行复写，网站包含首页、数字化专题、解决方案、客户案例、招贤纳才、关于我们等栏目。本项目采用的是蓝色和浅灰色的配色方案，蓝色部分显示导航菜单，灰色部分显示文本信息。首页实现效果如图 3-1 所示。

图 3-1　首页实现效果

3.1.2　开发要求

本项目是一个简易的网页设计，主要包括导航设计、轮播图设计、图文列表制作和响应式设计等内容。

根据已提供的素材，运用 HTML、CSS 以及 jQuery 开发语言实现项目中的各功能模块。

项目提供以下文档/文件素材。

- jquery.min.js 文件。
- index.js 轮播图效果文件。
- image 图片素材文件夹。
- 文本内容素材.doc。

3.1.3　网站设计分析

作为一个软件公司的网站首页，其页面需要简单、明了，给人以清晰的感觉。从公司网站的首页、数字化专题、解决方案、客户案例、招贤纳才和关于我们的页面效果图可以看到，页面有一些共同点，即网页顶部导航和底部的网站版权是一样的，都可看成是上、中、下结构，也就是说，最上方是网站导航，中间部分是网页主体显示内容，每个页面的主体内容都不一样，最下方是网站版权相关信息。

因此，我们在制作网页时，可以先制作网站的导航和版权部分，这样在制作其他页面时，可以直接使用已经制作完成的导航和版权部分即可。网站的头部主要放置导航菜单、搜索栏和 LOGO 信息等，其中 LOGO 信息可以是一张图片，首页页面从上到下依次是轮播图、我们的产品、数字化专题、典型案例、解决方案等，单击图片或者文本可以进入相关信息的具体描述页面，也可以单击页面顶部的导航菜单进入相应的介绍页面。

3.1.4 网站文件结构

我们在浏览某个网页时，一般先进入首页，然后单击页面中的超链接，查看其他页面，如数字化专题页、解决方案页、客户案例等，没有先后顺序之分，用户可以根据需要任意浏览某个页面。根据如上分析，本次制作企业网站的页面顺序如下。

（1）制作网站整体公用布局部分 public.html（可将头部和尾部公用部分放入其中，其他页面都以此架构为模板来制作）。

（2）制作企业网站首页 index.html。

（3）制作数字化专题页/item/index.html。

（4）制作解决方案页/prog/index.html。

（5）制作客户案例页/case/index.html。

（6）制作招贤纳才页/rcrt/index.html。

（7）制作关于我们页/about/index.html。

开发网站时，网站中的文件结构是否合理非常重要，因此在网页制作前要设置网站文件的结构，通常需要一个总的目录结构，例如，本网站名为 www.zj-xx.cn，CSS 的样式通常放在 style 文件夹中，网页中用到的图片通常放在 image 或者 images 文件夹中，实现效果的 JavaScript 脚本放在 js 文件夹中。

3.1.5 网页结构

从效果图看，子杰软件官网网页的结构不是很复杂，主要采用的是上、中、下结构，最上方为网站导航，最下方为网站版权，网页的主体又嵌套一个左右版式，网页总体架构如图 3-2 所示。

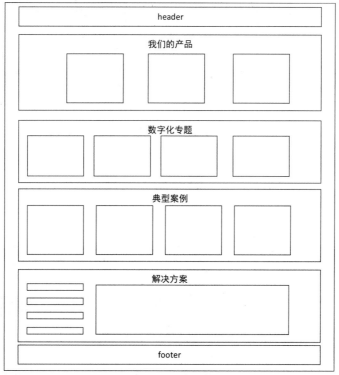

图 3-2　网页整体架构

　　在 HTML 页面中，通常是在页面整体上用\<div\>标签划分内容区域，可以是一个\<div\>标签对应一个区域，也可以是多个\<div\>标签对应一个区域。首页\<div\>标签结构如图 3-3 所示。

```
27    <body style="">
28    <div id="dialog0"></div>
29 >  <div id="dialog" class="dialog-root"> ...
68    </div>
69    <!-- 页头 -->
70 >  <div class="top" id="top"> ...
79    </div>
80 >  <div class="index-top-banner J_Module"> ...
182   </div>
183 > <div class="index-product-sale J_Module" tms="index-product-sale/0.0.39" tms-datakey="tce/431829"> ...
400   </div>
401 > <div data-name="www-home-solution" data-guid="414692" id="guid-414692" data-scene-id="427822" data-scene-version="4" ...
509   </div>
510   <div class="index-productother J_Module" id="ali-main-productor-other">
511   </div>
512 > <div class="ali-main-head main-product-other-head ptb50 juli"> ...
515   </div>
516 > <div class="portfolio w1164 center ofd"> ...
526   </div>
527 > <div class="y-row ofd"> ...
657   </div>
658 > <div id="require" class="w1000 bg-white ptb50 ofd center"> ...
707   </div>
708 > <div id="footer" class="w2000 ptb50 ofd"> ...
759   </div>
760   <div id="gotop" style="display: none;"></div>
761   <div id="gobot" style="display: none;"></div>
762   <div class="outerdiv" id="outerdiv">
763     <div id="innerdiv" class="innerdiv">
764       <img id="bigimg" src="https://www.zj-xx.cn/">
765     </div>
766     <div class="closebigimg"></div>
767   </div>
768   <!--表单验证-->
769  </body><!--表单验证-->
```

图 3-3　首页\<div\>标签结构图

如图 3-3 所示，本案例中的<div>标签使用 HTML 中的结构元素 header、section 和 footer 等划分网页结构。

3.2 导航栏

整个页面可以分为七个部分，分别为导航栏、轮播图、我们的产品、数字化专题、典型案例、解决方案和底部版权。为了方便呈现颜色效果，本案例中对部分样式进行了修改，原版样式可参考电子资源。

本节主要针对导航栏部分进行详细讲解。导航栏部分居中显示，里面分为左中右三个部分，左边显示子杰官网的 logo 图片，中间显示菜单列表，右边显示微信和搜索图标，导航栏部分效果如图 3-4 所示。

图 3-4　导航栏部分效果图

导航栏盒子模型效果如图 3-5 所示。

```
                              1
```

图 3-5　导航栏盒子模型效果图

导航栏代码结构如下所示：

```html
<div class="top top-background" id="top">
    <div class="w1164 center">
        <!-- 子杰软件图标 -->
        <span id="logo"></span>
        <!-- 微信和搜索内容 -->
        <div class="search"></div>
        <!-- 菜单栏 -->
        <div class="menu" id="menu"></div>
    </div>
```

</div>导航栏嵌套盒子模型效果如图 3-6 所示。

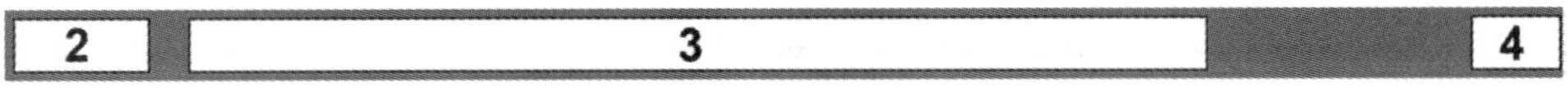

```
  2                           3                            4
```

图 3-6　导航栏嵌套盒子模型效果图

CSS 部分代码如下：

```css
* {
    margin:0;
    padding:0;
}

body,button,input,select,textarea {
```

```
    font:14px/1.5 "\5FAE\8F6F\96C5\9ED1","Microsoft Yahei",
        "Hiragino Sans GB",tahoma,arial,"\5B8B\4F53";
        -webkit-font-smoothing:antialiased;
}

.top {
    width:100%;
    height:80px;
    position:fixed;
    z-index:20000;
}

.top-background {
    background-color:rgba(39,57,95,0.8);
}

.w1164 {
    width:100%;
}

.center {
    margin:0 auto;
}

#logo {
    padding:0;
    float:left;
    width:20%;
    max-width:200px;
    text-decoration:none;
    margin:20px 0 0 0;
    height:60px;
    -webkit-transition:all .6s ease-in-out;
    -moz-transition:all .6s ease-in-out;
    -o-transition:all .6s ease-in-out;
    transition:all .6s ease-in-out;
}

.menu {
    width:67%;
    height:80px;
    float:left;
    margin-left:3%;
}
```

其中：*是 CSS 中的通配符，意思是所有的标签都具有的属性，表示所有标签都遵循统一的样式，包括<html>标签、<body>标签等；{}（大括号）里写入需要给定的属性和属性值即可。在 CSS 中一开始写入*{padding:0px;margin:0px;}，表示初始化所有的标签元素（具有盒子模型）的内外边距均为 0px。若在 CSS 里定义 body{padding:0px;margin:0px;}，则 body 只是一个标签，只有它的子标签和该属性均具有继承性，才会继承这里所设置的属性，例如，border、padding、margin 属性不具有继承性，而 color 属性具有继承性等。

由于浏览器中字体呈现的效果可能与软件设计中的有出入，-webkit-font-smoothing 属性用于控制浏览器中展现的字体不出现锯齿。相关属性值如下：

（1）none：关闭抗锯齿，字体边缘犀利。

（2）antialiased：字体像素级平滑，在深色背景上会让文字看起来更细。

（3）subpixel-antialiased：字体亚像素级平滑，是为了在非视网膜设备下更好地显示出来。

其中，webkit 浏览器下的"antialiased"可以让深色背景下的文字看起来更细。

当网页向下滑动时，导航栏由透明变为深色的效果如图 3-7 所示。

图 3-7　导航栏由透明变为深色的效果图

jQuery 代码（gotop.js）如下：

```
window.addEventListener('scroll',function(){
    varsTop=document.body.scrollTop+document.documentElement.scrollTop;
    if(sTop>=25){
        $("#top").addClass("top-background");
    }
    elseif(sTop<25){
        $("#top").removeClass("top-background");
}});
```

在上述 jQuery 代码中，通过对 window 对象添加监听事件。其中，document.body.scrollTop 与 document.documentElement.scrollTop 都是用于获取当前页面滚动条纵坐标的位置。在不同的浏览器中，例如，IE 和 Firefox 使用的是 document.documentElement.scrollTop，而 Safari 和 Chrome 使用的是 document.body.scrollTop。因为在不同的情况下，两者有可能都取不到值。但两者有一个特点，就是同时只会有一个值生效。比如，document.body.scrollTop 能取到值的时候，document.documentElement.scrollTop 就会始终为 0，反之亦然。因此，如果要得到网页的真正的 scrollTop 值，可以书写如下：

```
varsTop=document.body.scrollTop+document.documentElement.scrollTop;
```

这两个值总会有一个恒为 0，所以不用担心会对真正的 scrollTop 造成影响。

因此，当滑动数值超过 25 时，给 id 为 top 的<div>标签添加 top-background 类，便给导航栏添加了深色的背景色样式。

3.2.1　子杰官网 logo

可通过 CSS 的标签在网页中插入 logo 图片。

HTML 实现代码如下：

```
<span id="logo">
    <a href="/">
```

```
        <img src="/images/zj-top-logo.png" alt="知识管理-助力企业数字化"
            height="60%" />
    </a>
</span>
```

CSS 实现代码如下：

```
#logo {
    padding:0;
    float:left;
    width:20%;
    max-width:200px;
    text-decoration:none;
    margin:20px 0 0 0;
    height:60px;
    -webkit-transition:all .6s ease-in-out;
    -moz-transition:all .6s ease-in-out;
    -o-transition:all .6s ease-in-out;
    transition:all .6s ease-in-out;
}

#logo a {
    width:100%;
    height:100%;
    display:block;
}

a {
    text-decoration:none;
    outline:none;
}

fieldset,img {
    border:0;
}

#logo a img {
    float:left;
    margin:3px 0 0 20%;
}
```

在上述 CSS 样式中，background-image 导入 png 图片并进行处理。png 是 Portable Network Graphics 的缩写，意思为便携式网络图形，一种采用无损压缩算法的位图文件格式。png 格式包括 png-8 和真色彩 png（png-24 和 png-32），png 支持 alpha 透明（全透明、半透明、全不透明），但不支持动画。其中 png-8 和 gif 类似，只能支持 256 种颜色，如果静态图可以取代 gif，那么真色彩 png 可以支持更多的颜色，同时真色彩 png（png-32）支持半透明效果的处理。png 主要用于小图标或者简单颜色对比强烈的背景图，如容器背景、按钮、导航背景都可以采用 png 格式。logo 显示效果如图 3-8 所示。

图 3-8　导航栏子杰 logo 显示效果图

为了消除 IE 浏览器中 a 链接点击后出现的虚线框，可以在设置聚焦时触发 blur()方法来强制取消焦点。jQuery 代码如下（ixdc.js）：

```
$(document).ready(function(){
//消除 IE 链接虚线框
$('a').bind('focus',function(){
    if(this.blur){
        this.blur();
    }
});
```

3.2.2 菜单列表

导航栏的菜单列表由主盒内嵌六个盒子组成，使用无序列表 ul+li 标记制作顶部导航列表。导航列表整体效果如图 3-9 所示。

图 3-9 导航列表整体效果图

导航列表盒子模型效果如图 3-10 所示。

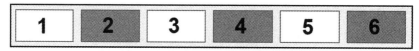

图 3-10 导航列表盒子模型效果图

一级菜单的 HTML 代码如下：

```
<div class="menu" id="menu">
    <li><a href="https://www.zj-xx.cn">首页</a></li>
    <li class="">
        <a id="jump" href="/item/">数字化专题</a>
    </li>
    <li class="">
        <a id="jump" href="/prog/">解决方案</a>
    </li>
    <li class="">
        <a id="jump" href="/case/">客户案例</a>
    </li>
    <li class="">
        <a id="jump" href="/rcrt/">招贤纳才</a>
    </li>
    <li class="">
        <a id="jump" href="/about/">关于我们</a>
    </li>
</div>
```

CSS 代码如下：

```
.menu {
```

```
    width:67%;
    height:80px;
    float:left;
    margin-left:3%;
}

li {
    list-style:none;
}

.menu li {
    float:left;
    height:100%;
    width:15%;
    list-style-type:none;
}

.menu li a {
    display:block;
    padding:0;
    color:#ffffff;
    font-size:18px;
    width:100%;
    height:100%;
    line-height:80px;
    text-align:center;
    white-space:nowrap;
    position:relative;
}
```

通过设置 text-decoration 为 none 来消除 a 标签的下划线样式，设置 list-style-type 为 none 来消除列表项的默认标记。

当鼠标经过或者悬停在一级菜单上时，会出现二级菜单，效果如图 3-11 所示。

图 3-11　二级菜单效果图

HTML 代码如下：

```
<div class="menu" id="menu">
    <li><a href="https://www.zj-xx.cn">首页</a></li>
    <li class="">
        <a href="/item/">数字化专题</a>
        <div class="submenu">
            <ul><a href="/item/plat/">低代码平台</a><a href="/item/km/">
                知识管理</a><a href="/item/pm/">项目管理</a><a href=
                "/item/dc/">数据中台</a><a href="/item/iot/">
                物联网</a><a href="/item/ai/">AI 中台</a><a href=
                "/item/dt/">数字孪生</a></ul>
        </div>
```

```
        </li>
        <li class="">
            <a href="/prog/">解决方案</a>
            <div class="submenu">
                <ul><a href="/prog/car/">汽车行业解决方案</a><a href=
                    "/prog/make/">智能制造行业解决方案</a><a href="/prog/edu/">
                    智慧校园解决方案</a><a href="/prog/ie/">产教融合解决方案</a></ul>
            </div>
        </li>
        <li class="">
            <a href="/case/">客户案例</a>
            <div class="submenu">
                <ul></ul>
            </div>
        </li>
        <li class="">
            <a href="/rcrt/">招贤纳才</a>
            <div class="submenu">
                <ul></ul>
            </div>
        </li>
        <li class="">
            <a href="/about/">关于我们</a>
            <div class="submenu">
                <ul></ul>
            </div>
        </li>
    </div>
```

CSS 代码如下：

```css
.submenu {
    flex-direction:row;
    position:absolute;
    top:80px;
    left:0;
    margin:0;
    width:100%;
    height:70px;
    background-color:rgba(235,235,235,0.6);
    z-index:999;
    display:none;
}

.submenu ul {
    float:left;
    width:100%;
    height:100%;
    margin-left:20%;
}

.submenu ul a {
    width:100px;
    float:left;
```

```
    display:block;
    line-height:70px;
    height:70px;
    color:#575757;
    font-size:16px !important;
    text-indent:30px;
    text-align:center;
}

.menu li.on a,
.menu li a:hover {
    color:#ffffff;
}
```

jQuery 代码如下：

```
//主菜单
$('#menuli:eq(1),#menuli:eq(2)').hover(function() {
    $(this).addClass('on');
    $(this).find('.submenu').stop(true,true).show();
    },function() {
    $(this).removeClass('on');
    $(this).find('.submenu').stop(true,true).hide();
});
```

上述 jQuery 代码中，hover()方法用于当鼠标移动到一个对象上及移出这个对象并进行相关处理时。hover()方法规定，当鼠标指针悬停在被选元素上时要运行两个函数。hover()方法会触发 mouseenter 和 mouseleave 事件，语法如下：

```
$(selector).hover(inFunction,outFunction)
```

其中：参数 inFunction 表示 mouseenter 事件发生时运行的函数。outFunction 为可选参数，表示 mouseleave 事件发生时运行的函数。

find()方法用于找出被选元素的后代元素，语法如下：

```
$(selector).find(filter)
```

其中：参数 filter 表示过滤搜索后代条件的选择器表达式、元素或 jQuery 对象。如果存在多个后代，则需要使用逗号分隔每个表达式。

stop()方法用于停止正在进行的动画或效果，适合所有 jQuery 效果函数，包括滑动、淡入淡出和自定义动画。语法如下：

```
$(selector).stop(stopAll,goToEnd);
```

其中：可选参数 stopAll 规定是否应该清除动画队列，默认是 false，即仅停止活动的动画，允许任何排入队列的动画向后执行。可选参数 goToEnd 规定是否立即完成当前动画，默认是 false。因此，默认情况下，stop()会清除在被选元素上指定的当前动画。

鼠标滑动点击效果如图 3-12 所示。

图 3-12　鼠标滑动点击效果图

3.2.3　搜索和微信图标

搜索和微信图标的效果如图 3-13 所示。

图 3-13　搜索和微信图标的效果

搜索和微信图标盒子模型的效果如图 3-14 所示。

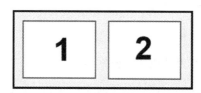

图 3-14　搜索和微信图标盒子模型的效果

HTML 代码如下：

```html
<div class="search">
   <form action="/e/sch/index.php" method="get" name=
      "schform formsearch" id="schform">
      <input type="hidden" name="Submit" value="搜索">
      <input name="keyboard" type="text" id="q" value="">
      <img class="search-img1" src="/images/zj-search.png" alt="">
      <img class="search-img2 wechatclick" src="/images/zj-146.png">
   </form>
</div>
```

CSS 代码如下：

```css
input {
   outline:none;
}

input {
   font-size:100%;
}

img {
   border:0;
}

.search {
```

```
    float:right;
    margin:20px 0 0 0;
    width:5%;
    height:36px;
    display:inline;
    position:relative;
    -webkit-transition:all .6s ease-in-out;
    -moz-transition:all .6s ease-in-out;
    -o-transition:all .6s ease-in-out;
    transition:all .6s ease-in-out;
}

.search form {
    float:left;
    right:40px;
    display:flex;
    justify-content:space-between;
}

.search form {
    border:none;
    width:100%;
    position:relative;
    top:7px;
}

.search #q {
    position:absolute;
    top:0;
    right:35px;
    color:#fff;
    width:0px;
    height:34px;
    border:none;
    border-bottom:1px solid #999;
    line-height:36px;
    font-size:24px;
    background-color:transparent;
    -webkit-transition:all .5s ease-in-out;
    -moz-transition:all .5s ease-in-out;
    -o-transition:all .5s ease-in-out;
    transition:all .5s ease-in-out;
    transform-origin:100% 0;
    -ms-transition:all .5s ease-in-out;
}

.search-img1 {
    float:left !important;
    width:25px !important;
}

.search-img2 {
    float:left !important;
}
```

从上述 CSS 代码中可以看到，盒子中的左右分布是利用 flex 来实现的，并且设置盒子内部均匀排列每个元素，首个元素放置于起点，末尾元素放置于终点（justify-content:space-between; ）。

1. 搜索框效果

当鼠标移动到搜索图标时，图标左部会延伸出供用户输入的搜索框。可伸缩的搜索框的动态效果如图 3-15 所示。

图 3-15　可伸缩的搜索框的动态效果

CSS 代码如下：

```css
.search:hover#q {
    width:150px;
}
```

上述 CSS 代码中，hover 选择器属于伪类选择器，用于设置对象在其鼠标悬停时的样式表属性。当鼠标滑动到搜索图标附近时，将边框底部的线条宽度延长，以实现搜索框的动态效果。

2. 页面弹出二维码效果

当鼠标点击微信图标时，页面产生遮罩层并在中心显示子杰二维码，效果如图 3-16 所示。

图 3-16　点击微信图标弹出二维码效果

HTML 代码如下：

```html
<div id="qrcode">
    <div>
    <imgsrc="/images/zjsoft.gif"alt="">
    <imgclass="qrcode-img" src="/images/zj-xx.png" alt="">
</div>
</div>
```

CSS 代码如下：

```css
#qrcode {
    background-color:rgba(0,0,0,0.9);
    position:fixed;
    width:100%;
    height:100%;
    z-index:20005;
    display:none;
```

```
}
#qrcode div:nth-child(1) {
  margin:10% 0 0 40.5%;
}
#qrcode div img:nth-child(2) {
    height:50px;
    margin:0px 0px 32% 10px;
}
```

从以上 CSS 代码中可以发现，遮罩层的透明度为 0.9。其中，使用结构伪类选择器:nth-child(n)
查找<div>标签中的子元素。需要注意的是，若 n 为数字，则第一个元素的索引序号为 1。

jQuery 代码如下：

```
$('.wechatclick').click(function() {
    $("#qrcode").show();
});
    $('.qrcode-img').click(function() {
    $("#qrcode").hide();
});
```

上述 jQuery 代码中，通过使用 show()方法显示遮罩层和二维码，当点击右上角的关闭图标
时，调用 hide()方法隐藏遮罩层和二维码。

3.3　轮播图整体布局

本项目的轮播图与导航栏区域有部分重合，轮播图上面部分叠放在导航栏下方，靠左部分
叠放文字和按钮。轮播图的初始效果如图 3-17 所示。

图 3-17　轮播图的初始效果

从图 3-17 中可以非常明显看到，轮播图、导航栏、文字按钮三部分的分布如图 3-18 所示。

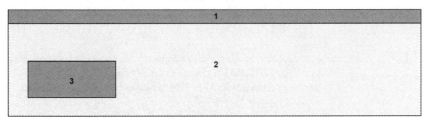

图 3-18　轮播图与其他两个区域的分布图

图 3-18 中，1 表示导航栏，2 表示轮播图，3 表示文字按钮部分。其中文字按钮部分叠放于轮播图片上偏左侧位置。页面效果如图 3-19 所示。

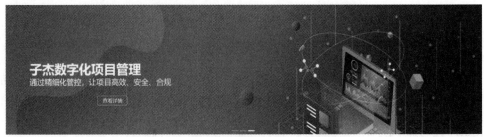

图 3-19 轮播图片和文字、按钮的页面效果

从图 3-19 中可以看出，轮播图片和文字、按钮的分布关系，文字、按钮叠放在轮播图片之上，底部居中处有可供用户点击切换轮播图片的按钮，div 布局应如图 3-20 所示。

图 3-20 轮播图片和文字、按钮的 div 布局

使用 div 布局的代码如下：

```
<div class="index-top-banner J_Module">
    <div class="module-wrap J_tb_lazyload dbl_tms_module_wrap">
        <script>
            var indexBanner_isIE9=false;
        </script>
    <script>
        var OPEN_HOVER3D="";
        var AUTO_PLAY_TIME="5000";
    var PERSONAL="false";
        </script>
        <div class="banner-container dark">
            <div class="index-top-banner" data-hover-container>
                <div data-group data-isimage="" data-group-open data-color=
                    "rgb(0,127,254)" data-theme="dark"
                    data-groupindex="0" id="index-top-banner-0-img">
                    <!-- 轮播图 1 部分 -->
                </div>
                <div data-group data-isimage="" data-group-open data-color=
                    "rgb(0,127,254)" data-theme="dark"
                    data-groupindex="2" id="index-top-banner-2-img">
                    <!-- 轮播图 2 部分 -->
                </div>
```

```
            <div data-group data-isimage="" data-group-open data-color=
                "rgb(0,127,254)" data-theme="dark"
                data-groupindex="3" id="index-top-banner-3-img">
                <!-- 轮播图 3 部分 -->
            </div>
        </div>
    </div>
</div>
```

对应的 CSS 样式部分代码如下：

```css
.index-top-banner .module-wrap .banner-container.dark {
    background:rgb(0,127,254);
}

.index-top-banner .module-wrap .banner-container {
    height:560px;
    overflow:hidden;
    position:relative;
}

.index-top-banner .module-wrap [data-hover-container] {
    overflow:hidden;
    width:100%;
    position:relative;
    height:560px;
}

#index-top-banner-0-img {
    background-image:url(/images/zj-de.jpg);
    background-size:cover;
}

.index-top-banner .module-wrap [data-hover-container] [data-group].bottom {
    visibility:visible;
    -webkit-transform: translate3d(0,100%,0);
    transform:translate3d(0,100%,0);
}

.index-top-banner .module-wrap [data-hover-container] [data-group] {
    position:absolute;
    height:560px;
    width:100%;
    overflow:hidden;
    visibility:hidden;
}

#index-top-banner-2-img {
    background-image:url(/images/zj-km.jpg);
    background-size:cover;
}

#index-top-banner-3-img {
    background-image:url(/images/zj-pm.jpg);
    background-size:cover;
}
```

在上述 CSS 代码中，translate3d(x,y,z)函数用于定义 3D 转化，参数 x、y、z 分别代表要移动的轴方向的距离。在浏览器中，x 轴正方向水平向右；y 轴正方向垂直向下；z 轴正方向指向外面，即为物体到屏幕的距离；z 轴越大，离用户越近。

background-size 属性用于指定背景图片大小，其语法如下：

```
background-size:length|percentage|cover|contain;
```

其中，各属性值的含义如下。

（1）length：设置背景图片的高度和宽度。第一个值设置宽度，第二个值设置高度。如果只给出一个值，第二个值设置为"auto（自动）"。

（2）percentage：将计算相对于背景定位区域的百分比。第一个值设置宽度，第二个值设置高度。如果只给出一个值，第二个值设置为"auto(自动)"。

（3）cover：保持图像的纵横比并将图像缩放成完全覆盖背景定位区域的最小大小。

（4）contain：保持图像的纵横比并将图像缩放成适合背景定位区域的最大大小。

3.3.1　轮播图片切换按钮

轮播图片的底部有方便用户切换图片的按钮，默认第一个按钮显示白色，其他有一定的透明度，当鼠标滑动到某个按钮上方时，按钮显示白色，效果如图 3-21 所示。

图 3-21　轮播图片按钮鼠标滑动效果

三个按钮的具体分布如图 3-22 所示。

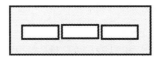

图 3-22　轮播图切换按钮的分布

根据上述分析，项目中三张图片的轮播切换及按钮切换效果的实现，HTML 代码如下：

```
<ulclass="banner-tabdark"style="visibility:visible;margin-left:-48px;">
    <liclass="banner-tab-li"data-index="0"></li>
    <liclass="banner-tab-li"data-index="1"></li>
    <liclass="banner-tab-liactive"data-index="2"></li>
</ul>
```

对应的 CSS 样式代码如下：

```
ol,ul,li {
  list-style:none;
}

.banner-tab {
```

```
    z-index:989;
    position:absolute;
    bottom:3px;
    left:50%;
}

.banner-tab.dark .banner-tab-li {
    background:#a1a1a3;
    background-color:hsla(0,0%,100%,.3);
    background-clip:content-box;
}

.banner-tab .banner-tab-li {
    list-style:none;
    box-sizing:content-box;
    text-align:center;
    float:left;
    color:#fff;
    width:26px;
    height:4px;
    padding:10px 3px;
    cursor:pointer;
    background-clip:content-box;
    -webkit-transition:all .8s ease-out;
    transition:all .8s ease-out;
}

.banner-tab.dark .banner-tab-li.active,.banner-tab.dark .banner-tab-li:hover {
    background:#fff;
    background-clip:content-box;
}
```

在上述 CSS 代码中，通过设置 cursor 的属性值为 pointer 来使光标接触到三个按钮的时候呈现为一只手的形状。同时，通过设置 transition 为 all 产生 0.8 秒的颜色渐变的过渡效果。

3.3.2　轮播文字部分

轮播文字和轮播图片需要一一对应，因此，三张图片会有三个文字区域，每个文字区域的样式基本相同，且都是在轮播图的左下角区域，并有显示详情的按钮，如图 3-23 所示。

图 3-23　轮播文字的显示效果

在图 3-23 中,"子杰数字化知识管理"等文字内容是随着轮播图片的变化而变化的。HTML的实现代码如下:

```
<div class="index-top-banner J_Module">
  <div class="module-wrap J_tb_lazyload dbl_tms_module_wrap">
    <script>
      var indexBanner_isIE9 = false;
    </script>
    <script>
      var OPEN_HOVER3D = "";
      var AUTO_PLAY_TIME = "5000";
      var PERSONAL = "false";
    </script>

    <div class="banner-container dark">
      <div class="index-top-banner" data-hover-container>
        <div data-group data-isimage="" data-group-open data-color=
          "rgb(0,127,254)" data-theme="dark"
          data-groupindex="0" id="index-top-banner-0-img">
        <div class="y-row" data-ignore-group>
          <div class="layer left-header" data-ignore>
            <a href="/item/plat/" target="">
              <h1 class="font0 whitefont">子杰软件</h1>
              <h1 class="font0 whitefont">助力企业数字化</h1>
              <button class="layer-btn whitefont font4">查看详情</button>
            </a>
          </div>
        </div>
        <a href="/item/plat/" target="">
          <div data-base-layer>
            <div class="banner-row">
              <div class="layer right-image" data-zindex="50">
                <img src="" alt="低代码平台">
              </div>
              <div class="layer right-image" data-zindex="100">
                <img src="" alt="低代码平台">
              </div>
            </div>
          </div>
        </a>
      </div>
      <!--省略部分代码-->
      </div>
    </div>
  </div>
</div>
```

对应的 CSS 样式代码如下:

```
h1,h2,h3,h4,h5,h6 {
    font-size:100%;
    font-weight:bold;
}

.index-top-banner .module-wrap [data-hover-container] [data-ignore-group] {
    z-index:900;
```

```
        height:0!important;
    }

    .index-top-banner .module-wrap [data-hover-container] [data-group] .y-row {
        position:relative;
        height:100%;
    }

    .y-row {
        width:100%;
        margin-left:auto;
        margin-right:auto;
        margin-top:80px;
        zoom:1;
        *width:1000px;
    }

    .index-top-banner .module-wrap [data-hover-container] .layer {
        text-align:center;
        position:absolute;
    }

    .index-top-banner .module-wrap .left-header {
        margin:0 0 0 5%;
    }

    .index-top-banner .module-wrap .left-header {
        color:#000;
        top:200px;
        left:0;
        text-align:left;
        line-height:50px;
    }

    .index-top-banner .module-wrap .left-header a {
        text-decoration:none;
        outline:none;
    }
    ......

    .index-top-banner .module-wrap .left-header .layer-btn {
        border-radius:5px;
        outline:none;
        cursor:pointer;
        margin-top:30px;
        margin-left:275px;
        float:left;
        width:120px;
        height:36px;
        background:transparent;
        -webkit-transition:color .3s ease-in-out,background .3s ease-in-out;
        transition:color .3s ease-in-out,background .3s ease-in-out;
    }
    ......
```

在上述 CSS 样式代码中，在 width 前面添加*属于 csshack。由于不同的浏览器，比如 Internet
Explorer 6（IE 6）、Internet Explorer 7（IE 7）、Mozilla Firefox 等，对 CSS 的解析不一样，因此

会导致生成的页面效果不一样，得不到我们所需的页面效果。所以针对不同的浏览器，我们编写不同的样式代码。例如 IE 7、IE 6、Firefox 可以识别属性前缀*。

通过设置 border-radius 给 div 元素添加圆角的边框。同时，通过设置 line-height 实现垂直居中，通过设置 text-align:left 可以实现左对齐。其中，line-height 行高是指文本行基线之间的距离。line-height 行高实际上只影响行内元素和其他行内内容，而不会直接影响块级元素，也可以为一个块级元素设置 line-height，但这个值只有应用到块级元素的内联内容时才会有影响。在块级元素上声明 line-height 会为该块级元素的内容设置最小行框高度。text-align 属性用于将行内内容相对于其块父元素对齐，因此 text-align 并不控制块元素自己的对齐，只控制其行内内容的对齐。

3.3.3 轮播效果

轮播区域的效果需要通过 JavaScript 实现。与轮播效果相关的 JS 内容单独编写成 index.js 文件，在轮播图 HTML "数字化专题" 尾部添加如下代码：

```
<script src="/skin/tmp/js/index.js"></script>
```

在项目中，轮播效果有以下两个。

（1）页面加载完后就开始轮播图片和文字。

（2）鼠标放到切换按钮上之后，对应显示轮播图片。

3.4 我们的产品

"我们的产品"模块的效果如图 3-24 所示。

图 3-24 "我们的产品"效果图

"我们的产品"盒子模型的效果如图 3-25 所示。

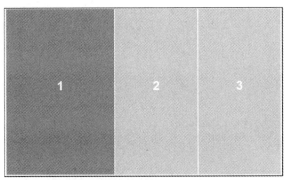

图 3-25 "我们的产品"盒子模型的效果

从盒子模型可以发现，"我们的产品"模块由一个主盒子嵌套横向分布的三个盒子。

HTML 结构代码如下所示：

```
<div   class="index-product-sale   J_Module"   tms="index-product-sale/0.0.39"
tms-datakey="tce/431829">
  <div class="module-wrap J_tb_lazyload dbl_tms_module_wrap">
    <div class="index-sale">
      <div class="ali-main-head main-product-other-head ptb50">
        <h1 class="font1 blackfont">我们的产品</h1>
      </div>
      <div class="y-row y-row-center">
        <ul class="card-area">
          <li class="card-item  active " id="active0" data-index="0"></li>
          <li class="card-item " id="active1" data-index="1"></li>
          <li class="card-item " id="active2" data-index="2"></li>
        </ul>
      </div>
    </div>
  </div>
</div>
```

CSS 代码如下：

```
h1,h2,h3,h4,h5,h6 {
    font-size:100%;
    font-weight:bold;
}

.index-product-sale .module-wrap * {
    padding:0;
    margin:0;
    box-sizing:border-box;
}

……

.y-row-center {
    margin:0 auto !important;
    max-width:1150px;
```

```
    }

    .index-product-sale .module-wrap .card-area .card-item {
        box-shadow:0 0 20px rgb(208,201,201);
        z-index:10;
        transition:all .3s cubic-bezier(.4,0,.2,1),z-index 0s .12s;
        position:relative;
        float:left;
        width:30%;
        height:548px;
        background-color:transparent;
        border:1px solid #dbdbdd;
    }

    .index-product-sale .module-wrap .card-area .card-item+.card-item {
        margin-left:-1px;
    }

    .index-product-sale .module-wrap .card-area .card-item.active {
        z-index:100;
        box-shadow:0 0 20px rgb(208,201,201);
        width:40%;
        height:570px;
    }
```

上述 CSS 代码中，box-shadow 属性用于给元素添加阴影，其语法如下：

```
box-shadow:h-shadow v-shadow blur spread color inset;
```

其中，各个参数说明如下。

（1）h-shadow：表示水平阴影的位置，允许负值。

（2）v-shadow：表示垂直的位置，允许负值。

（3）blur：可选参数，表示模糊的距离。

（4）spread：可选参数，表示阴影的大小。

（5）color：可选参数，表示阴影的颜色。

（6）inset：可选参数，表示通过外层的阴影（开始时）改变内侧的阴影。

cubic-bezier()函数表示一条贝塞尔曲线(Cubic Bezier)。其语法如下：

```
cubic-bezier(x1,y1,x2,y2)
```

其中，参数皆为数字值，且 x1 和 x2 是从 0 到 1 之间的数字。贝塞尔曲线由 P0、P1、P2 和 P3 四个点定义。P0 和 P3 是曲线的起点和终点。P0 取值范围为（0,0），表示初始时间和初始状态；P3 取值范围为（1,1），表示最终时间和最终状态。P1（x1,y1）和 P2（x2,y2）为动态取值，其中 X 轴的取值范围是 0 到 1，当取值超出范围时贝塞尔曲线将失效；Y 轴的取值没有规定，当然也无须过大。换言之，将以一条直线放在范围只有 1 的坐标轴中，并从中间拿出两个点来拉扯（X 轴的取值区间为[0,1]，Y 轴的取值任意），最后形成的曲线就是动画的速度曲线。

3.4.1　产品分类

产品部分由主盒子内嵌三个盒子组成。图 3-26 所示为"子杰知识管理"产品效果图。

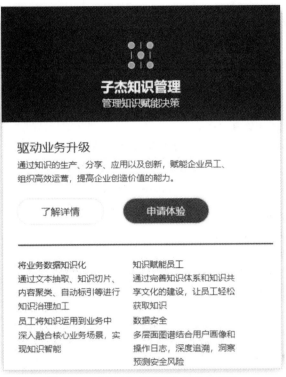

图 3-26　"子杰知识管理"产品效果图

"子杰知识管理"产品盒子模型效果如图 3-27 所示。

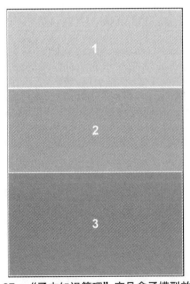

图 3-27　"子杰知识管理"产品盒子模型效果图

HTML 结构代码如下所示：

```html
<ul class="card-area">
  <li class="card-item active " id="active0" data-index="0">
    <div class="card">
      <div class="card-title title-even  ">
        <div class="content">
          <div class="product-img">
            <img src="/images/TB1UjGvLXXXXXarXpXXXXXXXXXX-110-110.png" alt=
              "知识管理" class="un-hover">
            <img src="/images/TB177p7LXXXXXbiapXXXXXXXXXX-110-110.png" alt=
              "知识管理" class="with-hover">
          </div>
          <h1>子杰知识管理</h1>
          <p class='short-info'>管理知识赋能决策</p>
        </div>
      </div>
      <div class="card-content content-first">
        <ul class="content-first-list">
          <li>智能知识图谱</li>
          <li>企业知识助手</li>
          <li>企业问答论坛</li>
          <li>统一知识管理</li>
          <li>智能知识采编</li>
        </ul>
      </div>
      <div class="card-content content-second">
        <div class="main-info">
          <a href="/item/km/" target="_blank" class="no-effect">
            <p class="main-head">
              驱动业务升级
            </p>
          </a>
          <p class="main-desc">
            通过知识的生产、分享、应用及创新，赋能企业员工、组织高效运营，提高企业创造价值的能力
          </p>
          <a href-"/item/km/" target="_blank">
            <button class="main-btn">了解详情</button>
          </a>
          <button class="main-btn main-btn1" onclick="document.getElementById(
            'dialog').style.display='block';">申请体验</button>
        </div>
      ......
      </div>
    </div>
  </li>
  ......
</ul>
```

CSS 代码如下：

```css
ins,a {
    text-decoration:none;
}
```

……

```css
.index-product-sale .module-wrap .card-area .card-item .card .card-title {
    transition:all .3s cubic-bezier(.4,0,.2,1),z-index 0s .12s;
    height:170px;
    line-height:26px;
    font-size:14px;
    top:0;
}
……

.index-product-sale .module-wrap .card-area .card-item.active .card
    .product-img .un-hover {
    opacity:0;
    filter:alpha(opacity=0);
    -ms-filter: progid:DXImageTransform.Microsoft.Alpha(opacity=(0));
}

.index-product-sale .module-wrap .card-area .card-item .card .card-title
    .product-img .un-hover {
    z-index:1;
    opacity:1;
    filter:alpha(opacity=100);
    -ms-filter:progid:DXImageTransform.Microsoft.Alpha(opacity=(100));
}

.index-product-sale .module-wrap .card-area .card-item .card .card-title
    .short-info {
    color:#575757;
    font-size:16px;
}

.index-product-sale .module-wrap .card-area .card-item.active .card
    .product-img .with-hover {
    opacity:1;
    filter:alpha(opacity=100);
    -ms-filter:progid:DXImageTransform.Microsoft.Alpha(opacity=(100));
}

.index-product-sale .module-wrap .card-area .card-item .card .card-title
    .product-img .with-hover {
    z-index:2;
    opacity:0;
    filter:alpha(opacity=0);
    -ms-filter:progid:DXImageTransform.Microsoft.Alpha(opacity=(0));
}

.index-product-sale .module-wrap .card-area .card-item .card .card-title
    .product-img
img,.index-product-sale .module-wrap .card-area .card-item .card .card-title
    .short-info,.index-product-sale .module-wrap .card-area .card-item
    .card .card-title h1 {
    -webkit-transition:all .15s cubic-bezier(.4,0,.2,1) 0s;
    transition:all .15s cubic-bezier(.4,0,.2,1) 0s;
}
```

……

```
.index-product-sale .module-wrap .card-area .card-item .card .card-content.
    content-first {
    -webkit-transition:all .12s cubic-bezier(.4,0,.2,1) .18s;
    transition:all .12s cubic-bezier(.4,0,.2,1) .18s;
    z-index:3;
    opacity:1;
    filter:alpha(opacity=100);
    -ms-filter:progid:DXImageTransform.Microsoft.Alpha(opacity=(100));
}

.index-product-sale .module-wrap .card-area .card-item .card .card-content
    .content-first .content-first-list {
    width:100%;
    max-width:340px;
    font-size:20px;
    color:#3f3f3f;
    margin-top:47px;
    margin-bottom:47px;
}

......

.index-product-sale .module-wrap .card-area .card-item .card .card-content
    .content-second {
    -webkit-transition:all .12s cubic-bezier(.4,0,.2,1) 0s;
    transition:all .12s cubic-bezier(.4,0,.2,1) 0s;
    z-index:2;
    opacity:0;
    filter:alpha(opacity=0);
    -ms-filter: progid:DXImageTransform.Microsoft.Alpha(opacity=(0));
    line-height:2;
}

......

.index-product-sale .module-wrap .card-area .card-item .card .card-content
    .content-second .main-btn {
    cursor:pointer;
    width:140px;
    height:40px;
    font-size:16px!important;
    border-radius:25px;
    background-color:#ffffff;
    border:0px solid #cbcccc;
    box-shadow:0px 0px 5px rgb(0 0 0 / 20%);
    color:#2954c0;
    margin-top:22px;
    margin-bottom:33px;
    -webkit-transition:color .3s ease-in-out,background .3s ease-in-out;
    transition:color .3s ease-in-out,background .3s ease-in-out;
}
......

body,button,input,select,textarea {
    font:14px/1.5 "\5FAE\8F6F\96C5\9ED1","Microsoft Yahei","Hiragino Sans GB",
        tahoma,arial,"\5B8B\4F53";
    -webkit-font-smoothing:antialiased;
```

```
}
……
.index-product-sale .module-wrap .no-effect {
   text-decoration:none;
}

.index-product-sale .module-wrap .card-area .card-item .card .card-content
   .other-info .other-head {
   font-size:14px;
   font-weight:400;
   color:#3f3f3f;
}
```

上述 CSS 代码中，opacity 属性是 CSS 3 规范的一部分，用于指定元素的不透明度/透明度，取值范围为 0.0~1.0。值越低，越透明。IE 8 和更早版本仅支持 Microsoft 的属性 "alpha 过滤器" 来指定元素的透明度。注意，IE 中的 alpha 过滤器接受从 0 到 100 的值。值 0 使元素完全透明（即 100% 透明），而值 100 使元素完全不透明（即 0% 透明）。通常可以将 opacity 属性和 alpha 过滤器结合起来得到兼容所有浏览器的透明代码。

此部分采用单伪元素法清除浮动。常用的清除浮动的方法如下。

（1）直接设置父元素的高度：但某些布局中不能固定父元素的高度，例如新闻列表、商品推荐模块。

（2）额外标签法：给父元素内容的最后添加一个块级元素，该块级元素用于设置 clear:both。此方法的缺点是会在页面中添加额外的标签，使得 HTML 结构变得更复杂。

（3）单伪元素清除法：用伪元素替代额外的标签。此方法的优点是直接给标签加类便可清除浮动。基本用法如下：

```
.clearfix:after {
   visibility:hidden;
   display:block;
   font-size:0;
   content:" ";
   clear:both;
   height:0;
}
```

（4）双伪元素清除法：用两个伪元素来清除浮动。此方法的优点是直接给标签加类即可清除浮动。基本用法如下：

```
.clearfix::before,
.clearfix::after {
   content:'';
   display:table;
}

.clearfix::after {
   clear:both;
}
```

（5）给父元素设置 overflow:hidden。

3.4.2 "申请体验"按钮效果

在产品分类中，每一个产品都有"申请体验"按钮。当用鼠标点击该按钮时，会弹出弹窗，效果如图 3-28 所示。

图 3-28 点击"申请体验"按钮弹出弹窗的效果

HTML 代码如下：

```html
<div id="dialog0"></div>
<div id="dialog" class="dialog-root">
  <div id="dialog-wrapper" class="dialog-wrapper">
    <div class="dialog-img">
      <div class="dialog-left">
......
        <div class="dialog-left-div2">
          <span class="dialog-left-span0">与优秀的企业一起推动<span class=
            "dialog-left-span1">企业数字化转型！</span></span>
        </div>
        <div>
          <img class="dialog-left-img" src="/images/a-sq.jpg" alt=
            "吉利汽车集团动力院知识云平台"/>
          <img class="dialog-left-img" src="/images/b-jl.jpg" alt=
            "上汽乘用车制造项目部 ME 数字化项目"/>
          <img class="dialog-left-img" src="/images/c-fy.jpg" alt=
            "通用汽车投资规划系统"/>
          <img class="dialog-left-img" src="/images/d-sn.jpg" alt=
            "无锡深南回流线系统"/>
        </div>
      </div>
    </div>
  </div>
  <div class="dialog-content">
    <div class="dialog-colse" onclick=
      "document.getElementById('dialog').style.display='none';">
      <img src="/images/closeButton.png">
```

```html
        </div>
        <div class="dialog-content-div"><span>你好，子杰产品体验官！</span>
        </div>
        <div>
            <input type="hidden" name="action" value="post">
            <input type="hidden" name="diyid" value="2">
            <input type="hidden" name="do" value="2">
            <table style="width:97%;"cellpadding="0" cellspacing="1">
              <tbody>
                <tr>
                  <td align="right" valign="top" class="application">手机号：</td>
                  <td><input type="text" name="phonenum" id="phonenum" class=
                    "subPhonePop intxt form-text" value=""></td>
                </tr>
                <tr>
                  <td align="right" valign="top" class="application">姓名：</td>
                  <td><input type="text" name="name" id="name" class=
                    "subNamePop intxt form-text" value=""></td>
                </tr>
                <script language='javascript'>
                  var today=new Date();
                  myDate=today.toLocaleString();
                    document.write('<input name="filltime" type="hidden" value=
                      "'+myDate+'" id="filltime"/>');
                </script>
                <input type="hidden" name="dede_fields" value=
                  "phonenum,text;name,text;filltime,text"/>
                <input type="hidden" name="dede_fieldshash" value=
                  "50d99a66bb6cbe5081044e0a33710fa3"/>
              </tbody>
            </table>
            <div align="center" style="height:100px;padding-top:10px;">
              <input type="submit" name="submit" value="免费体验" class=
                "coolbg subPop">
            </div>
        </div>
      </div>
    </div>
</div>
```

CSS 代码如下：

```css
#dialog0 {
  display:none;
  background-color: rgba(0,0,0,0.5);
  position:fixed;
  width:100%;
  height:100%;
  z-index:20001;
}

.dialog-root {
```

```
    display:none;
    width:100%;
    position:fixed;
    z-index:20002;
    left:50%;
    top:50%;
    transform:translate(-50%,-50%);
  }

  .dialog-wrapper {
    background:#fff;
    margin:auto;
    width:60%;
    height:330px;
    overflow:hidden;
    -webkit-border-radius:5px;
    -moz-border-radius:5px;
    border-radius:5px;
  }

  .dialog-img {
    width:50%;
    height:100%;
    background-color:rgb(0,125,254);
    float:left;
  }

  .dialog-content {
    font-weight:300;
    font-size:1.15em;
    color:#333;
    margin:0;
    width:50%;
    height:100%;
    float:left;
  }

  .dialog-content-div {
    margin:30px 0 0 50px;
  }

  .form-text,
  .form-textarea {
    font-family:\5fae\8f6f\96c5\9ed1,"STXihei",Tahoma;
    box-shadow:0 0 4px #aaa inset;
    border-radius:3px;
    line-height:1.5em;
    color:#575757;
    height:32px;
    width:94%;
    padding:3px 3%;
    margin:10px 0;
    border:none;
  }
```

```
.coolbg {
  width:120px;
  height:40px;
  font-size:16px !important;
  background-color:#fff;
  color:#fff;
  background-color:rgb(0,125,254);
  margin-top:22px;
  margin-bottom:33px;
  border-radius:3px;
  border:none;
}
```

3.4.3　鼠标滑动展示产品详细内容

"我们的产品"模块默认展示"子杰知识管理"产品的详细内容，但当鼠标滑动到其他产品时，"子杰知识管理"产品部分的详细内容会隐藏，仅展示部分文字。滑动到的产品会展示详细内容。假设鼠标滑动到"子杰低代码平台"，其详细内容随着横向和纵向宽度的增加而延展开来并显示给用户观看，而"子杰知识管理"则隐藏详细内容，仅显示较少的文字信息，效果如图 3-29 所示。

图 3-29　鼠标滑动展示产品详细内容效果图

产品展示效果需要通过 jQuery 代码实现。将代码写入 gotop.js 文件中，在<head>中添加如下代码：

```
<script type="text/javascript" src="/skin/tmp/js/gotop.js"></script>
```

jQuery 代码如下：

```
const getWindowInfo=(function() {
  const windowInfo={
    width:window.innerWidth,
    hight:window.innerHeight
  }
  if(windowInfo.width<=800) {
    $("#active0").addClass("active");
    $("#active1").addClass("active");
    $("#active2").addClass("active");
  }
});
getWindowInfo();
```

上述 jQuery 代码中，innerHeight 用于返回窗口文档显示区的高度，如果有垂直滚动条，也包括滚动条的高度。innerWidth 用于返回窗口文档显示区的宽度，如果有水平滚动条，也包括滚动条的高度。获取文档显示区的宽度和高度的语法如下：

```
window.innerWidth
window.innerHeight
```

当鼠标滑动到不同的产品时，该产品通过添加 active 类来获得对应 active 属性的样式，以达到展现的效果。

3.5 数字化专题

数字化专题的效果如图 3-30 所示。

图 3-30　数字化专题的效果

数字化专题盒子模型的效果如图 3-31 所示。

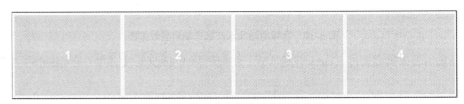

图 3-31　数字化专题盒子模型的效果

HTML 代码如下：

```
<div data-name="www-home-solution" data-guid="414692" id=
  "guid-414692" data-scene-id="427822"
  data-scene-version="4" data-hidden="" data-gitgroup="ali-mod" data-ext=
    "" data-engine="tce"
  class="www-home-solution J_Module">
<div class="ali-main-head main-product-other-head ptb50">
  <h1 class="font1 blackfont">数字化专题</h1>

</div>
<div class="module-wrap J_tb_lazyload dbl_tms_module_wrap">
  <div class="slide-container y-row" id="slide-container">
    <div class="slide-body" id="slide-body">
      <ul class="slide-content" id="" style="width:100%;">
```

```
      <li class="slide-item" data-code="ecommerce"></li>
        <li class="slide-item" data-code="app"></li>
        <li class="slide-item" data-code="inance"></li>
        <li class="slide-item" data-code="game"></li>
      </ul>
    </div>
  </div>
</div>
</div>
<div class="index-productother J_Module" id="ali-main-productor-other">
</div>
<script src="/skin/tmp/js/index.js"></script>
```

CSS 代码如下：

```
#guid-414692 {
    background-color:rgb(247,247,246);
    height:550px;
}


.www-home-solution .module-wrap .slide-container {
    position:relative;
    max-width:1440px;
    height:344px;
}

……

.www-home-solution .module-wrap .slide-container .slide-body .slide-content
    .slide-item {
    position:relative;
    float:left;
    color:#000;
    font-size:0;
    text-align:center;
    width:25%;
    max-width:25%;
    min-height:300px;
    cursor:pointer;
}

.www-home-solution .module-wrap .slide-container .slide-body .slide-content:
    after {
    clear:both;
}
```

随后，在盒子内填充图片和文字内容。HTML 代码如下所示：

```
<li class="slide-item" data-code="ecommerce">
  <a href="/item/dc/" target="_blank" style="display:block;">
    <img class="item-bg" src="/images/TB1dDT4LXXXXXabaXXXXXXXXXX-576-840.jpg"
      alt="数据中台">
    <div class="mask">
      <div class="bg"></div>
```

```html
    <div class="content">
      <div class="item-img-panel">
        <img src="/images/zj-169.png" alt="数据中台" class="item-img">
        <img src="/images/zj-174.png" alt="数据中台" class="item-img-hover">
      </div>
      <p class="line-panel">
        <!-- <i class="item-line"></i> -->
      </p>
      <h3 class="item-title greenfont">数据中台</h3>
      <p class="item-desc whitefont">
        将数据打造为企业生产力，在业务升级和精细化管理方面充分发挥数据的强大驱动力。
      </p>

    </div>
  </div>
  </a>
</li>
<li class="slide-item" data-code="app">
  <a href="/item/iot/" target="_blank" style="display:block;">
    <img class="item-bg" src="/images/TB19Jz6LXXXXXacaXXXXXXXXXXXX-576-840.jpg"
      alt="物联网服务">
    <div class="mask">
      <div class="bg other-bg"></div>
      <div class="content">
        <div class="item-img-panel">
          <img src="/images/zj-171.png" alt="物联网服务" class="item-img">
          <img src="/images/zj-175.png" alt="物联网服务" class="item-img-hover">
        </div>
        <p class="line-panel">
          <!-- <i class="item-line"></i> -->
        </p>
        <h3 class="item-title greenfont">物联网服务</h3>
        <p class="item-desc whitefont">
          全面感知、可靠传递、实现物理世界与数字世界的智能连接和处理。
        </p>

      </div>
    </div>
  </a>
</li>

......
```

CSS 代码如下：

```css
.www-home-solution .module-wrap .slide-container .slide-body .slide-content
  .slide-item {
  position:relative;
  float:left;
  color:#000;
  font-size:0;
```

```
  text-align:center;
  width:25%;
  max-width:25%;
  min-height:300px;
  cursor:pointer;
}
```

......

```
.www-home-solution .module-wrap .slide-container .slide-body .slide-content
.slide-item:hover .mask .content .greenfont{color:#ffffff;}
.www-home-solution .module-wrap .slide-container .slide-body .slide-content
.slide-item .mask .content .item-desc {
  font-size:14px;
  text-align:center;
  margin-top:30px;
  padding:0px 23px;
  line-height:24px;
  height:72px;
}
```

```
.www-home-solution .module-wrap .slide-container .slide-body .slide-content
.slide-item .mask .content .item-link {
  display:inline-block;
  border:1px solid #fff;
  width:120px;
  height:36px;
  line-height:36px;
  font-size:14px;
  color:#fff;
  text-decoration:none;
  margin-top:62px;
}
```

......

```
.www-home-solution .module-wrap .slide-container .slide-body .slide-content
.slide-item:hover .content .item-desc,
.www-home-solution .module-wrap .slide-container .slide-body .slide-content
.slide-item:hover .content .item-link {
  opacity:1;
  filter:alpha(opacity=100);
  -ms-filter:progid:DXImageTransform.Microsoft.Alpha(opacity=(100));
}
```

```
.www-home-solution .module-wrap .slide-container .slide-body .slide-content
.slide-item:hover .content .item-desc {
  margin-top:22px;
}
```

```
.www-home-solution .module-wrap .slide-container .slide-body .slide-content
.slide-item:hover .content .item-link {
  margin-top:14%;
}
```

```
.greenfont {
  color:#01fefc;
}
```

上述 CSS 代码中，:hover 选择器属于伪类选择器，用于设置对象在其鼠标悬停时的样式表属性。CSS 伪类用来添加一些选择器的特殊效果。语法如下：

```
selector:pseudo-class {property:value;}
```

常用的伪类选择器还包括:before、:after、:checked。:before 选择器用于在被选元素的内容前面插入内容；:after 选择器用于在被选元素之后插入内容；:checked 选择器仅适用于单选按钮或复选框，用于匹配每个选中的输入元素。

上述 CSS 代码中，我们同样采用了:hover 选择器。当鼠标浮动至指定区域上方时，将背景颜色进行变化、图标进行切换、字体颜色进行由绿到白的变化以及堆叠内容整体向上浮动，同时搭配 transition 属性能起到很好的向上浮动的过渡作用。鼠标浮动至指定区域上方时的展示效果如图 3-32 所示。

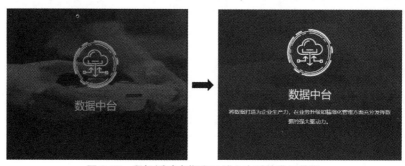

图 3-32　鼠标浮动在指定区域上方时的展示效果

3.6　典型案例

典型案例模块主要呈现的是已有案例的相关信息。每个案例的信息通过一个嵌套的盒子呈现出来，效果如图 3-33 所示。

图 3-33　典型案例模块效果图

典型案例模块盒子模型效果如图 3-34 所示。

图 3-34　典型案例模块盒子模型效果图

HTML 代码如下：

```
<div class="ali-main-head main-product-other-head ptb50 juli">
  <h1 class="font1 blackfont">典型案例</h1>

</div>
<div class="portfolio w1164 center ofd">
  <li><a href="/case/geelyKnowledge.html" target="_blank"><img
    src="/d/file/p/2022/07-05/c32e0d3e883ee25df219e51c5dc4ea6d.jpg" alt=
      "吉利汽车集团动力院知识云平台"/></a></li>
  <li><a href="/case/voluntaryFilling.html" target="_blank"><img src=
    "/d/file/p/2022/07-05/3fb63c23c691cadb5b3591a63f49fa82.jpg" alt=
      "湖北省 2022 年普通高校招生计划查询与志愿填写" /></a></li>
  <li><a href="/case/smcme.html" target="_blank"><img src=
    "/d/file/p/2022/07-05/ed30cf9193ddde4117fbd9f317bf420c.jpg"
      alt="上汽乘用车制造项目部 ME 数字化项目"/></a></li>
  <li><a href="/case/patacVMM.html" target="_blank"><img src=
    "/d/file/p/2022/07-05/d5a9222a71416ede6b19b1fb55263393.jpg"
      alt="VMM 试验能力管理"/></a></li>
</div>
<div class="y-row ofd">
```

CSS 代码如下：

```
.ali-main-head {
  margin-bottom:12px
}

.ali-main-head h1 {
  text-align:center;
  line-height:100px;
  font-weight:bold;
}

.ali-main-head a.index-info {
  display:block;
  text-align:center;
  margin:30px 0;
  font-size:16px;
  color:#5f6367
}

.ali-main-head a.index-info:hover {
  text-decoration:none;
```

```
    color:#2954c0;
}

.ali-main-head p.index-info {
    margin-top:12px;
    text-align:center;
    font-size:16px;
    color:#5f6367;
    line-height:24px
}
```

3.7　解决方案

解决方案模块效果如图 3-35 所示。

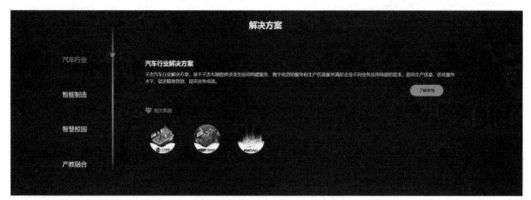

图 3-35　解决方案模块效果图

解决方案模块盒子模型效果如图 3-36 所示。

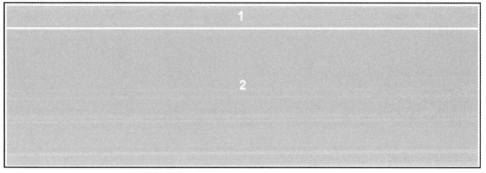

图 3-36　解决方案模块盒子模型效果图

根据以上分析，HTML 代码如下：

```
<div class="y-row ofd">
  <div class="nav">
    <div class="ali-main-head main-product-other-head ptb50">
      <h1 class="whitefont font1">解决方案</h1>
```

```
        </div>
        <div class="left"></div>
        <div class="center"></div>
        <div class="right"></div>
      </div>
    </div>
```

CSS 代码如下：

```css
.ofd {
  overflow:hidden;
}

.nav {
  width:100%;
  height:650px;
  /* background-image:url(/images/banner5.jpg); */
  /* box-shadow:rgb(11,234,235) 0px 0px 10px inset;*/
  background:linear-gradient(0deg,rgba(44,54,70,0.8),rgba(44,54,70,0.8)),
    url(/images/banner5.jpg);
  background-size:cover;
}

.ali-main-head {
  margin-bottom:12px;
}

.ali-main-head h1 {
  text-align:center;
  line-height:100px;
  font-weight:bold;
}

#left {
  width:15%;
  margin-left:5%;
}

#left,
#right,
#center {
  float:left;
}

#center {
  width:0.3%;
  height:90%;
  margin-top:-5%;
  position:relative;
  background:url(/images/zj-9.png);
  background-size:contain;
}

#right {
  width:70%;
  margin-left:5%;
```

```
  }

#right {
  float:left;
}
```

在上述 CSS 代码中，通过设置 background-size 的属性为 contain，可以在容器中获得完整的竖线图。contain 有以下两种使用情况。

（1）当图片比例和容器比例相同时，图片会完整地充满整个容器。

（2）当图片比例和容器比例不同时：

①添加 no-repeat：会出现留白。

②添加 repeat：平铺满整个容器，多余的部分裁剪掉即可。

然后在盒子模型的第二部分进行图片和内容的填充、排版，具体的 HTML 代码如下：

```
<div id="left">
  <ul>
    <script>
      $("#list1").hover(function() {
        $("#text1").css("display","block");
        $("#text2").css("display","none");
        $("#text3").css("display","none");
        $("#text4").css("display","none");
      });
      $("#list2").hover(function() {
        $("#text2").css("display","block");
        $("#text1").css("display","none");
        $("#text3").css("display","none");
        $("#text4").css("display","none");
      });
      $("#list3").hover(function() {
        $("#text3").css("display","block");
        $("#text1").css("display","none");
        $("#text2").css("display","none");
        $("#text4").css("display","none");
      });
      $("#list3").hover(function() {
        $("#text4").css("display","block");
        $("#text1").css("display","none");
        $("#text2").css("display","none");
        $("#text3").css("display","none");
      });
    </script>
    <li id="list1"
      onclick="document.getElementById('text1').style.display='block';
      document.getElementById('text2').style.display='none';
      document.getElementById('text3').style.display='none';
      document.getElementById('text4').style.display='none'"
      style="color: #ffffff;">汽车行业</li>
    <li id="list3"
      onclick="document.getElementById('text3').style.display='block';
      document.getElementById('text1').style.display='none';
```

```
      document.getElementById('text2').style.display='none';
      document.getElementById('text4').style.display='none'">
      智能制造</li>
   <li id="list2"
    onclick="document.getElementById('text2').style.display='block';
      document.getElementById('text1').style.display='none';
      document.getElementById('text3').style.display='none';
      document.getElementById('text4').style.display='none'">
      智慧校园</li>
   <li id="list4"
    onclick="document.getElementById('text4').style.display='block';
      document.getElementById('text1').style.display='none';
      document.getElementById('text2').style.display='none';
      document.getElementById('text3').style.display='none'">
      产教融合</li>
  </ul>
</div>
<div id="center">
  <img id="center1" src="/images/zj-128.png"/>
  <img id="center2" src="/images/zj-128.png"/>
  <img id="center3" src="/images/zj-128.png"/>
  <img id="center4" src="/images/zj-128.png"/>
</div>
<div id="right">
  <div id="text1">
   <div class="text-div whitefont">
     <b>汽车行业解决方案</b>
   </div>
   <div class="text-div1">
     <span>子杰汽车行业解决方案，基于子杰专题提供多类型应用构建服务、数字化营销服务和生产
仿真服务，满足企业不同业务应用场景的需求，提高生产质量，优化服务水平，促进精准营销，提高业务
成效。</span>
   </div>
   <a href="/prog/car/" target="_blank">
     <button class="rightButton">了解详情</button>
   </a>
   <div class="text-div2">
     <div><img style="vertical-align:middle;" src="/images/zj-32.png" alt=
       "" /><span>相关案例</span></div>
     <div>
      <a href="/case/smcme.html"><img id="text1_1" src=
        "/images/a-sq.jpg" alt="吉利汽车集团动力院知识云平台"/></a>
      <a href="/case/geelyKnowledge.html"><img id="text1_2" src=
        "/images/b-jl.jpg" alt="上汽乘用车制造项目部ME 数字化项目" /></a>
      <a href="/case/patac.html"></a><img id="text1_3" src=
        "/images/c-fy.jpg" alt="通用汽车投资规划系统" />
     </div>
   </div>
  </div>
</div>
```

CSS 代码如下：

```css
.nav li {
  list-style:none;
  width:100%;
  height:122px;
  font-size:22px;
  text-align:center;
  line-height:122px;
  color:#ffffff;
}

……

.text-div2 {
  margin-top:40px;
  color:#01fefc;
  font-size:16px;
}

#text1 span:nth-child(2) {
  margin:0 0 0 10px;
}

#text1_1,
#text1_2,
#text1_3,
#text2_1,
#text2_2,
#text2_3,
#text3_1,
#text3_2,
#text3_3,
#text4_1,
#text4_2,
#text4_3 {
  height:100px;
  margin:21px 2% 0 0 !important;
  border-radius:50%;
  border:2px solid #1b4261;
  padding:13px;
}
```

当鼠标移动到"汽车行业"、"智能制造"、"智慧校园"、"产教融合"等内容时,竖线上的原点会进行相应位置的移动,同时,竖线有部分内容会发生相应的变化。该效果需要通过jQuery代码实现。与轮播效果相关的JS内容单独编写成 gotop.js 文件,在解决方案模块的 HTML 尾部添加如下代码:

```javascript
<script type="text/javascript" src="/skin/tmp/js/gotop.js"></script>
```

JS 代码如下:

```javascript
$("#list1").mouseover(function(){
  $("#text1").css("display","block");
  $("#text2").css("display","none");
  $("#text3").css("display","none");
```

```
$("#text4").css("display","none");
//$("#list1").css("box-shadow","rgb(11,234,235) 0px 0px 10px inset");
$("#list1").css("color","#01fefc");
$("#list1").css("font-size","22px");
$("#list2").css("box-shadow","none");
$("#list2").css("color","#ffffff");
$("#list2").css("font-size","22px");
$("#list3").css("box-shadow","none");
$("#list3").css("color","#ffffff");
$("#list3").css("font-size","22px");
$("#list4").css("box-shadow","none");
$("#list4").css("color","#ffffff");
$("#list4").css("font-size","22px");
$("#center1").css("display","block");
$("#center2").css("display","none");
$("#center3").css("display","none");
$("#center4").css("display","none");
});
$("#list2").mouseover(function(){
$("#text2").css("display","block");
$("#text1").css("display","none");
$("#text3").css("display","none");
$("#text4").css("display","none");
//$("#list2").css("box-shadow","rgb(11,234,235) 0px 0px 10px inset");
$("#list2").css("color","#01fefc");
$("#list2").css("font-size","22px");
$("#list1").css("box-shadow","none");
$("#list1").css("color","#ffffff");
$("#list1").css("font-size","22px");
$("#list3").css("box-shadow","none");
$("#list3").css("color","#ffffff");
$("#list3").css("font-size","22px");
$("#list4").css("box-shadow","none");
$("#list4").css("color","#ffffff");
$("#list4").css("font-size","22px");
$("#center1").css("display","none");
$("#center2").css("display","block");
$("#center3").css("display","none");
$("#center4").css("display","none");
});
$("#list3").mouseover(function(){
$("#text3").css("display","block");
$("#text1").css("display","none");
$("#text2").css("display","none");
$("#text4").css("display","none");
//$("#list3").css("box-shadow","rgb(11,234,235) 0px 0px 10px inset");
$("#list3").css("color","#01fefc");
$("#list3").css("font-size","22px");
$("#list1").css("box-shadow","none");
$("#list1").css("color","#ffffff");
$("#list1").css("font-size","none");
$("#list2").css("box-shadow","none");
$("#list2").css("color","#ffffff");
$("#list2").css("font-size","22px");
$("#list4").css("box-shadow","none");
$("#list4").css("color","#ffffff");
$("#list4").css("font-size","22px");
$("#center1").css("display","none");
$("#center2").css("display","none");
$("#center3").css("display","block");
$("#center4").css("display","none");
```

```
});
$("#list4").mouseover(function(){
  $("#text4").css("display","block");
  $("#text3").css("display","none");
  $("#text1").css("display","none");
  $("#text2").css("display","none");
  //$("#list3").css("box-shadow","rgb(11,234,235) 0px 0px 10px inset");
  $("#list4").css("color","#01fefc");
  $("#list4").css("font-size","22px");
  $("#list1").css("box-shadow","none");
  $("#list1").css("color","none");
  $("#list1").css("font-size","none");
  $("#list2").css("box-shadow","none");
  $("#list2").css("color","#ffffff");
  $("#list2").css("font-size","22px");
  $("#list3").css("box-shadow","none");
  $("#list3").css("color","#ffffff");
  $("#list3").css("font-size","22px");
  $("#center1").css("display","none");
  $("#center2").css("display","none");
  $("#center3").css("display","none");
  $("#center4").css("display","block");
});
```

上述 jQuery 代码中，当鼠标指针位于元素上方时，通过采用 mouseover()方法使得竖线上的小圆点发生相应位置的变化，同时竖线右边的内容由之前的隐藏(display:none)变为 (display:block)。最终展示效果如图 3-37 所示。

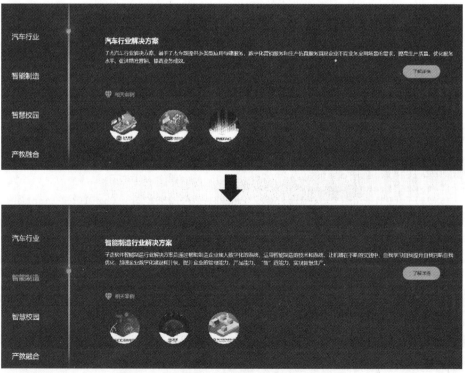

图 3-37 鼠标指针位于元素上方时的展示效果

3.8　底部版权

底部版权模块主要包括申请体验和联系方式两部分，这两部分主要是文字的排版布局，因此此处不做赘述。底部版权模块效果如图 3-38 所示。

图 3-38　底部版权效果图

底部版权模块盒子模型如图 3-39 所示。

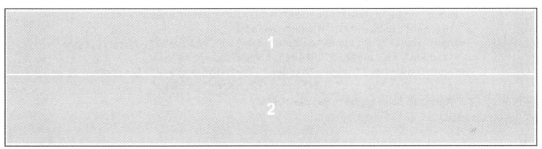

图 3-39　底部版权模块盒子模型

3.8.1　申请体验

申请体验模块如图 3-40 所示。该模块由三个输入框和一个按钮组成。

图 3-40　申请体验模块

HTML 代码如下：

```
<div id="require" class="w1000 bg-white ptb50 ofd center">
  <div class="w90 center txt-center">
    <h1>申请体验</h1>
    <p class="greyfont font3">让运营更简单，让管理更高效，助力企业发展成长</p>
```

```
    </div>

    <div class="w1164 ptb50 center">
      <div class="experience">
        <div class="experience1">
          <div class="w15">
            <input type="text" class="subName form-text font7 greyfont" name=
              "title" id="name" placeholder=" 姓名＊"
              value="">
          </div>
          <div class="w15">
            <input type="text" class="subPhone form-text font7 greyfont" name=
              "ftitle" placeholder=" 电话＊" value="">
          </div>
          <div class="w45">
            <input type="text" class="subContent form-text font7 greyfont" name=
              "smalltext"
              placeholder=" 描述您的需求，如知识管理、项目管理等。" value="">
          </div>

        </div>
        <div class="w15">
          <input type="hidden" value="MAddInfo" name="enews"> <input type=
            "hidden" value="21" name="classid">
          <input name="id" type="hidden" id="id" value="0"> <input type=
            "hidden" value="1657008484" name="filepass">
          <input name="mid" type="hidden" id="mid" value="7"></td>
          <input type="submit" id="log_btn" name="addnews" class=
            "button bg-orange" value=" 提交">
        </div>
      </div>

      <div class="authenticat">
        <div class="authentication">
          <img class="require-img" src="/images/zj-gou.png">
          <span class="require-span">免费上门或线上产品演示</span>
        </div>
        <div class="authentication0">
          <img src="/images/zj-gou.png" class="require-img">
          <span class="require-span">专业客户顾问全程服务</span>
        </div>
        <div class="authentication1">
          <img src="/images/zj-gou.png" class="require-img">
          <span class="require-span">企业定制化解决方案</span>
        </div>
        <div class="authentication2">
          <img src="/images/zj-gou.png" class="require-img">
          <span class="require-span">全天候业务咨询服务</span>
        </div>
      </div>
    </div>
  </div>
```

CSS 代码如下：

```css
#require {
  padding:70px 0 0 35px;
  width:100%;
}

.bg-white {
  color:#000;
  background-color:#fff;
}

.ofd {
  overflow:hidden;
}

......

.form-text,
.form-textarea {
  font-family:\5fae\8f6f\96c5\9ed1,"STXihei",Tahoma;
  box-shadow:0 0 4px #aaa inset;
  border-radius:3px;
  line-height:1.5em;
  color:#575757;
  height:32px;
  width:94%;
  padding:3px 3%;
  margin:10px 0;
  border:none;
}

......

.button,
.button-big,
.button-small {
  color:#FFFFFF;
  width:164px;
  height:40px;
  overflow:hidden;
  cursor:pointer;
  font-size:16px;
  text-align:center;
  letter-spacing:0em;
  display:block;
  margin:40px auto;
  clear:both;
  border-radius:3px;
  -webkit-transition: all 0.5s ease-in-out;
  -moz-transition:all 0.5s ease-in-out;
  -o-transition:all 0.5s ease-in-out;
  -ms-transition:all 0.5s ease-in-out;
  transition:all 0.5s ease-in-out;
}
```

```
.authenticat {
  width:100%;
  margin:0% 0 2% 1%;
  text-align:center;
  float:left;
  color:#2954c0;
}

.authentication,
.authentication0,
.authentication1,
.authentication2 {
  float:left;
  margin:0% 5% 1% 0%;
}
```

3.8.2　联系方式

联系方式模块如图 3-41 所示。

图 3-41　联系方式模块

HTML 代码如下：

```html
<div id="footer" class="w2000 ptb50 ofd">
    <div class="footer-div3">
        <div class="w48 center txt-center w60">
            <p style="display: flex;">
                <img class="footer-img1" src="/images/zj-footer.png" alt="">
                <img class="footer-img2" src="/images/zj-151.png" alt="">
                <span style="display: flex;flex-direction: column;">
                    <span class="footer-p1">全国服务热线:</span>
                    <span class="footer-p2">180-1632-5657</span>
                </span>

                <!-- <span class="footer-p2"></span> -->
            </p>
            <!--<b>400-004-0804</b><br />-->
            <p class="footer-p3"><img class="footer-img3" src=
              "/images/zj-143.png">地址:上海市长宁区通协路 269 号建滔广场 6 号楼 7 楼</p>

            <!--QQ: <a  href='tencent://message/?uin=2258882301&Site=
            在线客服&Menu=yes' target="_blank" title="与我 QQ 交谈">2258882301</a>-->
            <p class="footer-p4"><img class="footer-img4"
                    src="/images/zj-145.png">联系人:舒经理
                <img class="footer-img9" src="/images/zj-144.png">电话: 18016325657
```

```
            </p>
            <p class="footer-p5"><img class="footer-img5"
                    src="/images/zj-146.png">微信号: 18016325657
                <img class="footer-img6" src="/images/zj-147.png">邮箱: <a href=
                    "Mailto:zj@zj-xx.cn">shuwx@zj-xx.cn</a>
            </p>

        </div>
        <div class="w47">
            <div class="w46 txt-center"><img class="footer-img7" src=
                "/images/zjsoft.gif"
                border="0" /><br />子杰软件公众号</div>
            <div class="w49 txt-center"><img class="footer-img8" src=
                "/images/ict2035.jpg" border="0"/><br/>微信联系
            </div>
        </div>
    </div>
    <div class="footer-div1">Copyright © 上海子杰软件有限公司</div>
    <div class="footer-div2">
        <script src="https://s6.cnzz.com/z_stat.php?id=5259843&web_id=
            5259843" language="JavaScript"></script> <a href=
            https://beian.miit.gov.cn />沪 ICP 备 2021032688 号-1</a>
    </div>
    <div class="footer-div4">
        <a href="/"><img class="footer-img10" src="/images/zj-179.png" alt=""></a>
        <img class="footer-img11 wechatclick" src="/images/zj-180.png" alt="">
        <a href="tel:18016325657"><img class="footer-img12" src=
            "/images/zj-178.png" alt=""></a>
    </div>
</div>
  </div>
  <div id="gotop"></div><div id="gobot"></div>
  <div class="outerdiv" id="outerdiv">
      <div id="innerdiv" class="innerdiv">
          <img id="bigimg" src="" />
      </div>
      <div class="closebigimg"></div>
  </div>
  <!--表单验证-->
  <script src="/templets/default/js/jquery.validate.min.js" type=
    "text/javascript"></script>
  <script src="/templets/default/js/require.validate.js" type=
    "text/javascript"></script>
<script>
var _hmt = _hmt || [];
(function() {
 var hm = document.createElement("script");
 hm.src = "https://hm.baidu.com/hm.js?1ed2bb126a1da333564991296f2d25e8";
 var s = document.getElementsByTagName("script")[0];
 s.parentNode.insertBefore(hm, s);
})();
</script>
```

CSS 代码如下:

```css
#footer {
  height:250px;
}

#footer {
  color:#ffffff;
  background:url(/images/zj-138.png);
  background-size:cover;
}

......

.footer-img1 {
  height:45px;
  padding-right:5%;
  /* margin:0 0 0px 14.5%;*/
}

.footer-img2 {
  /* margin-left:28.5%; */
  height:43px;
  padding-right:2%;
}

.footer-p1 {
  font-size:16px;
  margin-top:-3px;
}

.footer-p2 {
  font-size:18px;
  color:#ffffff;
}

#footer p {
  padding:1% 0 0 20%;
  text-align:left;
}

.footer-img3,
.footer-img4,
.footer-img6,
.footer-img9 {
  height: 4%;
  margin-right:10px;
  vertical-align:middle;
}

#footer p {
  padding:1% 0 0 20%;
  text-align:left;
}

.footer-img5 {
```

```
  height:5%;
  margin-right:10px;
  margin-left:-3px;
  vertical-align:middle;
}

#footer a {
  color:#ffffff;
}
……
#evaluate,
#gotop,
#gobot {
  background-image:url(/templets/default/images/btt.png);
  background-repeat:no-repeat;
  POSITION:fixed;
  height:50px;
  width:50px;
  bottom:101px;
  right:0px;
  background-color:#7F7F7A;
  display:block;
  cursor:pointer;
}

……

.innerdiv img {
  max-width:100%;
  max-height:100%;
  vertical-align:middle;
}

.closebigimg {
  background-image:url(/templets/default/images/close.svg);
  background-position:center center;
  background-repeat:no-repeat;
  width:60px;
  height:60px;
  line-height:60px;
  text-align:center;
  position:absolute;
  top:100px;
  right:20%;
  cursor:pointer;
}
```

3.9　响应式布局

为了显示网页整体的效果，可在屏幕不同宽度时自适应显示。当宽度在 641 到 1000 像素之间时，网页的显示效果如图 3-42 至图 3-47 所示。

图 3-42　"导航栏"和"轮播图"的显示效果

图 3-43　"我们的产品"的显示效果

图 3-44　"数字化专题"的显示效果

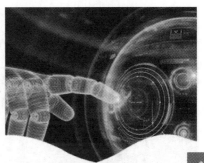

图 3-45　"典型案例"的显示效果

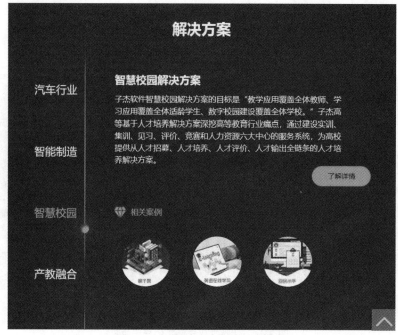

图 3-46 "解决方案"的显示效果

图 3-47 "底部版权"的显示效果

子杰软件关于响应式布局的 CSS 代码如下：

```
@media (min-width:641px) and (max-width:1000px) {
  .service li {
    width:27% !important;
  }
  .service li h5 {
    font-size:1em !important;
  }
  .service .em04 {
  float:right;
  margin-right:4%;
  }
  .service .em04 {
    position:absolute;
    top:45.5%;
    left:66%;
  }
  .service .em05 {
    position:absolute;
    top:45.5%;
    left:33%;
  }
  .service .em06 {
    position:absolute;
    top:45.5%;
  }
  .service .em07 {
    position:absolute;
    top:70%;
  }
  .service .em08 {
    position:absolute;
    top:70%;
    left:33%;
  }
  .service .em03 span {
    bottom:-17%;
    right:50%;
    display:block;
    height:39px;
    transform:rotate(90deg);
    width:20px;
  }
  .service .em04 span {
    bottom:45% !important;
    right:107% !important;
    transform:rotate(180deg) !important;
  }
  .service .em05 span {
    bottom:45% !important;
    right:107% !important;
    transform:rotate(180deg) !important;
  }
  .service .em06 span {
    bottom:-17% !important;
```

```
      right:50% !important;
      display:block;
      height:39px;
      transform:rotate(90deg) !important;
      width:20px;
    }
    .service .em07 span {
      bottom:40% !important;
      right:-15% !important;
      transform:rotate(0deg) !important;
    }
    .service .em08 span {
      display:none;
    }
  #sec8 {
    height:800px !important;
  }
  }
  @media all and (max-width:1000px) {
  .index-product-sale .module-wrap .card-area .card-item.active {
    z-index:100;
    box-shadow:0 0 20px rgb(208 201 201);
    width:100%;
    height:563px;
  }
  .index-product-sale .module-wrap .card-area .card-item {
    box-shadow:0 0 20px rgb(208 201 201);
    z-index:10;
    transition:all .3s cubic-bezier(.4,0,.2,1),z-index 0s .12s;
    position:relative;
    float:left;
    width:100%;
    height:548px;
    background-color:transparent;
    border:1px solid #dbdbdd;
  }
  .index-product-sale .module-wrap .card-area .card-item .card .card-title
    .content .product-img img {
    margin:0 0 0 0 !important;
  }
  .index-product-sale .module-wrap .card-area .card-item .card .card-content
    .content-second .main-desc {
    line-height:22px;
  }
  .index-product-sale .module-wrap .card-area .card-item .card .card-content
    .other-info {
    line-height:22px;
    border-top:2px solid rgb(0,127,254);
    padding-top:20px;
    font-size:12px;
  }
  .index-product-sale .module-wrap .card-area .card-item .card .card-content
    .content-second {
    max-width:95%;
    left:25px;
    font-size:14px;
```

```
   color:#a9b0b4;
   text-align:left;
   padding-top:26px;
}
.index-product-sale .module-wrap .card-area .card-item .card .card-content
   .content-first .content-first-list {
   width:100%;
   max-width:100%;
   font-size:16px;
   color:#373d41;
   margin-top:47px;
   margin-bottom:47px;
}

.www-home-solution .module-wrap .slide-container .slide-body .slide-content
   .slide-item img {
   margin:0 !important;
}
#guid-414692 {
   background-color:rgb(247,247,246);
   height:650px;
}
}
```

当页面宽度不超过 1200px 时，对应元素的 CSS 样式如下所示：

```
/*非 pc 端页面样式*/
@media all and (max-width:1200px) {

   /*搜索框*/
   .search {
     margin:2em 0 0 0;
   }

   .search #q {
     width:150px;
   }

   .search:hover #q {
     width:150px;
   }

   /*首页切换图片的左右按钮*/
   .www-home-solution .module-wrap .slide-container .slide-btn-panel,
   .www-home-solution .module-wrap .slide-container .slide-btn-panel .btn-bg {
     display:block;
   }

   /*轮播图下方导航*/
   .www-home-banner-bottom-2016 .module-wrap .banner-bottom-container {
     height:90px;
   }

   .www-home-banner-bottom-2016 .module-wrap .ali-main-special li
     .ali-main-special-list {
```

```
    height:100%;
    padding:10px 5px 10px 5px;
}

.www-home-banner-bottom-2016 .module-wrap .ali-main-special li
  .ali-main-special-list .special-right {
    background-position:15px 0;
    background-size:50%;
    height:90px;
    top:0;
    left:0;
    right:inherit;
}

.www-home-banner-bottom-2016 .module-wrap .ali-main-special li
  .ali-main-special-list .special-left .title {
    font-size:1.2em;
}

.www-home-banner-bottom-2016 .module-wrap .ali-main-special li
  .ali-main-special-list .special-left .desc {
    font-size:1.0em;
}

.index-product-sale .module-wrap .index-sale {
    height:auto;
    padding:40px 0;
}

/*站式服务*/
.index-product-sale .module-wrap .card-area .card-item {
    margin:5px 0;
    width:100%;
}

.index-product-sale .module-wrap .card-area .card-item.active,
.index-product-sale .module-wrap .card-area .card-item .card .card-content
  .content-first .content-first-list {
    width:100%;
}

.index-product-sale .module-wrap .card-area .card-item .card .card-content
  .content-first {
    opacity:0;
}

.index-product-sale .module-wrap .card-area .card-item .card .card-content
  .content-second {
    width:100%;
    max-width:100%;
    opacity:1;
}

.index-product-sale .module-wrap .card-area .card-item .card .card-content {
    margin:0 5%;
```

```
}

/*解决方案*/
.index-productother .module-wrap .main-product-other
  .main-product-other-cell {
  margin-top:40px;
  width:100%;
}

.www-home-solution .module-wrap .slide-container .slide-body
  .slide-content .slide-item .mask .content {
  top:50px;
}

.www-home-solution .module-wrap .slide-container .slide-body
  .slide-content .slide-item .mask .content .item-title {
  font-size:1.5rem;
}

.www-home-solution .module-wrap .slide-container .slide-body
.slide-content .slide-item .mask .content .item-desc,
.www-home-solution .module-wrap .slide-container .slide-body
.slide-content .slide-item .mask .content .item-link {
  display:none;
}

.index-market .module-wrap .main-product-other .main-product-other-cell {
  width:100%;
}

/*人才外包*/
.index-market .module-wrap .ali-main-head a.index-info {
  padding:0 5%;
}

/*服务流程*/
.ali-main-head h1 {
  font-size:2em;
}

.service li {
  width:50%;
  margin:30px 25%;
}

.service .clr:nth-child(1) {
  display:none;
}

.ofd .service .clr:nth-child(2) {
  display:block;
}

.service .clr li span {
  background-image:url(/templets/default/images/arrow-down.svg);
```

```
      bottom:-20%;
      right:40%;
    }
  }
```

不同尺寸菜单的 CSS 代码如下：

```
@media (max-width:699px) {
  .c-nav-button {
    font-size:12px
  }
}

@media (min-width:700px) and (max-width:1199px) {
  .c-nav-button {
    font-size:15px
  }
}

@media (min-width:700px) and (max-width:749px) {
  .c-nav-button {
    font-size:14px
  }
}

@media (min-width:1200px) and (max-width:1599px) {
  .c-nav-button {
    font-size:16px
  }
}

@media (min-width:1600px) and (max-width:2099px) {
  .c-nav-button {
    font-size:18px
  }
}

@media (min-width:2100px) and (max-width:2399px) {
  .c-nav-button {
    font-size:20px
  }
}

@media (min-width:2400px) and (max-width:2699px) {
  .c-nav-button {
    font-size:22px
  }
}

@media (min-width:2700px) {
  .c-nav-button {
    font-size:24px
  }
}
```

```css
@media (min-width:1200px) {
  .c-nav-button {
    overflow:hidden;
    height:100%
  }
}


.c-nav-button {
  height:4em;
  width:4em;
  text-align: center;
  cursor:pointer;
  display:none;
  position:absolute;
  top:16px;
  right:2px;
}

.has-nav-open .c-nav-button_icon {
  -webkit-transform:rotate(135deg);
  -ms-transform:rotate(135deg);
  transform:rotate(135deg);
  -webkit-transition-delay:.2s;
  transition-delay:.2s
}

.c-nav-button_line {
  position:relative;
  display:block;
  height:3px;
  -webkit-transform:translateZ(0);
  transform:translateZ(0);
  -webkit-transition: opacity .15s 50ms, -webkit-transform
  .2s cubic-bezier(.4,0,.2,1) .2s;
  transition:opacity .15s 50ms, -webkit-transform
  .2s cubic-bezier(.4,0,.2,1) .2s;
  transition:transform .2s cubic-bezier(.4,0,.2,1) .2s, opacity .15s 50ms;
  transition:transform .2s cubic-bezier(.4,0,.2,1) .2s, opacity .15s 50ms,
-webkit-transform .2s cubic-bezier(.4,0,.2,1) .2s
}


.c-nav-button_line::after,


…..



.c-nav-button_line:nth-child(3)::after {
  top:.3em
}
```

小结

本章以子杰软件官网首页为例,介绍了网站设计和编程等内容。在网站设计和编程过程中,要整体把控页面的结构,每完成一部分都要通过浏览器进行测试,测试通过后才能进行下面的编程。制作项目时,要认真体会页面的布局、HTML 编辑的语言和属性。HTML 和 CSS 3 都是所见即所得的语言,在项目制作过程中要仔细体会它们的语义与样式效果,感受 HTML、CSS 和 JavaScript 脚本配合使用达到的效果。

盒子模型是 CSS 网页布局的基础,好的布局可以大大减少页面兼容的 bug;使用 HTML 和 CSS 制作页面时,处处可见"浮动"div+"浮动"布局,很神奇,建议读者多做一些相关的练习。通过本项目的学习,读者能够根据页面的需求,灵活实现它们之间的转换。

建议读者在本书的基础上不断深入学习 JavaScript、jQuery 和其他前端框架的编程知识,网页设计是一个注重实践的过程,只有读者多多练习,才能提高代码的编写效率。

习题

1. 亲手完成项目开发案例——子杰软件官网首页,页面内容包括实现导航栏、轮播图、我们的产品、数字化专题、典型案例、解决方案、底部版权等模块。

第 4 章　HTML 5 新增功能简介

○ 章节导读

HTML 5 是万维网的核心语言之一，是标准通用标签语言下的一个应用超文本标签语言（HTML）的第五次重大修改版本。万维网联盟（W3C）于 2014 年 10 月 29 日宣布，经过近 8 年的努力，该标准规范终于制定完成。

HTML 5 的正式发布给 Web 开发带来了革命性的变化。另外，在移动设备上开发 HTML 5 应用只有两种方法，一种是全部使用 HTML 5 的语法，一种是仅使用 JavaScript 引擎。纯 HTML 移动应用运行缓慢并错漏百出，但优化后的效果会好转。尽管很多设计人员不太愿意去做这样的优化，他们仍然去尝试。

HTML 5 的最终设计理念是为了在移动设备上支持多媒体，这也是区别于 HTML 4 的主要理念。在桌面 Web 应用中，虽然 HTML 4 能够很好地完成绝大部分工作，但 HTML 4 在移动应用上仍显得能力不足，这也是受 HTML 4 的规范所限制。HTML 5 新的语法特征可以很好地支持移动应用，例如，video、audio 和 canvas 标签。另外，HTML 5 规范还引进了新的功能特性，可以真正改变用户与网页的交互方式。

○ 知识目标

（1）了解 HTML 5 的新特性。

（2）了解 HTML 5 新增的结构元素。

（3）了解 HTML 5 对多媒体的支持。

（4）了解 HTML 5 的高级应用。

4.1　HTML 5 语法

1. 内容类型

HTML 5 的文件扩展名与内容类型（content type）保持不变，即扩展名仍为.html 或.htm，内容类型仍为 text/html。

2. 文档类型声明

基于 HTML 5 设计准则中的"化繁为简"原则，页面的文档类型<!DOCTYPE>被极大地简化了。

在 HTML 4 中，声明方法的代码如下所示：

```
<!DOCTYPE HTML PUBLIC "-//W3C//DTD HTML 4.01//EN"
"http://www.w3.org/TR/html4/strict.dtd">
```

在 HTML 5 中可以简写为：

```
<!DOCTYPE html>
```

3. 字符编码

在 HTML 4 中，使用<meta>元素的形式指定文件中的字符编码，代码如下所示：

```
<meta http-equiv="Content-Type" content="text/html;charset=utf-8"/>
```

在 HTML 5 中，可以采用对<meta>元素直接追加 charset 属性的方式来指定字符编码，代码如下所示：

```
<meta charset="UTF-8">
```

4. 版本兼容性

HTML 5 的语法是为了与之前的 HTML 语法最大限度的兼容而设计的，简单说明如下。

1）可以省略标签的元素

在 HTML 5 中，元素的标签可以省略。元素的标签可以分为以下三种类型。

（1）不允许写结束标签的元素。这些元素分别为 area、base、br、col、command、embed、hr、img、input、keygen、link、meta、param、source、track、wbr。

（2）可以省略结束标签的元素。这些元素分别为 colgroup、dt、dd、li、optgroup、p、rt、rp、thead、tbody、tfoot、tr、td、th。

（3）可以省略全部标签的元素。这些元素分别为 html、head、body、colgroup、tbody。

可以省略全部标签的元素是指该元素可以完全被省略。即使标签被省略了，该元素还是以隐藏的方式存在。例如，省略 body 元素时，它在文档结构中依然存在，可以通过 document.body 进行访问。

2）具有布尔值的属性

布尔值的属性如 disabled 与 readonly，当只写属性而不指定属性值时，属性值表示为 true；如果想要将属性值设置为 false，可以不使用此属性。此外，想要将属性值设定为 true 时，也可以将属性名设定为属性值，或者将空字符串设定为属性值。代码如下所示：

```
<!-- 只写属性，不写属性值，表示属性值为 true -->
<input type="checkbox" checked>
```

```
<!-- 不写属性，表示属性为 false -->
<input type="checkbox">
<!-- 属性值=属性名，表示属性为 true -->
<input type="checkbox" checked="checked">
<!-- 属性值=空字符串，表示属性为 true -->
<input type="checkbox" checked="">
```

3）省略引号

属性值两边既可以使用双引号，也可以使用单引号。在 HTML 5 中，当属性值不包括空字符串、小于号、大于号、等于号、单引号、双引号等字符时，属性值两边的引号可以省略。例如，以下皆为正确写法：

```
<input type="text">
<input type='text'>
<input type=text>
```

通过上述 HTML 5 的语法知识编写一个完全用 HTML 5 的文档。该文档包括标题、段落、列表、表格、绘制的图形以及各种嵌入元素。代码如下所示：

```
<!DOCTYPE html>
<html lang="en">
<head>
    <meta charset="UTF-8">
    <title>HTML 5 基本语法</title>
</head>
<body>
    <h1>HTML5 的目标</h1>
    <p>HTML5 的目标是为了能够创建更简单的 web 程序，书写出更简洁的 HTML 代码。</p>
    <br/>例如，为了使 web 应用程序的开发变得更容易，提供了很多 API，为了使 HTML 变得更简洁，
开发出了新的属性、新的元素，等等。总体来说，为了一代 web 平台提供了许许多多新的功能。
</body>
</html>
```

以上代码在谷歌浏览器中的运行结果如图 4-1 所示。

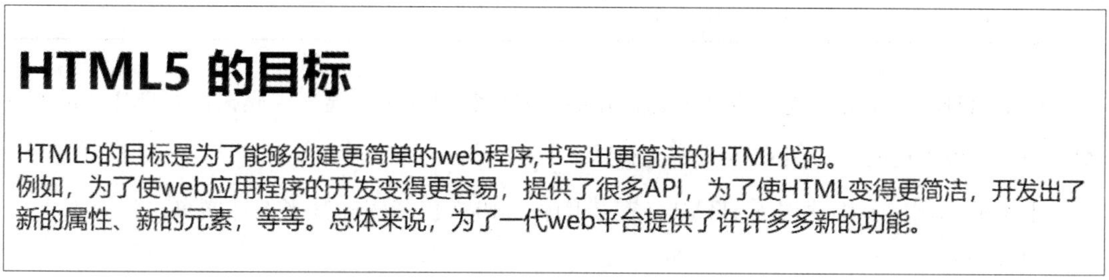

HTML5 的目标

HTML5的目标是为了能够创建更简单的web程序,书写出更简洁的HTML代码。
例如，为了使web应用程序的开发变得更容易，提供了很多API，为了使HTML变得更简洁，开发出了新的属性、新的元素，等等。总体来说，为了一代web平台提供了许许多多新的功能。

图 4-1　以上代码在谷歌浏览器中的运行结果

4.2 HTML 5 元素

HTML 5 中引入了许多新的标签元素，根据内容类型的不同，这些元素可以分成以下六大类。

- 内嵌：在文档中添加其他类型的内容，如 audio、video、canvas 和 iframe 等。
- 流：在文档和应用的 body 中使用的元素，如 form、h1 和 small 等。
- 标题：段落标题，如 h1、h2 和 hgroup 等。
- 交互：与用户交互的内容，如音频和视频的控件、button 和 textarea 等。
- 元数据：通常出现在页面的 head 中，用于设置页面其他部分的表现和行为，如 scrpt、style 和 title 等。
- 短语：文本和文本标签元素，如 mark、kbd、sub 和 sup 等。

以上所有类型的元素都可以通过 CSS 来设定样式。

4.2.1 HTML 5 新增的结构元素

HTML 5 定义了一组新的语义化标签来描述元素的内容。它可以简化 HTML 页面的设计，在搜索引擎抓取和索引网页时也会利用这些优势。目前主流的浏览器可以使用这些元素，新增的语义化标签元素如表 4-1 所示。

表 4-1　新增的语义化标签元素

元素名称	说明
header	定义文档的头部区域
footer	定义文档或者文档的一部分区域的页脚
section	Web 页面中的一块区域
article	独立的文章内容
aside	相关内容或者引文
nav	导航类辅助内容

由于 HTML 5 率先优先的设计理念，并推崇表现和内容的分离，因此，在 HTML 5 的实际编程中，开发人员必须使用 CSS 来定义样式。

下面的示例中分别使用了 HTML 5 提供的各种语义化结构标签来设计网页。代码如下：

```
<!DOCTYPE html>
<html lang="en">
<head>
    <meta charset="UTF-8">
    <title>HTML 5结构元素</title>
```

```
</head>
<body>
    <header>
        <h1>网页标题</h1>
        <h2>次级标题</h2>
        <h4>提示信息</h4>
    </header>
    <div id="container">
        <nav>
            <h3>导航</h3>
            <a href="#">链接 1</a>
            <a href="#">链接 2</a>
            <a href="#">链接 3</a>
        </nav>
        <section>
            <article>
                <header>
                    <h1>文章标题</h1>
                </header>
                <footer>
                    <h2>文章注脚</h2>
                </footer>
            </article>
        </section>
        <aside>
            <h3>相关内容</h3>
            <p>相关辅助信息或服务......</p>
        </aside>
        <footer>
            <h2>页脚</h2>
        </footer>
    </div>
</html>
```

HTML 5 语义化结构网页效果如图 4-2 所示。

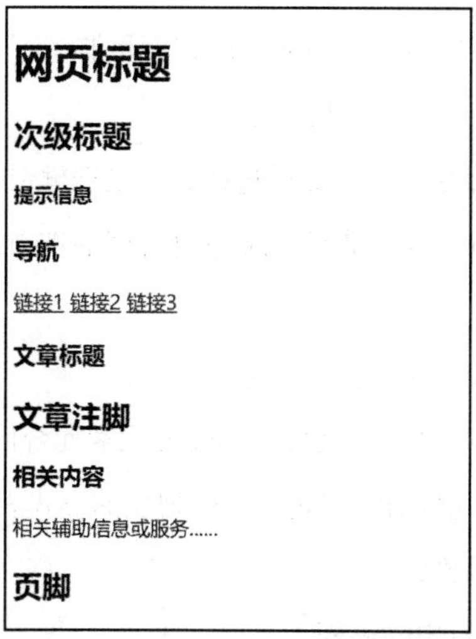

图 4-2　HTML 5 语义化结构网页效果

4.2.2　HTML 5 新增的功能元素

由于页面内容功能的需要，HTML 5 新增了许多专用元素，如下。

- hgroup 元素：用于对整个页面或页面中一个内容区块的标题进行组合。
- video 元素：用于定义视频，无须<object type="video/ogg">。
- audio 元素：用于定义音频，无须<object type="application/ogg">。
- embed 元素：用于可以各种格式插入各种多媒体。
- mark 元素：用于向用户在视觉上突出显示某些文字。
- dialog 元素：用于定义对话框或窗口。
- bdi 元素：用于定义文本的方向，使其脱离周围文本的方向设置。
- figcaption 元素：用于定义 figure 元素的标题。
- time 元素：表示日期或时间，也可以同时表示两者。
- canvas 元素：表示图形、图表和其他图像。该元素本身没有行为，仅提供一块画布，且它会把绘图 API 展现给客户端 JavaScript，以使脚本把想绘制的东西绘制到这块画布上。
- output 元素：表示不同类型的输出，比如脚本的输出。
- source 元素：为媒介元素（如<video>和<audio>）定义媒介资源。
- menu 元素：表示菜单列表。当期望出菜单控件时使用该标签。
- ruby 元素：表示 ruby 注释（中文注音或字符）。
- rt 元素：表示字符（中文注音或字符）。
- rp 元素：在 ruby 注释中使用，以定义不支持 ruby 元素的浏览器所显示的内容。
- wbr 元素：表示换行。wbr 元素与 br 元素的区别在于，br 元素表示此处必须换行，而 wbr 元素表示当浏览器窗口或父级元素的宽度足够宽时（没必要换行时）不进行换行，而当宽度不够时才主动在此处换行。
- command 元素：表示命令按钮，如单选按钮、复选框或按钮。
- details 元素：表示当用户单击某元素时想要得到的细节信息，常与 summary 元素配合使用。
- summary 元素：为 details 元素定义可见的标题。
- datalist 元素：表示可选数据的列表，与 input 元素配合使用。
- datagrid 元素：表示可选数据的列表，以树列表的形式表示。
- keygen 元素：表示生成密钥。
- progress 元素：表示运行中的进程。

- meter 元素：度量给定范围（gauge）内的数据。
- track 元素：定义用在媒体播放器中的文本轨道。

4.2.3　HTML 5 废除的元素

在 HTML 5 中废除了 HTML 4 中过时的一些元素，下面进行简单介绍。

1．能使用 CSS 替代的元素

对于 basefont、big、center、font、s、strike、tt、u 这些元素，它们的功能都是为页面展示服务的，而 HTML 5 提倡把页面展示功能放在 CSS 样式表中统一处理,所以将这些元素废除,用 CSS 样式进行替代。。其中，font 元素允许由"所见即所得"的编辑器来插入，s 元素、strike 元素可以由 del 元素替代，tt 元素可以由 CSS 的 font-family 属性替代。

2．不再使用 frame 框架

对于 frameset 元素、frame 元素与 noframes 元素，由于 frame 框架对网页可用性存在负面影响，HTML 5 中已不支持 frame 框架，只支持 iframe 框架，所以 HTML 5 中同时将以上三个元素都废除。

3．只有部分浏览器支持的元素

对于 applet、bgsound、blink、marquee 等元素，由于只有部分浏览器支持，特别是 bgsound 元素以及 marquee 元素只被 IE 所支持，所以这些元素在 HTML 5 中被废除。其中，applet 元素可由 embed 元素或 object 元素替代，bgsound 元素可由 audio 元素替代，marquee 元素可以由 JavaScript 编程的方式替代。

- 使用 ruby 元素替代 rb 元素。
- 使用 abbr 元素替代 acronym 元素。
- 使用 ul 元素替代 dir 元素。
- 使用 form 元素与 input 元素相结合的方式替代 isindex 元素。
- 使用 pre 元素替代 listing 元素。
- 使用 code 元素替代 xmp 元素。
- 使用 GUID 替代 nextid 元素。
- 使用 "text/plain" MIME 类型替代 plaintext 元素。

4.2.4　HTML 5 属性

HTML 5 同时增加和废除了许多属性，下面进行简单说明。

1. 新增表单属性

- 为 input（type=text）、select、textarea 与 button 等元素新增了 autofocus 属性。它以指定属性的方式让元素在画面打开的时候自动获得焦点。

- 为 input 元素（type=text）与 textarea 元素新增了 placeholder 属性，它会对用户的输入进行提示，提示用户可以输入的内容。

- 为 input、output、select、textarea、button 与 fieldset 等元素新增了 form 属性，声明它属于哪个表单，然后将其放置在页面上的任何位置，而不是表单内。

- 为 input 元素（type=text）与 textarea 元素新增了 required 属性。该属性表示在用户提交时进行检查，检查该元素一定要有输入的内容。

- 为 input 元素增加了 autocomplete、min、max、multiple、pattern 和 step 等属性。同时，还有一个新的 list 元素与 datalist 元素配合使用、datalist 元素与 autocomplete 属性配合使用。multiple 属性允许在上传文件时一次上传多个文件。

- 为 input 元素与 button 元素新增了 formaction、formenctype、formmethod、formnovalidate 与 formtarget 等属性，它们可以重载 form 元素的 action、enctype、method、novalidate 与 targe 等 t 属性。为 fieldset 元素增加了 disabled 属性，可以把它的子元素设为 disabled（无效）状态。

- 为 input、button、form 元素新增了 novalidate 属性，该属性可以取消提交时进行的有关检查，表单可以无条件提交。

2. 新增链接属性

- 为 a 与 area 元素新增了 media 属性，该属性规定目标 URL 是为什么类型的媒介或设备进行优化的，这个只能在 href 属性存在时使用。

- 为 area 元素新增了 hreflang 属性、rel 属性，以保持与 a 元素、link 元素的一致。

- 为 link 元素新增了 sizes 属性。该属性可以与 icon 元素结合使用（通过 rel 属性），指定关联图标（icon 元素）的大小。

- 为 base 元素新增了 target 属性，主要目的是保持与 a 元素的一致性。

3. 新增其他属性

- 为 ol 元素增加了 reversed 属性，用于指定列表倒序显示。

- 为 meta 元素增加了 charset 属性，该属性为文档字符编码提供了一种良好的方式，目前已被广泛支持。

- 为 menu 元素增加了 type 与 label 两个新属性。label 属性用于为菜单定义一个可见的标注，type 属性定义菜单可以按上下文菜单、工具条与列表菜单三种形式显示。

- 为 style 元素增加了 scoped 属性，用于规定样式的作用范围，例如只对页面上的某个样式起作用。

- 为 script 元素增加了 async 属性，用于定义脚本是否异步执行。

- 为 html 元素增加了 manifest 属性，在开发离线 Web 应用程序时，它与 API 结合使用，定义一个 URL，在这个 URL 上描述文档的缓存信息。

- 为 iframe 元素新增了 sandbox、seamless 与 srcdoc 三个属性，用来提高页面安全性，防止不信任的 Web 页面执行某些操作。

4. 废除的属性

HTML 5 废除了 HTML 4 中过时的属性，采用了其他属性或其他方案替代，具体说明如表 4-2 所示。

表 4-2　HTML 5 废除的属性

HTML 4 属性	适应元素	HTML 5 替代方案
rev	link、a	rel
charset	link、a	在被链接的资源中使用 HTTP Content-type 头元素
shape、coords	a	使用 area 元素代替 a 元素
longdesc	img、iframe	使用 a 元素链接到较长的描述
target	link	多余属性，被省略
nohref	area	多余属性，被省略
profile	head	多余属性，被省略
version	html	多余属性，被省略
name	img	id
scheme	meta	只为某个表单域使用 scheme
archive、classid、corebase、codetype、declare、standby	object	使用 data 与 type 属性类调用插件。当要使用这些属性来设置参数时，就使用 param 属性
valuetype、type	param	使用 name 与 value 属性，不声明值的 MIME 类型
axis、abbr	td、th	使用以明确简洁的文字开头，后跟详述文字的形式。可对更详细的内容使用 title 属性，以使单元格的内容变得简短
scope	td	在被链接的资源中使用 HTTP Content-type 头元素

续表

HTML 4 属性	适应元素	HTML 5 替代方案
align	caption、input、legend、div、h1、h2、h3、h4、h5、h6、p	使用 CSS 样式表替代
alink、link、text、vlink、background、bgcolor	body	使用 CSS 样式表替代
align、bgcolor、border、cellpadding、cellspacing、frame、rules、width	table	使用 CSS 样式表替代
align、char、charoff、height、nowrap、valign	tbody、thead、tfoot	使用 CSS 样式表替代
align、bgcolor、char、charoff、height、nowrap、valign、width	td、th	使用 CSS 样式表替代
align、bgcolor、char、charoff、valign	tr	使用 CSS 样式表替代
align、char、charoff、valign、width	col、colgroup	使用 CSS 样式表替代
align、border、hspace、vspace	object	使用 CSS 样式表替代
clear	br	使用 CSS 样式表替代
compact、type	ol、ul、li	使用 CSS 样式表替代
compact	dl	使用 CSS 样式表替代
compact	menu	使用 CSS 样式表替代
width	pre	使用 CSS 样式表替代
align、hspace、vspace	hmg	使用 CSS 样式表替代
align、noshade、size、width	hr	使用 CSS 样式表替代
align、frameborder、scrolliing、marginheight、marginwidth	iframe	使用 CSS 样式表替代
autosubmit	menu	—

4.2.5　HTML 5 全局属性

在 HTML 5 中，新增全局属性的概念。所谓全局属性，是指可以对任何元素都使用的属性。

1. contentEditable 属性

contentEditable 属性的主要功能是允许用户编辑元素中的内容。它是一个布尔值，可以是 true 或 false。当值为 true 时，在元素焦点上单击鼠标，可以获得鼠标焦点并插入一个符号，提示用户该元素的内容允许编辑，反之则不提示。另外，该元素还有一个隐藏的 inherit 状态，该状态也是一个布尔值。当值为 true 时允许编辑，当值为 false 时不能编辑。如果不指定值，就由该元素继承的父级元素来决定。若父级元素允许编辑，则该元素也允许编辑；若父级元素不能编辑，则该元素也不能编辑。

例如，允许编辑段落元素内容的代码如下：

```
<!DOCTYPE html>
<html>
<head>
    <meta charset="UTF-8">
    <title>contentEditable 属性示例</title>
</head>
<body>
    <p contenteditable="true">这段内容可以编辑</p>
</body>
</html>
```

contentEditable 属性代码的执行效果如图 4-3 所示。

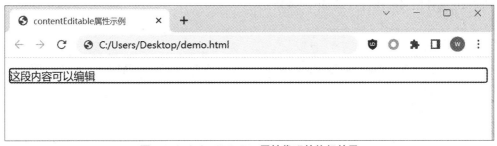

图 4-3　contentEditable 属性代码的执行效果

2. designMode 属性

designMode 属性用来指定整个页面是否可编辑，当页面可编辑时，页面中任何支持上文所述的 contentEditable 属性的元素都变成可编辑状态。designMode 属性只能在 JavaScript 脚本里被编辑和修改。该属性有两个值，即 on 与 off。当该属性被指定为 on 时，页面可编辑；当该属性被指定为 off 时，页面不可编辑。使用 JavaScript 脚本来指定 designMode 属性的方法如下所示。

```
document.designMode="on"
```

针对 designMode 属性，各浏览器的支持情况也各不相同。

- IE 8：出于安全考虑，不允许使用 designMode 属性让页面进入编辑状态。
- IE 9：允许使用 designMode 属性让页面进入编辑状态。
- Chrome 3 和 Safari：使用内嵌 frame 的方式，该内嵌 frame 是可编辑的。
- Firefox 和 Opera：允许使用 designMode 属性让页面进入编辑状态。

3. hidden 属性

在 HTML 5 中，hidden 属性用于隐藏或显示元素。hidden 属性的值是一个布尔值，当值为

true 时，元素不可见；当值为 false 时，元素可见。需要注意的是，不可见的元素并不是不存在，而是浏览器并未渲染该元素，如果在页面加载后使用 JavaScript 脚本对该属性的值进行更改，则元素变为可见状态。例如下面这段代码：

```
<!DOCTYPE html>
<html>
<head>
    <meta charset="UTF-8">
    <title>hidden 属性示例</title>
</head>
<body>
    <input type="text" hidden />
    <input type="text" />
    <input type="text" hidden />
</body>
</html>
```

hidden 属性代码的执行效果如图 4-4 所示。

图 4-4　hidden 属性代码的执行效果

4. spellcheck 属性

从字面意思理解，该属性用于进行拼写检查。在 HTML 5 中，spellcheck 属性针对 input 元素（type=text）和 textarea 文本输入框提供拼写检查。该属性的值是一个布尔值，当值为 true 时，执行拼写检查；当值为 false 时，不执行拼写检查。

Input 元素和 textarea 元素指定 spellcheck 属性的代码如下：

```
<input type=text spellcheck="false"/>
<textarea spellcheck="true"></textarea>
```

例如下面这段代码：

```
<!DOCTYPE html>
<html>
<head>
    <meta charset="UTF-8">
    <title>spellcheck 属性示例</title>
</head>
<body>
    <textarea rows="10" cols="50" spellcheck="true">请输入你的姓名</textarea>
</body>
</html>
```

spellcheck 属性代码的执行效果如图 4-5 所示。

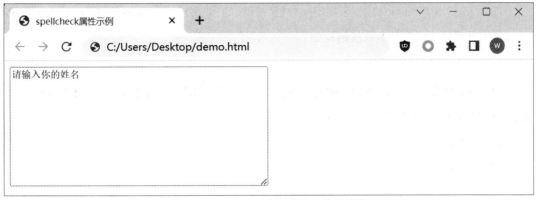

图 4-5　spellcheck 属性代码的执行效果

5. tabindex 属性

一个页面中会有很多个控件，当按 Tab 键时，焦点会在各个控件之间进行切换，tabindex 属性用于表示该控件是第几个被访问的控件。如果设置一个控件的 tabindex 值为负数，那么按下 Tab 键时该控件就不能获得焦点，但是仍然可以通过编程的方式让控件获得焦点，这在复杂的页面或 Web 编程中是非常有用的。Tab 键按从小到大的顺序进行导航，值为 0 的空间会被最后导航到。例如使用 Tab 键对多个文本框进行导航的代码如下：

```
<!DOCTYPE html>
<html>
<head>
    <meta charset="UTF-8">
    <title>tabindex 属性示例</title>
</head>
<body>
    <input type="text" tabindex="-1"/>
    <input type="text" tabindex="0"/>
    <input type="text" tabindex="3"/>
    <input type="text" tabindex="1"/>
    <input type="text" tabindex="2"/>
</body>
</html>
```

4.3　HTML 5 中的多媒体

网页上除文本、图片等内容外，还可以增加音频、视频等多媒体内容。HTML 4.01 中没有关于音频和视频的标准，大多数音频和视频都是通过插件来播放的，为此，HTML 5 新增了音频和视频的标签。另外，通过添加网页滚动文字，也可以制作出绚丽的网页。

4.3.1　网页音频

HTML 5 新增了<audio>标签来规定一种包含音频的标准方法。<audio>标签支持 Ogg、MP3 和 Wav 三种音频格式。基本语法结构如下：

```
<audio src="多媒体文件地址"controls="controls" loop="loop"></audio>
```

其中，src 属性规定要播放的音频的地址，controls 属性向用户添加播放、暂停和音量控件，loop 属性规定在音频结束后重新开始播放。

示例代码如下：

```
<!DOCTYPE HTML>
<html>
<head>
    <title>音频</title>
</head>
<body>
    <audio src="D:\media\music.mp3" controls="controls" loop="loop">
    </audio>
</body>
</html>
```

用浏览器预览音频的效果如图 4-6 所示。

图 4-6　用浏览器预览音频的效果

audio 标签常见属性及含义见表 4-3。

表 4-3　audio 标签常见属性及含义

属性	值	含义
autoplay	autoplay	如果出现该属性，则音频在就绪后马上播放
controls	controls	如果出现该属性，则向用户显示控件，比如播放按钮
loop	loop	如果出现该属性，则在音频结束后重新开始播放

续表

属性	值	描述
preload	preload	如果出现该属性，则音频在页面加载时进行加载，并预备播放。如果使用 autoplay，则忽略该属性
src	url	要播放音频的 URL。也可以使用<source>标签来设置音频

4.3.2　网页视频

在网页中添加视频，会使单调的网页变得更加生动。在 HTML 5 中，主要使用<video>标签在网页中添加视频文件。基本语法结构如下：

```
<video src="多媒体文件地址" controls="controls"></audio>
```

示例代码如下：

```
<!DOCTYPE HTML>
<html>
<head>
    <title>视频</title>
</head>
<body>
    <video src="D:\media\sky.mp4" controls="controls" width="550" height="450">
    </video>
</body>
</html>
```

用浏览器预览视频的效果如图 4-7 所示。

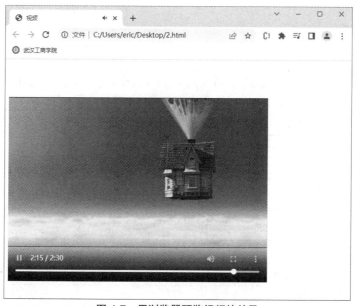

图 4-7　用浏览器预览视频的效果

<video>标签常见属性及含义见表4-4。

表 4-4　video 标签常见属性及含义

属性	值	含义
autoplay	autoplay	如果出现该属性，则视频在就绪后马上播放
controls	controls	如果出现该属性，则向用户显示控件，比如播放按钮
loop	loop	如果出现该属性，则在媒介文件完成播放后再次开始播放
preload	preload	如果出现该属性，则视频在页面加载时进行加载，并预备播放。如果使用 autoplay，则忽略该属性
src	url	要播放视频的 URL
muted	muted	规定视频的音频输出应该被静音
poster	url	规定视频下载时现实的图像，或者在用户点击播放按钮前显示的图像
width	宽度值	设置视频播放器的宽度
height	高度值	设置视频播放器的高度

4.3.3　滚动字幕（跑马灯效果）

使用<marquee>标签可以将文字设置为动态滚动的效果。基本语法结构如下：

<marquee>滚动文字</marquee>

<marquee>标签的常用参数及含义见表4-5。

表 4-5　marquee 常用参数及含义

属性	含义
behavior	滚动的方式，包括三个属性：alternate 属性表示文本在左右边框内来回滚动、scroll 属性表示循环滚动、slide 属性表示滚动一次后固定
bgcolor	背景颜色
direction	滚动方向，包括 4 个属性：上(up)、下(down)、left(左)、right(右)
height	滚动效果的高度
width	滚动效果的宽度
loop	循环次数，值为正整数，其中"-1"表示无限循环
scrollamount	滚动速度
scrolldelay	滚动延迟时间
hspace	水平范围
vspace	垂直范围

示例如下：

```
<!DOCTYPE HTML>
<html>
<head>
    <title>滚动字幕</title>
</head>
<body>
<marquee behavior="alternate">君不见，黄河之水天上来，奔流到海不复回。</marquee><br/>
<marquee behavior="scroll">君不见，高堂明镜悲白发，朝如青丝喜成雪。</marquee><br/>
<marquee behavior="slide">人生得意须尽欢，莫使金得空对月。</marquee><br/>
<marquee bgcolor="#FFFF66">天生我材必有用，千金散尽还复来。</marquee><br/>
<marquee height="100" direction="up">烹羊宰牛且为乐，会须一次三百杯。</marquee><br/>
<marquee direction="down">岑夫子，丹丘生，将进酒，杯莫停。</marquee><br/>
<marquee width="100" direction="left">与君歌一曲，请君为我倾耳听。</marquee><br/>
<marquee direction="right">钟鼓馔玉不足贵，但愿长醉不复醒。</marquee><br/>
</body>
```

`</html>`

设置滚动字幕后的效果如图 4-8 所示。

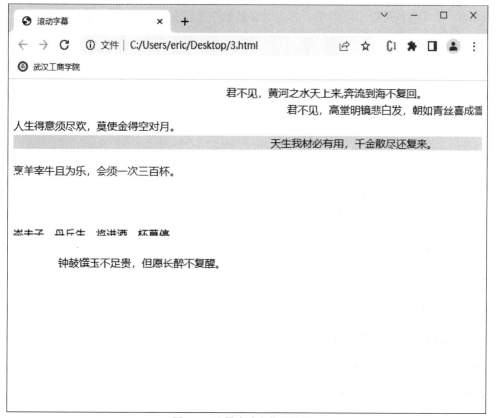

图 4-8　设置滚动字幕后的效果

4.4　使用 HTML 5 绘制图形

canvas 通过 JavaScript 来绘制 2D 图形。canvas 是逐个像素进行渲染的。开发者可以通过 JavaScript 脚本实现任意绘图。

在 canvas 中，一旦图形被绘制完成，它就不会继续得到浏览器的关注。如果其位置发生变化，那么整个场景也需要重新绘制，包括任何或许已被图形覆盖的对象。

canvas 元素用于在网页上绘制图形。HTML 5 的 canvas 元素使用 JavaScript 在网页上绘制 2D 图像。

在矩形区域的画布上，可以通过多种方法使用 canvas 元素绘制路径、矩形、圆形、字符以及添加图像。

向 HTML 5 页面添加 canvas 元素，并规定元素的 id、宽度和高度。

示例代码如下：

```
<canvas id="myCanvas" width="200" height="100"></canvas>
```

canvas 元素本身是没有绘图功能的，所有的绘制工作必须在 JavaScript 内部完成，代码如下：

```
<script type="text/javascript">
    var c=document.getElementById("myCanvas");
    var cxt=c.getContext("2d");cxt.fillStyle="#FF0000";
    cxt.fillRect(0,0,150,75);
</script>
```

JavaScript 使用 id 来寻找 canvas 元素，代码如下：

```
var c=document.getElementById("myCanvas");
```

然后，创建 context 对象，代码如下：

```
var cxt=c.getContext("2d");
```

getContext("2d")对象是内建的 HTML 5 对象，拥有多种绘制路径、矩形、圆形、字符以及添加图像的方法。

下面两行代码用于绘制一个红色的矩形：

```
cxt.fillStyle="#FF0000";
cxt.fillRect(0,0,150,75);
```

fillStyle 方法将其染成红色，fillRect 方法规定了其形状、位置和尺寸。

canvas 与 svg 的区别如表 4-6 所示。

表 4-6　canvas 与 svg 的区别

canvas	svg
依赖分辨率	不依赖分就率
不支持事件处理器	支持事件处理器
弱的文本渲染能力	适合带有大型渲染区域的应用程序（如谷歌地图）
能够以 .png 或 .jpg 格式保存结果图像	复杂度高会减慢渲染速度 （任何过度使用 DOM 的应用都不快）
适合图像密集型的游戏，其中许多对象会被频繁重绘	不适合游戏应用

4.5　HTML 5 的高级应用

除了以上介绍的主要功能外，HTML 5 还增加了很多新的高级应用，例如，获取地理位置、Web 通信的新技术、数据存储技术、使用 Web Worker 处理线程、HTML 5 服务器发送事件、构建离线的 Web 应用等。由于篇幅有限，本书不再详细介绍，感兴趣的读者可查阅 http://www.20-80.cn/ 上的相关资料。

4.5.1　选择文件

HTML 5 中，可以创建 file 类型的<input>元素来实现文件的上传功能。只是在 HTML 5 中，该类型的<input>元素新增了 "multiple" 属性，如果将该属性的值设为 true，则可以在一个元素中实现多个文件的上传功能。

1. 选择单个文件

在 HTML 5 中，当需要创建 file 类型的<input>元素的文件上传功能时，可以定义只选择一个文件。

示例代码如下：

```
<input type="file" id="fileload"/>
```

2. 选择多个文件

在 HTML 5 中，还可以通过增加元 "multiple" 属性，实现选择多个文件的功能。

示例代码如下：

```
<input type="file" multiple="multiple"/>
```

4.5.2　使用 HTML 5 实现拖放功能

HTML 5 可实现拖放功能，常用的方法是利用 HTML 5 新增的事件 drag 和 drop。详细代码请读者查阅 http://www.20-80.cn/htmlcss/h5/draganddrop.html 上的相关资料。

小结

本章介绍了 HTML 5 新增的结构元素和功能元素，也介绍了 HTML 5 的多媒体特性，包括音频与视频设计，并通过多个实际讲解了如何使用 HTML 5 的多媒体特性。读者了解的虽然只有两个标签 audio 和 video，但它们延伸出来的技术不是新手可以轻松掌握的，希望读者能多多练习，直到理解了每种方法背后的含义为止。

本章还介绍 canvas 控件、文件拖放等内容，希望对读者有一定的帮助

习题

一、单选题

1. HTML 5 之前的 HTML 版本是（　　　）。

   A.HTML 4.01　　　　B.HTML 4　　　　　C.HTML 4.1　　　　　D.HTML 4.9

2. HTML 5 中的<canvas>元素用于（　　　）。

   A.显示数据库记录　　　　　　　　　B.操作 MySQL 中的数据

   C.绘制图形　　　　　　　　　　　　D.创建可拖动的元素

3. HTML 5 内建对象用于在画布上绘制的是（　　　）。

   A.getContent　　　　B.getContext　　　　C.getGraphics　　　D.getCanvas

4. 在 HTML 5 中，用于规定输入字段是必填属性的是（　　　）。

   A.required　　　　　B.formvalidate　　　C.validate　　　　　D.placeholder

5. HTML 5 元素用于显示已知范围内的标量测量的是（　　　）。

   A.<gauge>　　　　　B.<range>　　　　　C.<measure>　　　　D.<meter>

6. Canvas 能够使用（　　　）绘制 2D 图形。

   A.XML　　　　　　　B.HTML　　　　　　C.JavaScript　　　　D.XHTML

7. 以下（　　　）不是 HTML 5 中使用的媒体元素。

   A.<source>　　　　　B.<audio>　　　　　C.<track>　　　　　D.<time>

8. input 元素中，下列（　　　）类型属性定义了输入电话号码的控件。

   A.mob　　　　　　　B.tel　　　　　　　C.mobile　　　　　　D.telephone

9. 下列陈述正确的是（　　　）。

   A.canvas 包含内置动画　　　　　　　B.svg 需要脚本来绘制元素

   C.在 canvas 中，绘图是用像素完成的　　D.svg 不支持事件处理程序

10. 以下（　　）不是 HTML 5 标签。

   A.<video>　　　　　　B.<source>　　　　　　C.<track>　　　　　　D.<slider>

二、填空题

1. 在 HTML 5 中，＿＿＿＿＿＿元素用于组合标题元素。

2. 在 HTML 5 中，＿＿＿＿＿＿属性用于规定输入字段是必填的。

3. HTML 5 新增了一种非常重要的功能是可以在客户端本地保存数据，即 WebStorage。其中＿＿＿＿＿＿持久化本地存储，类似于 Cookie，但没有有效期，除非主动删除数据。

4. Canvas 用于填充颜色的属性为＿＿＿＿＿＿。

5. 新的 HTML 5 全局属性，＿＿＿＿＿＿用于规定元素内容是否是可编辑的。

三、综合案例

1. 使用 svg 实现图案。

2. 使用 canvas 绘制时钟。

第 5 章　HTML 项目开发二（子杰软件管理员后台）

◯ 章节导读

表单网页（WebForms）是网站和访问者展开互动的窗口，表单可以在网页中发送数据。网页表单可以将用户输入的数据发送到服务器进行处理。因为用户会操作复选框、单选按钮或文本字段来填写网页上的表格，所以网页窗体的形式类似文件或数据库。

表单的适用场景比较广泛，常见的基础表单如登录注册页面，这类表单信息简单、格式比较固定。除此之外就是分步表单、高级表单，这类表单主要用于新建信息、申请、客户信息、商品信息等，但是这类表单可能存在复杂的逻辑关系和功能，我们在开发设计时要谨慎。

表单本身没有什么作用，只是一个输入数据的前端界面，实际的数据处理是由运行在网页服务器的相关服务器端的脚本或数据库（如 ASP、PHP、JSP、ASP.NET）等完成的。

本章通过子杰软件管理员后台项目的学习，让读者掌握 Web 应用系统中表单网页的开发。

◯ 知识目标

（1）了解 Web 应用系统开发的步骤。

（2）掌握子杰软件管理员后台页面的整体布局。

（3）掌握子杰软件管理员后台菜单栏的设计和开发方法。

（4）掌握子杰软件管理员后台表单元素的使用方法。

（5）掌握子杰软件管理员后台内容区域的布局、开发和设计。

5.1　项目介绍

通过前面章节的学习以及子杰官网首页项目的强化训练，读者可以达到对 HTML、CSS 和 jQuery 熟练运用的目的。为了进一步加深对知识点的掌握，本书提供了一个新的前端开发实战项目——子杰软件管理员后台页面设计。本章对项目的部分功能页面进行分析和讲解，读者学完本章后会对本项目的开发有一个完整的了解。

子杰软件管理员后台是一个低代码开发平台，低代码开发平台是一个无需编码或通过少量代码就可以快速生成应用程序的开发平台。通过可视化进行应用程序的开发，使具有不同经验的开发人员可以通过图形化用户界面使用拖曳组件和模型驱动的逻辑来创建网页和移动应用程序，实现信息系统的快速开发与实现。

5.1.1　项目描述

子杰软件管理员后台提供了丰富的后台配置功能，通过该平台配置界面可以实现信息系统的大部分后台设计，完成包括网站通用设置、系统栏目管理、数据库和表的设计等配置。完成配置后，平台提供相应的接口，前端页面设计人员通过相应的接口可以快速实现数据访问，打通前端和后端的数据库通信。

子杰软件管理员后台功能包括机构主页、系统、用户、栏目管理、信息、CMS、性能优化等栏目，如图 5-1 所示。有的栏目会有子菜单，并有大量的 Form 表单进行数据交互，比子杰官网首页的设计复杂。

图 5-1　子杰软件管理员后台功能页面

5.1.2　开发要求

本项目是设计一个子杰软件管理员后台页面，主要包括登录界面、栏目列表两部分及其响应式设计等内容。

根据已提供的素材，可以运用 HTML、CSS 以及 jQuery 开发语言来实现项目中的各部分功能。

本项目提供以下文档及相关素材。

• jQuery.min.js 文件。

- image 图片素材文件夹。
- 文本内容素材.doc。

5.2 平台风格指引

对于系统来说，其界面的风格一般都是统一的，因此会有一个风格指引（style guide）。风格指引是一种用于确保网页设计一致，并确保每个参与者和使用者都能在规范的框架内设计、开发和使用的设计规范。

子杰软件开发平台系统的风格指引定义了该系统的视觉特征。平台中的任何应用、程序、文档、素材等都必须遵照此指引。此风格指引能确保子杰软件开发平台所开发的一切内容都具有一致性和专业性。它包含了专业性、颜色、logo 使用、字体等。

5.2.1 商标

子杰软件的 logo 在设计时以蓝色为主要颜色，在程序的大部分界面中都应出现 logo（少数简单对话框中不出现）。logo 与界面标题无论大小如何变化，始终位于界面水平方向的左边，有四种形式的 logo 可供使用，如图 5-2 所示。

图 5-2 子杰 logo 图标

5.2.2 调色板

网站开发过程中，整体设计非常重要。网站的配色方案是整体设计的一个重要组成部分。因此，选择合适的配色方案非常重要。网站配色对用户体验和忠诚度来说非常重要。正确选择配色方案，可以使网站看起来更加美观，同时有助于吸引用户的注意力。错误的配色方案可能会让网站看起来杂乱无章，用户在浏览后没有任何印象。

正确的配色方案如下。

- 确定网站的主色调。网站的主色调一般可以选择企业的 logo 颜色或企业的品牌色。
- 根据网站的主色调选择一个主导色。主导色是网站主色调的补充色，一般可以选择比主色调更深或者更浅的颜色。
- 根据网站的主色调和主导色选择一些搭配色。

以下是子杰软件官网网页开发的推荐颜色。

1.集主色

子杰软件使用的主色如图 5-3 所示，建议在所有应用中使用主色。

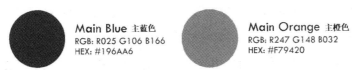

图 5-3　主色

2. 副色

子杰软件使用的副色如图 5-4 所示。一般建议在推广材料、横幅、会员卡及其他地方使用副色。

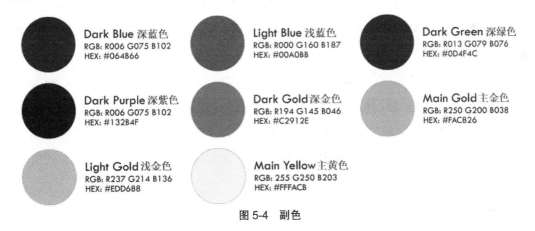

图 5-4　副色

5.2.3　字体

字体是体系化界面设计中基本构成之一。用户通过文本来理解内容和完成工作，科学的字体系统将大大提升用户的阅读体验及工作效率。

字体的背景颜色搭配同样也是一个重要的设计细节，通常来说，颜色选择要与字体背景颜色有一定的上下对比度，因为较低的对比度会导致整个字体看不清楚。所以一定要用高对比度的色调颜色，每篇文章最好使用白底黑字。

好的字体设计方案如下。

（1）在设计字体时要注意字体的大小调整功能设计。如果在网站制作的时候没有考虑字体放大因素的影响，则会影响浏览者阅读，使网页的页眉、页脚或者其他元素可能受页面字体的影响而造成整个页面错乱等问题。

（2）在 CSS 中设定字体样式。CSS 代码可以优先将网页字体显示为微软雅黑；如果访问者的计算机中没有微软雅黑，那么将网页字体显示为宋体；如果访问者的计算机中无法使用宋体，那么网页字体就采用无衬线字体。这样就可以很好地避免由于很多网站设计师在设计网页的时候喜欢用微软雅黑字体，而很多 Windows XP 用户采用系统中的默认字体——宋体，从而导致微软雅黑字体不能正确显示的后果。

（3）尽量避免大量、无规则的字体样式。这些字体大量同时呈现在网页中时，会给浏览者带来很杂乱的视觉冲击，从而使浏览者产生心理上对网站的排斥感甚至厌恶感。

以下是子杰软件在设计网页时所使用的字体建议。我们将提供替代字体的详细信息，当主字体不可用时，使用副字体进行替代。

子杰软件的字体方案是基于"动态秩序"的设计原则，在经过大量的后台产品验证之后推荐给大家。在后台视觉体系中定义字体系统，具体如下。

①字体家族：优秀的字体系统首先要选择合适的字体家族。子杰软件的字体家族中优先使用系统默认的界面字体，同时提供一套利于屏显的备用字体库来维护在不同平台以及浏览器的显示下，字体始终保持良好的易读性和可读性，体现了友好、稳定和专业的特性。

另外在后台系统中，数字经常要纵向对比展示，我们单独将菜单的字体 font-variant 设置为 tabular-nums，使其为等宽字体。

②主字体：基于计算机显示器阅读距离（50 cm）以及最佳阅读角度（30 度），我们对主字体进行了一次升级，从原先的 12 上升至 14，以保证在大多数常用显示器上的用户阅读效率最佳，如图 5-5 所示。

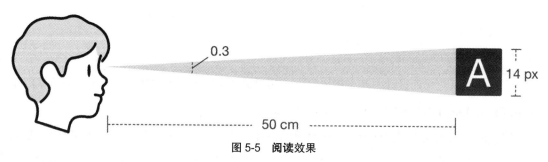

图 5-5　阅读效果

5.3　准备工作

5.3.1　字体选择/字体规范

字体选择是网站开发的关键因素之一，合适的字体对网站的可读性有着重要的影响。一套中文字体最少也有几千个字符，容量为几个 MB。如果仅浏览网页，那么开发者不可能让用户去下载字体，而只能依靠操作系统的预装字体。因此，相比英文字体，中文字体在开发过程中有局限性。

在开发过程中，通常是选择操作系统自带的字体。一般放多套字体按顺序渲染，若第一套字体操作系统中已安装则可渲染，未安装则尝试渲染第二套字体，以此类推，直至所有字体尝试渲染都失败，就回退到浏览器默认字体。由于操作系统决定了开发者可以使用的字体，因此要先了解不同的操作系统到底提供哪些字体。标准系统安装时自带的汉字字体主要有宋体、仿宋体、黑体、楷体等，常见的英文字体有 Arial、Tahoma、微软雅黑、Times New Roman、Helvetica 等。

CSS 中的 font-family 属性用于定义网页元素使用的字体。以本项目的字体为例，代码如下：

```
body {
    font-family:-apple-system,BlinkMacSystemFont,Helvetica Neue,PingFang SC,
    Microsoft YaHei,Source Han Sans SC,Noto Sans CJK SC,WenQuanYi Micro Hei,
    sans-serif;
}
```

这段代码设置了全局文本的字体，具体解释如下。

- body：选择器，表示网页中的标签。

- font-family：字体系列属性，指定文本的字体系列，即优先使用系统字体，如果没有，则使用后面指定的字体。

- -apple-system：苹果设备操作系统自带的字体，如果在苹果设备上，则优先使用这个字体。

- BlinkMacSystemFont：苹果设备上的一种字体。

- Helvetica Neue：一种通用字体。

- PingFang SC：苹方字体，适用于中文文本。

- Microsoft YaHei：微软雅黑字体，适用于中文文本。

- Source Han Sans SC：适用于中文文本的字体。

- Noto Sans CJK SC：适用于所有语言的免费字体。

- WenQuanYi Micro Hei：使用于便携式电脑设备。

- sans-serif：如果前面指定的字体都不可用，则使用系统默认的无衬线字体。

上述字体的规则有三条。

（1）优先使用靠前的字体。

（2）如果找不到某字体，或者该字体没有涵盖需要渲染的文字，则使用下一个字体。

（3）如果列出的所有字体都不能满足需要，则由操作系统决定选择字体。

值得注意的是，在网页开发中，需要优先指定英文字体，再指定中文字体，不然中文字体中包含的英文字母会使用中文字体替代英文字体，而破坏页面的视觉感受。

在 CSS 3 中，@font-face 规则允许在网页里使用在线字体来显示文字。在将其规则写入 CSS 后，浏览器会根据其指明的地址下载对应的字体，然后按照 CSS 中的样式来显示字体，但是不建议使用这种方式。因为通过该规则定义的字体，设计者都能够让任何用户的浏览器完美呈现其所希望实现的字体效果，这一过程中无疑会涉及字体文件的复制行为，所以在字体属于受到著作权法保护的作品的情况下，网页设计者可能构成侵权。

例如，最高人民法院在"方正诉暴雪案"中认为，计算机字体文件是"为了得到可在计算机及相关电子设备的输出装置中显示相关字体字型而制作的由计算机执行的代码化指令序列"，因此其属于《计算机软件保护条例》规定的计算机程序，属于著作权法意义上的作品。虽然学界还有不同观点，之后的各地法院判决基本都遵循了最高人民法院的判决意见，普遍认定计算机字库属于计算机软件，应该为著作权法所保护。

font-family 属性只会调用用户电脑中的字体文件，而并未将字体文件或字体中的任何单字复制到用户的显示界面中。由于不存在对任何客体的复制行为，因此，无论网页设计者通过 font-family 属性为网页设置了何种字体，都不会构成对字体的著作权侵权。

5.3.2　清除浏览器默认样式

每个浏览器都有一套默认的样式表，即 user agent stylesheet。当编写网页时，如果没有指定的样式，则按浏览器内置的样式表来渲染，类似 Word 中的预留样式，让整体排版更加美观。不同的浏览器甚至同一个浏览器不同版本的默认样式是不同的。

大多数时候，这些默认样式不利于开发，且实际开发中页面有预先设定好的一套样式，因此需要对部分默认样式进行清除。作为前端工程师，很多人都有自己的一套 CSS Normalize 文件，这样能减少开发过程中的不少麻烦，提高工作效率。目前基本上每个项目都在使用的 CSS 文件，链接为 https://github.com/necolas/normalize.css。

normalize.css 文件的作用如下。

（1）并非清除所有的默认样式，会保留有用的默认样式。

（2）规范各种元素的样式。

（3）更正错误和常见的浏览器样式不一致的问题。

（4）可以在该文件的基础上进行细微的修改以提高可用性。

（5）使用详细注释解释代码的作用。

normalize.css 文件支持的浏览器如下。

（1）Chrome。

（2）Edge。

（3）Firefox ESR+。

（4）Internet Explorer 10+。

（5）Safari 8+。

（6）Opera。

关于清除默认样式的具体细节请参考 normalize.css 文件的代码注释。

5.3.3　管理员后台默认样式

子杰开发平台预先定义好一套默认的样式供开发者使用。具体的 CSS 代码如下：

```
:root {
  --primary-color:#1890ff;                        /* 全局主色 */
  --link-color:#1890ff;                           /* 链接色 */
  --success-color:#52c41a;                        /* 成功色 */
  --warning-color:#faad14;                        /* 警告色 */
  --error-color:#f5222d;                          /* 错误色 */
  --font-size-base:14px;                          /* 主字号 */
  --heading-color:rgba(0,0,0,0.85);               /* 标题色 */
  --text-color:rgba(0,0,0,0.65);                  /* 主文本色 */
  --text-color-secondary:rgba(0,0,0,0.45);/* 次文本色 */
  --disabled-color:rgba(0,0,0,0.25);              /* 失效色 */
  --border-color-base:#d9d9d9;                    /* 边框色 */
  --box-shadow-base:0 3px 6px -4px rgba(0,0,0,0.12),
    0 6px 16px 0 rgba(0,0,0,0.08),0 9px 28px 8px rgba(0,0,0,0.05); /* 浮层阴影 */

  --padding-lg:24px;                              /* 填充 lg */
  --padding-md:16px;
  --padding-sm:12px;
  --padding-xs:8px;
  --padding-xss:4px;

  --margin-lg:24px;                               /* 边距 lg */
  --margin-md:16px;
  --margin-sm:12px;
  --margin-xs:8px;
  --margin-xss:4px;
```

```
  --height-base:32px;      /* 高度底座*/
  --height-lg:40px;
  --height-sm:24px;
}

body {
  font-family:-apple-system,BlinkMacSystemFont,Helvetica Neue,PingFang SC,
    Microsoft YaHei,Source Han Sans SC,Noto Sans CJK SC,WenQuanYi Micro Hei,
    sans-serif;
}

[class*='zj-'],                /* 属性选择器*/
[class*='zj-'] *,
[class*='zj-']:after,
[class*='zj-']:before,
[class^='zj-'],
[class^='zj-'] *,
[class^='zj-']:after,
[class^='zj-']:before {
  box-sizing:border-box;   /* 设置盒子模型，即元素的宽度和高度会包括内边距和边框的宽度 */
}

#app,
body,
html {
  height:100%;
}
```

5.3.4 管理员后台栅格系统

1. 响应式栅格系统

响应式栅格系统是网页设计中常用的布局方式，是为了在不同的分辨率下实现自动布局。以 Bootstrap 为例，它是一个用于快速开发 Web 应用程序和网站的前端框架。Bootstrap 是基于 HTML、CSS、JavaScript 的，由 Twitter 的 Mark Otto 和 Jacob Thornton 开发的一个开源产品。Bootstrap 为开发者提供了 12 列栅格布局，使用的是 flex（弹性）布局而不是浮动布局。flex 的优势是不指定宽度的网格列，将自动设置为等宽与等高列，由浏览器自动计算大小并进行排布。

子杰软件的 24 栅格系统是在 12 栅格系统的基础上进行拓展的，即把一行分成等比例的 24 个单元格，可以让某些元素在不同的设备上显示大小不一。

响应式栅格系统可以通过断点来适应不同的屏幕大小，常见的断点包括 xs、sm、md、lg、xl、xxl 等。除基本的栅格布局外，响应式栅格系统还支持辅助类，如.pull-*、.push-*、.offset-、.order-等。这些类可以通过内嵌到 xs、sm、md、lg、xl、xxl 属性中来使用，以实现更加灵活的布局效果。

响应式栅格系统本质上是基于 flex 布局实现的，其灵活性、可扩展性也为网页设计带来了更多可能性。

子杰软件的 24 栅格系统由行（zj-row）和列（zj-col）共同组成，通过不同的行列组合可以实现各种布局，网页内容就放在一个个的格子中，就像收纳盒一样。具体属性说明如下。

- .zj-row：用于定义行元素。
- .zj-row-no-wrap：等同于 flex-wrap:nowrap，用于防止行元素内的列元素换行。
- .zj-col 用于定义列元素。
- .zj-col-1 到 .zj-col-24：用于定义列元素的宽度，数字表示列元素占用的栅格数。
- .zj-col-offset-1 到 .zj-col-offset-24：用于定义列元素的偏移量，数字表示列元素向右侧偏移的栅格数。
- .zj-pull-1 到 .zj-pull-24：用于定义列元素的顺序，数字表示列元素向左侧移动的栅格数。
- .zj-push-1 到 .zj-push-24：用于定义列元素的顺序，数字表示列元素向右侧移动的栅格数。
- .zj-col-*-order-*：用于定义列元素在不同屏幕尺寸下的顺序，*表示屏幕尺寸，*后的数字表示列元素的顺序。

2. 基础栅格

基础栅格的布局如图 5-6 所示：每 1 行共 24 列，分 1~4 个 div，当只有 1 个 div 时，每个 div 占 24 列；当有 2 个 div 时，每个 div 占 12 列，即 2×12 列=24 列；当有 3 个 div 时，每个 div 占 8 列，即 3×8 列=24 列；当有 4 个 div 时，每个 div 占 6 列，即 4×6 列=24 列，通过这种机制自动帮助浏览器在任何设备上把一行平均分成多个等份。

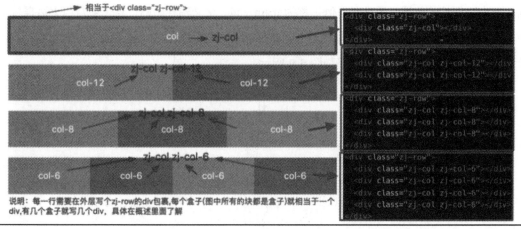

图 5-6　基础栅格的布局

3. 左右偏移

当在某些场景下不需要用到 24 列布局那么多的时候，比如想将第 1、3 列作为显示内容的位置，第 2 列空出来，这时就需要使用偏移列。使用 offset*，可以将列向右平移，*用于指定平移的列，如图 5-7 所示。

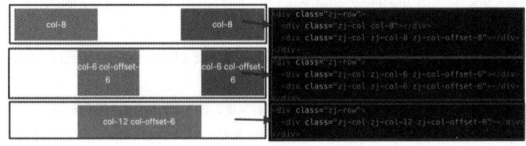

图 5-7　偏移栅格

4. 栅格排序

栅格排序的效果如图 5-8 所示。

图 5-8　栅格排序的效果

5. 排版

flex 容器默认有两根轴：主轴（横轴）控制横向的 flex 元素对齐，交叉轴（纵轴）控制纵向的 flex 元素对齐。

其中主轴开始的位置（即与左边框接的位置，通常是左侧）称为 main start，主轴结束的位置（与右边框接的位置，通常是右侧）称为 main end。交叉轴开始的位置（通常与上边框接的位置）称为 cross start。交叉轴结束的位置（通常与下边框接的位置）称为 cross end。flex 元素默认沿着主轴对齐横向排列的效果如图 5-9 所示。

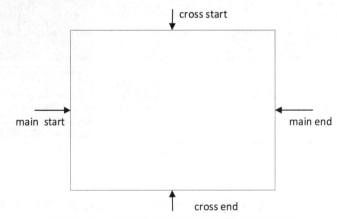

图 5-9　flex 元素默认沿着主轴对齐横向排列的效果

6. 对齐

justify-content 属性定义了项目在主轴上的对齐方式，因此管理员后台对该属性进行了封装，如表 5-1 所示，水平对齐效果如图 5-10 所示。

表 5-1　水平对齐属性

自定义元素	对应元素	说明
.zj-row-start	justify-content:flex-start	用于将行元素内的列元素靠左对齐
.zj-row-center	justify-content:center	用于将行元素内的列元素居中对齐
.zj-row-end	justify-content:flex-end	用于将行元素内的列元素靠右对齐
.zj-row-space-between	justify-content:space-between	用于将行元素内的列元素均匀分布，且首尾不留空白
.zj-row-space-around	justify-content:space-around	用于将行元素内的列元素均匀分布，且首尾留有空白

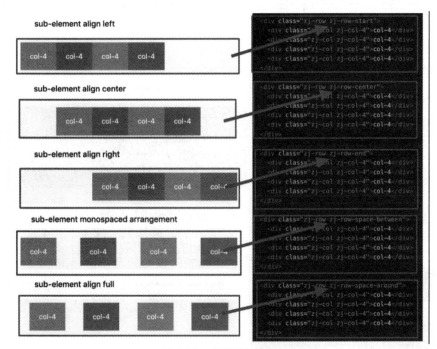

图 5-10　水平对齐效果

align-items 属性定义了项目在交叉轴上如何对齐，即与主轴互相垂直。因此管理员后台对该属性进行了封装，如表 5-2 所示，垂直对齐效果如图 5-11 所示。

表 5-2　align-items 属性说明

自定义元素	对应元素	说明
.zj-row-top	align-items:flex-start	用于将行元素内的列元素顶部对齐
.zj-row-middle	align-items:center	用于将行元素内的列元素垂直居中对齐
.zj-row-bottom	align-items:flex-end	用于将行元素内的列元素底部对齐

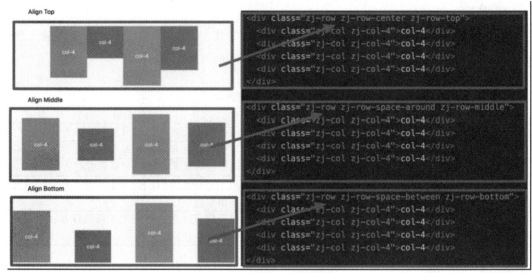

图 5-11 垂直对齐效果

7. 排序

使用管理员后台排序的效果如图 5-12 所示。

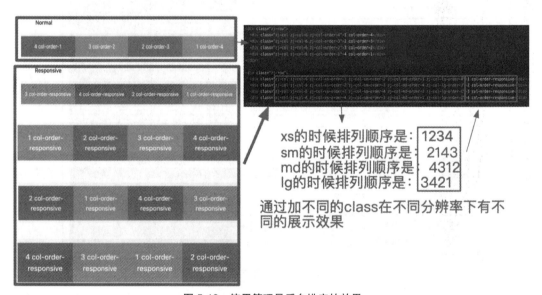

图 5-12 使用管理员后台排序的效果

5.3.5 管理员后台功能说明

子杰软件管理员后台的主要功能有机构主页、系统、用户、栏目管理、信息、CMS、性能优化等，如表 5-3 所示。

表 5-3　子杰软件管理员后台的主要功能

功能	说明
机构主页	实现机构管理，包括用户组列表、数据字典列表、机构设置、机构信息管理等功能
系统	包括数据导入导出管理、平台设置、日志管理、邮件管理、SQL 模板列表管理、定时器设置、数据表管理、函数管理、动态权限管理等功能
用户	包括角色管理、人员管理、部门管理、菜单管理、用户组管理、机构管理等功能
栏目管理	包括栏目基本属性设置、选项设置、模板选项、生成选项、数据模型设置等功能
信息	包括信息管理、信息流管理、项目管理、信息查询、页面管理等功能
CMS	包括模板管理、标签管理等功能
性能优化	包括刷新、归档计划、预热设置等功能
分销	包括分销商管理、分销商品管理、分成策略设置等功能
知识管理	包括知识图谱、知识地图等功能
文件管理	包括文件夹管理、文件管理、文件批量上传、图片文字识别等功能
Activiti	提供工作流管理

5.4　常见的表单标签

常见的表单标签包括 input 系列标签、button 按钮标签、select 下拉菜单标签、textarea 文本域标签、label 标签五部分。本节主要讲解子杰软件管理员后台渲染过的几种标签。

5.4.1　按钮、tab 标签、下拉菜单等

HTML 页面中常见的标签有按钮、tab、下拉菜单等。子杰软件管理员后台针对几种常见的标签进行了定制和渲染，使其符合子杰软件的开发风格。下面将对这些标签进行详细介绍。

1. 按钮

按钮主要存在于 Content 区域，常见的按钮及其效果如表 5-4 所示。

表 5-4　常见的按钮及其效果

按钮类型	效果
普通点击按钮	默认按钮　禁止按钮　主要按钮　删除按钮
Radio 按钮	○ 测试1　◉ 测试2　○ 测试3　◉ 测试
checkbox 按钮	☐ 测试1　☑ 测试2　☐ 测试3　☑ 测试4

1）普通点击按钮

普通点击按钮的效果、说明及 class 属性值如表 5-5 所示。

表 5-5　普通点击按钮的效果、说明及 class 属性值

按钮效果	说明	class 属性值
基础样式	行高是按钮文字尺寸的 1.5715 倍；采用相对定位；按钮是行内块元素；正常字体粗细；规定按钮中的文本不换行；按钮内文本居中对齐；没有背景图；水平阴影位置为 0；垂直阴影位置为 2px，模糊距离为 0，阴影颜色是透明度为 0.2 的黑色	zj-btn
主要按钮	文本颜色为白色，背景色和边框颜色均为默认全局主色。文本阴影设置：水平阴影位置为 0，垂直阴影位置为 −1px，模糊距离为 0，阴影颜色为 12%的黑色。元素的阴影设置：水平阴影为 0，垂直阴影为 2px，模糊距离为 0，阴影颜色为 5%的黑色	zj-btn-primary
删除按钮	文本颜色为白色，背景色和边框颜色均为默认错误色。文本阴影设置：水平阴影位置为 0，垂直阴影位置为 −1px，模糊距离为 0，阴影颜色为 12%的黑色。元素的阴影设置：水平阴影为 0，垂直阴影为 2px，模糊距离为 0，阴影颜色为 5%的黑色	zj-btn-delete

普通点击按钮的名称及 class 属性值如表 5-6 所示，普通点击按钮的 class 属性值及其说明如表 5-7 所示。

表 5-6　普通点击按钮的名称及 class 属性值

按钮名称	class 属性值
默认按钮	zj-btn
禁止按钮	zj-btn
主要按钮	zj-btn zj-btn-primary
删除按钮	zj-btn zj-btn-delete

表 5-7　普通点击按钮的 class 属性值及其说明

class 属性值	说明
zj-btn	基础的按钮样式
zj-btn-primary	默认的样式，字体背景边框颜色，配合 zj-btn 使用
zj-btn-delete	危险的样式，字体背景边框颜色，配合 zj-btn 使用
zj-btn:focus	基础按钮聚焦的样式
zj-btn:hover	基础按钮鼠标移上去的样式
zj-btn:active	基础按钮激活的样式
zj-btn-primary:focus	默认按钮聚焦的样式
zj-btn-primary:hover	默认按钮鼠标移上去的样式
zj-btn-primary:active	默认按钮激活的样式
zj-btn-delete:focus	删除按钮聚焦的样式
zj-btn-delete:hover	删除按钮鼠标移上去的样式
zj-btn-delete:active	删除按钮激活的样式

普通点击按钮的 HTML 代码如下：

```html
<div class="zj-btn">基础按钮</div>
<div class="zj-btn zj-btn-primary">默认按钮</div>
<div class="zj-btn zj-btn-delete">删除按钮</div>
```

对应的 CSS 代码如下：

```css
/* 按钮样式 */
.zj-btn {
  /* 设置行高为 1.5715 */
  line-height:1.5715;
  /* 设置元素相对定位 */
  position:relative;
  /* 设置元素以行内块元素的形式显示 */
  display:inline-block;
  /* 设置字体粗细为 400 */
  font-weight:400;
  /* 设置文本内容不换行 */
  white-space:nowrap;
  /* 设置文本居中对齐 */
  text-align:center;
  /* 设置背景图片为空 */
  background-image:none;
  /* 设置阴影效果为向下 2px 的黑色阴影 */
  box-shadow:0 2px 0 rgb(0 0 0 / 2%!)(MISSING);
  /* 设置鼠标指针形状为手型 */
  cursor:pointer;
  /* 设置平滑过渡动画效果 */
  transition:all 0.3s cubic-bezier(0.645,0.045,0.355,1);
  /* 设置不可选中 */
  -webkit-user-select:none;
  -moz-user-select:none;
  -ms-user-select:none;
  user-select:none;
  /* 设置触摸操作为基本操作 */
  touch-action:manipulation;
  /* 设置元素高度为变量--height-base */
  height:var(--height-base);
  /* 设置内边距距顶部底部为 4px、左右为 15px */
  padding:4px 15px;
  /* 设置字体大小为变量--font-size-base */
  font-size:var(--font-size-base);
  /* 设置圆角大小为 2px */
  border-radius:2px;
  /* 设置字体颜色为变量--heading-color */
  color:var(--heading-color);
  /* 设置背景颜色为白色 */
  background:#fff;
  /* 设置边框为 1px 实线，颜色为#d9d9d9 */
  border:1px solid #d9d9d9;
}
```

```css
.zj-btn-primary {
  /* 设置字体颜色为白色 */
  color:#fff;
  /* 设置背景颜色为变量--primary-color */
  background:var(--primary-color);
  /* 设置边框颜色为变量--primary-color */
  border-color:var(--primary-color);
  /* 设置文本阴影为向上 1px 的黑色阴影 */
  text-shadow:0 -1px 0 rgb(0 0 0 / 12%!)(MISSING);
  /* 设置阴影效果为向下 2px 的黑色阴影 */
  box-shadow:0 2px 0 rgb(0 0 0 / 5%!)(MISSING);
}
/* .zj-btn-delete 表示该样式是应用在 class 为 zj-btn-delete 的元素上的 */
.zj-btn-delete {
  /* 设置字体颜色为白色 */
  color:#fff;
  /* 设置背景颜色为变量--error-color */
  background:var(--error-color);
  /* 设置边框颜色为变量--error-color */
  border-color:var(--error-color);
  /* 设置文本阴影为向上 1px 的黑色阴影 */
  text-shadow:0 -1px 0 rgb(0 0 0 / 12%!)(MISSING);
  /* 设置 webkit 浏览器下的阴影效果为向下 2px 的黑色阴影 */
  -webkit-box-shadow:0 2px 0 rgb(0 0 0 / 5%!)(MISSING);
  /* 设置阴影效果为向下 2px 的黑色阴影 */
  box-shadow:0 2px 0 rgb(0 0 0 / 5%!)(MISSING);
}
.zj-btn[disabled],
.zj-btn[disabled]:active,
.zj-btn[disabled]:focus,
.zj-btn[disabled]:hover {
  /* 设置字体颜色为 rgba(0,0,0,0.25) */
  color:rgba(0,0,0,0.25);
  /* 设置背景颜色为#f5f5f5 */
  background:#f5f5f5;
  /* 设置边框颜色为#d9d9d9 */
  border-color:#d9d9d9;
  /* 设置文本阴影为无 */
  text-shadow:none;
  /* 设置阴影效果为无 */
  box-shadow:none;
}
/* .zj-btn[disabled]表示该样式应用在 class 为 zj-btn 且属性为 disabled 的元素上 */
.zj-btn[disabled] {
  /* 设置鼠标指针为不可用 */
  cursor:not-allowed;
}
/* .zj-btn-primary[disabled]表示该样式应用在 class 为 zj-btn-primary 且属性为 disabled
   的元素上 */
```

```
.zj-btn-primary[disabled],
.zj-btn-primary[disabled]:active,
.zj-btn-primary[disabled]:focus,
.zj-btn-primary[disabled]:hover {
  /* 设置字体颜色为 rgba(0,0,0,0.25) */
  color:rgba(0,0,0,0.25);
  /* 设置背景颜色为#f5f5f5 */
  background:#f5f5f5;
  /* 设置边框颜色为#d9d9d9 */
  border-color:#d9d9d9;
  /* 设置文本阴影为无 */
  text-shadow:none;
  /* 设置阴影效果为无 */
  box-shadow:none;
}
.zj-btn:focus,
.zj-btn:hover {
  /* 设置字体颜色为#40a9ff */
  color:#40a9ff;
  /* 设置背景颜色为#fff */
  background:#fff;
  /* 设置边框颜色为#40a9ff */
  border-color:#40a9ff;
}
/* .zj-btn:active 表示该样式应用在 class 为 zj-btn 元素上，当元素被鼠标点击时生效 */
.zj-btn:active {
  /* 设置字体颜色为#096dd9 */
  color:#096dd9;
  /* 设置背景颜色为#fff */
  background:#fff;
  /* 设置边框颜色为#096dd9 */
  border-color:#096dd9;
}
/* .zj-btn:active、.zj-btn:focus、.zj-btn:hover 表示该样式应用在 class 为 zj-btn
   元素上，当元素被鼠标悬浮、点击或获取焦点时生效 */
.zj-btn:active,
.zj-btn:focus,
.zj-btn:hover {
  /* 设置文本装饰为无 */
  text-decoration:none;
  /* 设置背景颜色为#fff */
  background:#fff;
}
/* .zj-btn-primary:focus、.zj-btn-primary:hover 表示该样式应用在 class 为 zj-btn-
   primary 元素上，当元素被鼠标悬浮或获取焦点时生效 */
.zj-btn-primary:focus,
.zj-btn-primary:hover {
  /* 设置字体颜色为#fff */
  color:#fff;
```

```
   /* 设置背景颜色为#40a9ff */
   background:#40a9ff;
   /* 设置边框颜色为#40a9ff */
   border-color:#40a9ff;
}


.zj-btn-delete:active {
   /* 设置字体颜色为#d9363e */
   color:#d9363e;
   /* 设置背景颜色为#fff */
   background:#fff;
   /* 设置边框颜色为#d9363e */
   border-color:#d9363e;
}
/* .zj-btn-delete:focus、.zj-btn-delete:hover 表示该样式应用在 class 为 zj-btn-
   delete 元素上，当元素被鼠标悬浮或获取焦点时生效 */
.zj-btn-delete:focus,
.zj-btn-delete:hover {
   /* 设置字体颜色为#fff */
   color:#fff;
   /* 设置背景颜色为#ff7875 */
   background:#ff7875;
   /* 设置边框颜色为#ff7875 */
   border-color:#ff7875;
}
.zj-btn-delete:active {
/* 设置字体颜色为#fff */
   color:#fff;
/* 设置背景颜色为# d9363e */
   background:#d9363e;
/* 设置背景颜色为# d9363e */
   border-color:#d9363e;
}
```

2）Radio 按钮

Radio 按钮（单选框按钮）的样式及其描述如表 5-8 所示，Radio 按钮的 class 属性值及其说明如表 5-9 所示。

表 5-8　Radio 按钮的样式及其描述

样式	说明
相同	表单标签 相邻的两个可选择部分的距离为 10px
未选中状态	单选框为圆形　○ Radio
选中状态	◉ Radio

表 5-9　Radio 按钮的 class 属性值及其说明

class 属性值	说明
zj-radio-wrapper	单选框容器
zj-radio	单选框

Radio 按钮的 HTML 代码如下：

```
<div class="zj-radio-wrapper">
<div>
  <!-- 创建一个单选框元素，class 属性设置为 zj-radio，name 属性设置为 radio，id 属性设置
    为 11 -->
  <input class="zj-radio" type="radio" name="radio" id="11">
  <!-- 创建一个 label 元素，for 属性设置为 11，这样点击 label 元素时会选中 id 为 11 的单选框 -->
  <label for="11">测试 1</label>
</div>
<!-- 创建一个 div 元素 -->
<div>
  <!-- 创建一个单选框元素，class 属性设置为 zj-radio，name 属性设置为 radio，id 属性设置
    为 22，checked 属性设置为 true，表示默认选中该单选框 -->
  <input class="zj-radio" type="radio" name="radio" id="22" checked="">
  <!-- 创建一个 label 元素，for 属性设置为 22，这样点击 label 元素时会选中 id 为 22 的单选框 -->
  <label for="22">测试 2</label>
</div> </div>
```

对应的 CSS 代码如下：

```
/* radio、checkbox */
/* .zj-radio-wrapper、.zj-checkbox-group 表示该样式应用在 class 为 zj-radio-wrapper
和 zj-checkbox-group 的元素上 */
.zj-radio-wrapper,.zj-checkbox-group {
  /* 设置元素为 flex 布局 */
  display:flex;
  /* 设置元素上方的外边距为 5 像素 */
  margin-top:5px;
  /* 设置元素/子元素换行显示 */
  flex-wrap:wrap;
}
/* .zj-radio、.zj-checkbox 表示该样式应用在 class 为 zj-radio 和 zj-checkbox 的元素上
*/
.zj-radio,
.zj-checkbox {
  /* 设置元素为绝对定位 */
  position:absolute;
  /* 设置元素不可见 */
  display:none;
}
/* .zj-radio[disabled]、.zj-checkbox[disabled] 表示该样式应用在 class 为 zj-radio 和
zj-checkbox 的 disabled 状态下 */
```

```
.zj-radio[disabled],
.zj-checkbox[disabled] {
  /* 设置鼠标样式为 not-allowed */
  cursor:not-allowed;
}
.zj-radio + label,
.zj-checkbox + label {
  /* 设置元素为相对定位 */
  position:relative;
  /* 设置元素为块级元素 */
  display:block;
  /* 设置左侧内边距为 25 像素 */
  padding-left:25px;
  /* 设置鼠标样式为手型 */
  cursor:pointer;
  /* 设置垂直对齐方式为居中 */
  vertical-align:middle;
}
/* .zj-radio + label:hover:before、.zj-checkbox + label:hover:before 表示该样式
应用在 class 为 zj-radio 和 zj-checkbox 的相邻同级 label 元素上，当鼠标悬浮在 label 上时生
效 */
.zj-radio + label:hover:before,
.zj-checkbox + label:hover:before {
  /* 设置动画持续时间为 0.4 秒 */
  animation-duration:0.4s;
  /* 设置动画结束时保持最终状态 */
  animation-fill-mode:both;
  /* 设置动画名称为 hover-color */
  animation-name:hover-color;
}
.zj-radio + label:before,
/* .zj-checkbox + label:before 表示该样式应用在 class 为 zj-checkbox 的相邻同级 label
元素上的 before 伪元素 */
.zj-checkbox + label:before {
  /* 设置伪元素为绝对定位 */
  position:absolute;
  /* 设置伪元素距离顶部 3 像素 */
  top: 3px;
  /* 设置伪元素距离左侧 3 像素 */
  left:3px;
  /* 设置伪元素为内联元素 */
  display:inline-block;
  /* 设置伪元素宽度为 16 像素 */
  width:16px;
  /* 设置伪元素高度为 16 像素 */
  height:16px;
  /* 设置伪元素内容为空 */
  content:"";
  /* 设置伪元素边框为 1 像素实线，颜色为#c0c0c0 */
```

```
 border:1px solid #c0c0c0;
}
/* .zj-radio + label:after、.zj-checkbox + label:after 表示该样式应用在 class 为
zj-radio 和 zj-checkbox 的相邻同级 label 元素上的 after 伪元素 */
.zj-radio + label:after,
.zj-checkbox + label:after {
 /* 设置伪元素为绝对定位 */
 position:absolute;
 /* 设置伪元素不可见 */
 display:none;
 /* 设置伪元素内容为空 */
 content:"";
}

.zj-radio[disabled] + label,
.zj-checkbox[disabled] + label {
 /* 设置鼠标样式为 not-allowed */
 cursor:not-allowed;
 /* 设置文字颜色为#e4e4e4 */
 color:#e4e4e4;
}
.zj-radio[disabled] + label:hover,
.zj-radio[disabled] + label:before,
.zj-radio[disabled] + label:after,
.zj-checkbox[disabled] + label:hover,
.zj-checkbox[disabled] + label:before,
.zj-checkbox[disabled] + label:after {
 /* 设置鼠标样式为 not-allowed */
 cursor: not-allowed;
}
.zj-radio[disabled] + label:hover:before,
.zj-checkbox[disabled] + label:hover:before {
 /* 设置伪元素边框为 1 像素实线，颜色为#e4e4e4 */
 border:1px solid #e4e4e4;
 /* 设置动画名称为 none，即取消动画效果 */
 animation-name:none;
}
.zj-radio[disabled] + label:before,
.zj-checkbox[disabled] + label:before {
 /* 设置伪元素边框颜色为#e4e4e4 */
 border-color: #e4e4e4;
}
.zj-radio:checked + label:before,
.zj-checkbox:checked + label:before {
 /* 设置动画名称为 none，即取消动画效果 */
 animation-name: none;
}

.zj-radio:checked + label:after,
.zj-checkbox:checked + label:after {
 /* 设置伪元素显示 */
```

```
    display: block;
}
.zj-radio + label:before {
    /* 设置伪元素圆角为 50%!(BADWIDTH)%!/(MISSING)
    border-radius:50%!;(MISSING)
}

.zj-radio + label:after {
    /* 设置伪元素距离顶部 7 像素 */
    top:7px;
    /* 设置伪元素距离左侧 7 像素 */
    left:7px;
    /* 设置伪元素宽度为 8 像素 */
    width:8px;
    /* 设置伪元素高度为 8 像素 */
    height:8px;
    /* 设置伪元素圆角为 50%!(BADWIDTH)%!/(MISSING)
    border-radius:50%!;(MISSING)
    /* 设置伪元素背景颜色为自定义变量--primary-color */
    background:var(--primary-color);
}

.zj-radio:checked + label:before {
    /* 设置伪元素边框为 1 像素实线，颜色为自定义变量--primary-color */
    border:1px solid var(--primary-color);
}
.zj-radio:checked[disabled] + label:before {
    /* 设置伪元素边框为 1 像素实线，颜色为#c9e2f9 */
    border:1px solid #c9e2f9;
}
.zj-radio:checked[disabled] + label:after {
    /* 设置伪元素背景颜色为#c9e2f9 */
    background:#c9e2f9;
}
.zj-checkbox + label:before {
    /* 设置伪元素圆角为 3 像素 */
    border-radius:3px;
}
.zj-checkbox + label:after {
    /* 设置伪元素距离顶部 6 像素 */
    top:6px;
    /* 设置伪元素距离左侧 8 像素 */
    left:8px;
    /* 设置伪元素的盒模型为边框盒模型 */
    box-sizing:border-box;
    /* 设置伪元素宽度为 6 像素 */
    width:6px;
    /* 设置伪元素高度为 9 像素 */
    height:9px;
    /* 设置伪元素旋转 45 度 */
    transform:rotate(45deg);
```

```
 /* 设置伪元素边框宽度为 2 像素 */
 border-width:2px;
 /* 设置伪元素边框样式为实线 */
 border-style:solid;
 /* 设置伪元素边框颜色为#fff */
 border-color:#fff;
 /* 取消伪元素上边框 */
 border-top:0;
 /* 取消伪元素左边框 */
 border-left:0;
}
.zj-radio:checked[disabled] + label:after {
/* 设置伪元素背景颜色为#c9e2f9 */
 background:#c9e2f9;
}


.zj-checkbox:checked + label:before {
 /* 设置伪元素边框为自定义变量--primary-color */
 border:var(--primary-color);
 /* 设置伪元素背景颜色为自定义变量--primary-color */
 background:var(--primary-color);}

.zj-checkbox:checked[disabled] + label:before {
 /* 设置伪元素边框为#c9e2f9 */
 border:#c9e2f9;
 /* 设置伪元素背景颜色为#c9e2f9 */
 background:#c9e2f9;}
```

3）checkbox 按钮

checkbox 按钮的 class 属性值及其说明如表 5-10 所示。

表 5-10　checkbox 按钮的 class 属性值及其说明

class 属性值	说明
zj-checkbox-group	复选框容器
zj-checkbox	复选框

checkbox 按钮的 HTML 代码如下：

```
<div class="zj-checkbox-group">
<!-- 创建一个div容器 -->
<div>
  <!-- 创建一个class为zj-checkbox的复选框，name属性为layout，id属性为1 -->
  <input class="zj-checkbox" type="checkbox" name="layout" id="1">
  <!-- 创建一个for属性为1的label标签，用于关联上面的复选框，同时显示文本"测试1" -->
  <label for="1">测试 1</label>
</div>
<!-- 创建一个div容器 -->
<div>
```

```
  <!-- 创建一个 class 为 zj-checkbox 的复选框, name 属性为 layout, id 属性为 2, 同时将其设
  置为选中状态 -->
  <input class="zj-checkbox" type="checkbox" name="layout" id="2" checked=
  "checked">
  <!-- 创建一个 for 属性为 2 的 label 标签, 用于关联上面的复选框, 同时显示文本 "测试 2" -->
  <label for="2">测试 2</label>
</div>
</div>
```

CSS 代码参见第 5.5.4 节 1.中 Radio 按钮的 CSS 部分。

2. tab 标签

HTML 中没有专门的 tab 标签, 为了在网页中实现 tab 页面切换: 首先创建一个类名为 wrap 的 div 当作容器; 然后创建四个 label 标签, 在每个 label 中创建一个 span 标签; 最后创建一个 div 作为这个导航项。

tab 标签的 class 属性值及其说明如表 5-11 所示。

表 5-11　tab 标签的 class 属性值及其说明

class 属性值	说明
zj-tabs	整个 tabs 容器
zj-tabs-nav	tabs 面板整块的容器
zj-tabs-nav-wrap	tabs 面板容器
zj-tabs-nav-list	tabs 面板列表容器
zj-tabs-tab	每个面板容器
zj-tabs-tab-active	面板激活状态
zj-tabs-tab-btn	面板的内容
zj-tabs-ink-bar	面板的下划线
zj-tabs-content-holder	所有选项卡容器
zj-tabs-tabpane	选项卡容器
zj-tabs-tabpane-active	面板激活时, 对应的选项卡为激活状态

tab 标签的 HTML 代码如下:

```
<div class="zj-tabs">
  <div class="zj-tabs-nav">
    <div class="zj-tabs-nav-wrap">
      <div class="zj-tabs-nav-list">
        <div class="zj-tabs-tab zj-tabs-tab-active">
          <div class="zj-tabs-tab-btn">
            此处 tab 标题
          </div>
          <div class="zj-tabs-ink-bar"></div>
        </div>
        ...
```

```
      ...
      <div class="zj-tabs-tab">
        <div class="zj-tabs-tab-btn">
          此处 tab 标题
        </div>
        <div class="zj-tabs-ink-bar"></div>
      </div>
    </div>
  </div>
</div>
<div class="zj-tabs-content-holder">
  <div class="zj-tabs-content">
    <div class="zj-tabs-tabpane zj-tabs-tabpane-active">
      此处具体内容
    </div>
    ...
    ...
    <div class="zj-tabs-tabpane">
      此处具体内容
    </div>
  </div>
</div>
</div>
```

对应的 CSS 代码如下：

```
.zj-tabs {
  box-sizing:border-box;
  color:rgba(0,0,0,0.85);
  display:flex;
  font-feature-settings:"tnum";
  font-size:14px;
  font-variant:tabular-nums;
  line-height:1.5715;
  list-style:none;
  margin:0;
  overflow:hidden;
  padding:0;
}

.zj-tabs-bottom,
.zj-tabs-top {
  flex-direction:column;
}
......
.zj-tabs > .zj-tabs-nav .zj-tabs-nav-wrap,
.zj-tabs > div > .zj-tabs-nav .zj-tabs-nav-wrap {
  align-self:stretch;
  display:inline-block;
  display:flex;
  flex:auto;
  overflow:hidden;
  position:relative;
  transform:translate(0);
  white-space:nowrap;
```

```
}

.zj-tabs > .zj-tabs-nav .zj-tabs-nav-wrap:after,
.zj-tabs > .zj-tabs-nav .zj-tabs-nav-wrap:before,
.zj-tabs > div > .zj-tabs-nav .zj-tabs-nav-wrap:after,
.zj-tabs > div > .zj-tabs-nav .zj-tabs-nav-wrap:before {
  content:"";
  opacity:0;
  pointer-events:none;
  position:absolute;
  transition:opacity 0.3s;
  z-index:1;
}

.zj-tabs-bottom > .zj-tabs-nav .zj-tabs-nav-wrap:before,
.zj-tabs-bottom > div > .zj-tabs-nav .zj-tabs-nav-wrap:before,
.zj-tabs-top > .zj-tabs-nav .zj-tabs-nav-wrap:before,
.zj-tabs-top > div > .zj-tabs-nav .zj-tabs-nav-wrap:before {
  box-shadow:inset 10px 0 8px -8px rgb(0 0 0 / 8%);
  left:0;
}

……

.zj-tabs > .zj-tabs-nav .zj-tabs-nav-list,
.zj-tabs > div > .zj-tabs-nav .zj-tabs-nav-list {
  display:flex;
  position:relative;
  transition:transform 0.3s;
}

.zj-tabs-tab {
  align-items:center;
  background:0 0;
  border:0;
  cursor:pointer;
  display:inline-flex;
  font-size:14px;
  outline:none;
  padding:12px 0;
  position:relative;
}

.zj-tabs-tab.zj-tabs-tab-active .zj-tabs-tab-btn {
  color:var(--primary-color);
  text-shadow:0 0 0.25px currentColor;
}

.zj-tabs-tab-btn,
```

```
.zj-tabs-tab-remove {
  outline:none;
  transition:all 0.3s;
}

.zj-tabs-tab + .zj-tabs-tab {
  margin:0 0 0 32px;
}

......

.zj-tabs-tabpane {
  display:none;
}

.zj-tabs-tabpane-active {
  display:block;
}
```

tabs 标签代码的执行效果如图 5-13 所示。

图 5-13　tabs 标签代码的执行效果

3. 下拉菜单

下拉菜单选用原生写法（由于原生的 select 样式不太友好，所以我们选择通过 JS 重新把 select 重写，具体方法请看下面的 JS 部分）。在页面中只需要采用原生的 select 写法即可：

```
<!-- 创建一个宽度为 200 像素的 div 容器 -->
<div style="width:200px">
  <!-- 创建一个 id 为 selectbox11 的下拉框 -->
  <select id="selectbox11">
    <!-- 创建一个 value 为空字符串的 option 选项，显示文本"请选择" -->
    <option value="">请选择</option>
```

```
    <!-- 创建一个 value 为"aye"的 option 选项，显示文本"123" -->
    <option value="aye">123</option>
    <!-- 创建一个 value 为"eh"的 option 选项，显示文本"4234" -->
    <option value="eh">4234</option>
    <!-- 创建一个 value 为"ooh"的 option 选项，显示文本"345" -->
    <option value="ooh">345</option>
    <!-- 创建一个 value 为"whoop"的 option 选项，显示文本"Wh456oop" -->
    <option value="whoop">Wh456oop</option>
  </select>
</div>
```

相应的 CSS 代码如下：

```
/* select */
.s-hidden {
 visibility:hidden;
 padding-right:10px;
}

.select {
 height:32px;
 line-height:30px;
 padding:0 11px;
 width:100%;
 background-color:#fff;
 border:1px solid #d9d9d9;
 border-radius:2px;
 transition:all 0.3s cubic-bezier(0.645,0.045,0.355,1);
 font-feature-settings:"tnum";
 box-sizing:border-box;
 color:rgba(0,0,0,0.85);
 cursor:pointer;
 display:inline-block;
 font-size:14px;
 margin:0;
 padding:0;
 position:relative;
}

……

.styledSelect:active,
.styledSelect.active {
 color:#bfbfbf;
 box-shadow:0 0 0 2px rgb(24 144 255 / 20%);
}

.select:active,.select:focus {
 border-color:#40a9ff;
 box-shadow:0 0 0 2px rgb(24 144 255 / 20%);
```

```
}

.select:hover {
border-color:#40a9ff;
}

……

.options li:not(.selected):hover {
background-color:#f5f5f5;
}

.options .selected {
background-color:#e6f7ff;
color:rgba(0,0,0,.85);
font-weight:600;
}
```

相应的 JS 代码如下：

```
function initSelect() {
    $("select").each(function () {
        let $this = $(this),
            numberOfOptions = $(this).children("option").length;

    $this.addClass("s-hidden");
    $this.wrap('<div class="select"></div>');
    $this.after('<div class="styledSelect"></div>');
        let $styledSelect = $this.next("div.styledSelect");
        $styledSelect.text($this.children("option").eq(0).text());

        let $list = $("<ul />", {
            class:"options",
        }).insertAfter($styledSelect);

        for (let i = 0;i < numberOfOptions;i++) {
            $("<li />",{
                text:$this.children("option").eq(i).text(),
                rel:$this.children("option").eq(i).val(),
            }).appendTo($list);
        }

        let $listItems = $list.children("li");

        console.log($this.val())
        const selectedRel = $this.val() || "";
        $listItems.each(function () {
            const $thisItem = $(this);
            if ($thisItem.attr("rel") === selectedRel) {
                $styledSelect.text($thisItem.text());
                $thisItem.siblings().removeClass("selected");
                $thisItem.addClass("selected");
                return false;
```

```
        }
    });

    $styledSelect.click(function (e) {
        e.stopPropagation();
        $("div.styledSelect.active").each(function () {
        $(this).removeClass("active").next("ul.options").hide();
        });
        $(this).toggleClass("active").next("ul.options").toggle();
    });

    $listItems.click(function (e) {
        e.stopPropagation();
        $styledSelect.text($(this).text()).removeClass("active");
        $this.val($(this).attr("rel"));
        $(this).siblings().removeClass("selected");
        $(this).addClass("selected");
        $list.hide();
        console.log($this)
        console.log($this.val());
    });

    $(document).click(function () {
        $styledSelect.removeClass("active");
        $list.hide();
    });
    });
}
```

下拉菜单代码的执行效果如图 5-14 所示。

图 5-14　下拉菜单的执行效果

5.4.2　抽屉和弹出框

HTML 的对话框有抽屉（drawer）和弹出（dialog）框，管理员后台对这两种标签也进行了定制，保存风格统一，下面将详细介绍这两种标签。

1. 抽屉

抽屉是从屏幕边缘滑入的面板，其使用场景是当需显示的内容量大或者表单较为复杂，但希望用户可以留在当前页面时，如图 5-15 所示。

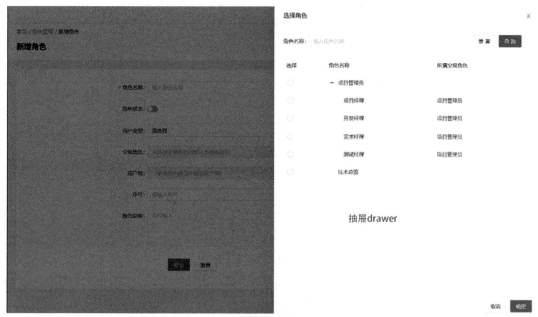

图 5-15　抽屉

抽屉容器的 class 属性值及其说明如表 5-12 所示。

表 5-12　抽屉容器的 class 属性值及其说明

class 属性值	说明
zj-drawer	drawer 容器包含遮罩层和 content
zj-drawer-right	右边弹出
zj-drawer-mask	drawer 遮罩层
zj-drawer-content-wrapper	加这一层容器主要是为了实现 drawer 弹出方向和 drawer-left、right、top、down 的使用
zj-drawer-content	content 容器
zj-drawer-header	drawer 的 header 部分，主要包含标题、关闭按钮
zj-drawer-title	drawer 标题
zj-drawer-close	drawer 关闭按钮
zj-drawer-body	drawer 内容部分，主要嵌套表单、文字、表格等
zj-drawer-footer	drawer 底部部分，主要存放取消、确定按钮等

抽屉容器的 class 属性值的样式整体布局如图 5-16 所示。

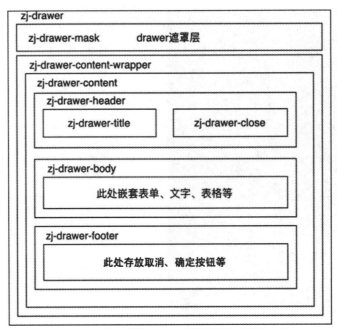

图 5-16　抽屉容器的 class 属性值的样式整体布局

抽屉布局结构的 HTML 代码如下：

```
<div id="zj-drawer" tabindex="-1" class="zj-drawer zj-drawer-right">
  <div class="zj-drawer-mask"></div>
<div     id="zj-drawer-content-wrapper"     class="zj-drawer-content-wrapper"
style="width:720px; transform:translateX(100%!)(MISSING)">
 <!--侧边栏内容容器-->
 <div class="zj-drawer-content">
  <!--侧边栏内容容器的主体-->
  <div class="zj-drawer-wrapper-body">
   <!--侧边栏头部-->
   <div class="zj-drawer-header">
    <div class="zj-drawer-title">创建表单</div>
    <!--关闭按钮-->
    <button type="button" class="zj-drawer-close">
     <span class="zj-icon zj-icon-close">
      <svg>
       <path></path>
      </svg>
     </span>
    </button>
   </div>
   <!--侧边栏内容-->
   <div class="zj-drawer-body" style="padding-bottom: 80px">
    //在此嵌套表格、表单等
    <form class="zj-form zj-form-vertical"></form>
```

```
      </div>
      <!--侧边栏底部-->
      <div class="zj-drawer-footer">
        <div style="text-align:right">
          <!-- 取消按钮 -->
          <button type="button" class="zj-btn" style="margin-right:8px">
            <span>取消</span>
          </button>
          <!-- 确定按钮 -->
          <button type="button" class="zj-btn zj-btn-primary">
            <span>确定</span>
          </button>
        </div>
      </div>
    </div>
  </div>
</div>
```

2．弹出框

当需要用户处理事务，又不希望跳转页面打断工作流程时，可在页面正中打开对话框浮层，承载相应的操作。对话框的操作以简单为主，当内容较多且操作复杂时，或者内容与当前页面不相关时，建议新开页面。弹出框的内容区一般可承载文字内容、结果提示等信息；一般包含一个操作，即关闭命令，可自定义文案，如图 5-17 所示。

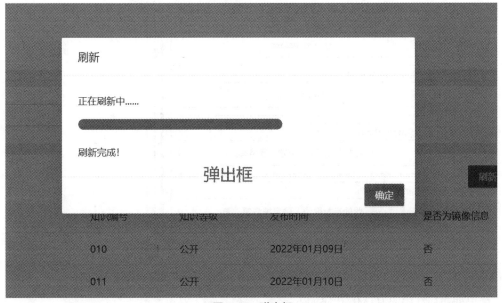

图 5-17　弹出框

弹出框容器的 class 属性值及其定义如表 5-13 所示。

表 5-13　弹出框容器的 class 属性值及其定义

class 属性值	定义
zj-modal-root	dialog 容器包含遮罩层
zj-modal-mask	dialog 遮罩层
zj-modal-wrap	固定弹出框的位置
zj-modal	dialog 容器包含 content
zj-modal-content	content 容器
zj-modal-close	dialog 的关闭按钮
zj-modal-close-x	用于放置 dialog 关闭按钮的图标
zj-modal-header	dialog 的 header 部分，主要包含标题
zj-modal-title	dialog 标题
zj-modal-body	dialog 内容部分，主要嵌套表单、文字、表格等
zj-modal-footer	dialog 底部部分，主要存放取消、确定按钮等

弹出框容器的 class 属性值的样式整体布局如图 5-18 所示。

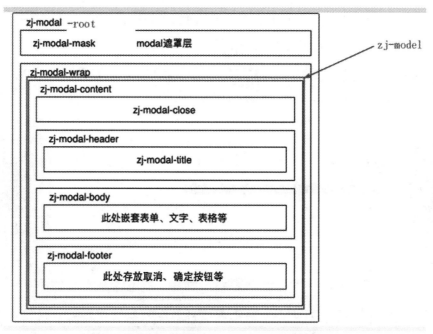

图 5-18　弹出框容器的 class 属性值的样式整体布局

弹出框布局结构的 HTML 代码如下：

```html
<div class="zj-modal-root" style="display:none">
  <div class="zj-modal-wrap">
```

```
<div class="zj-modal-mask"></div>
  <div class="zj-modal" style="width:520px">
  <!--模态框内容容器-->
  <div class="zj-modal-content">
    <!-- 关闭按钮 -->
    <button type="button" class="zj-modal-close">
      <span class="zj-modal-close-x">
        <!-- 关闭图标 -->
        <span class="zj-icon zj-icon-close zj-modal-close-icon">
          <svg>
            <path></path>
          </svg>
        </span>
      </span>
    </button>
    <!-- 模态框头部 -->
    <div class="zj-modal-header">
      <div class="zj-modal-title">123</div>
    </div>
    <!-- 模态框内容 -->
    <div class="zj-modal-body">content 部分可以嵌套表单</div>
    <!-- 模态框尾部 -->
    <div class="zj-modal-footer">
      <button class="zj-btn">取消</button>
      <button class="zj-btn zj-btn-primary">确定</button>
    </div>
  </div>
  </div>
  </div>
</div>
```

5.5　登录界面

登录界面是最常见的基础表单，提供的是管理员后台登录功能，从效果图看，本界面的结构比较简单，主要采用的是空间居中布局。空间居中布局指的是不管容器的大小，项目总是占据中心点。

5.5.1　整体布局

在登录界面中，用 div 标签划分不同的内容区域，然后在各个区域放置对应的内容。其整体布局如图 5-19 所示。

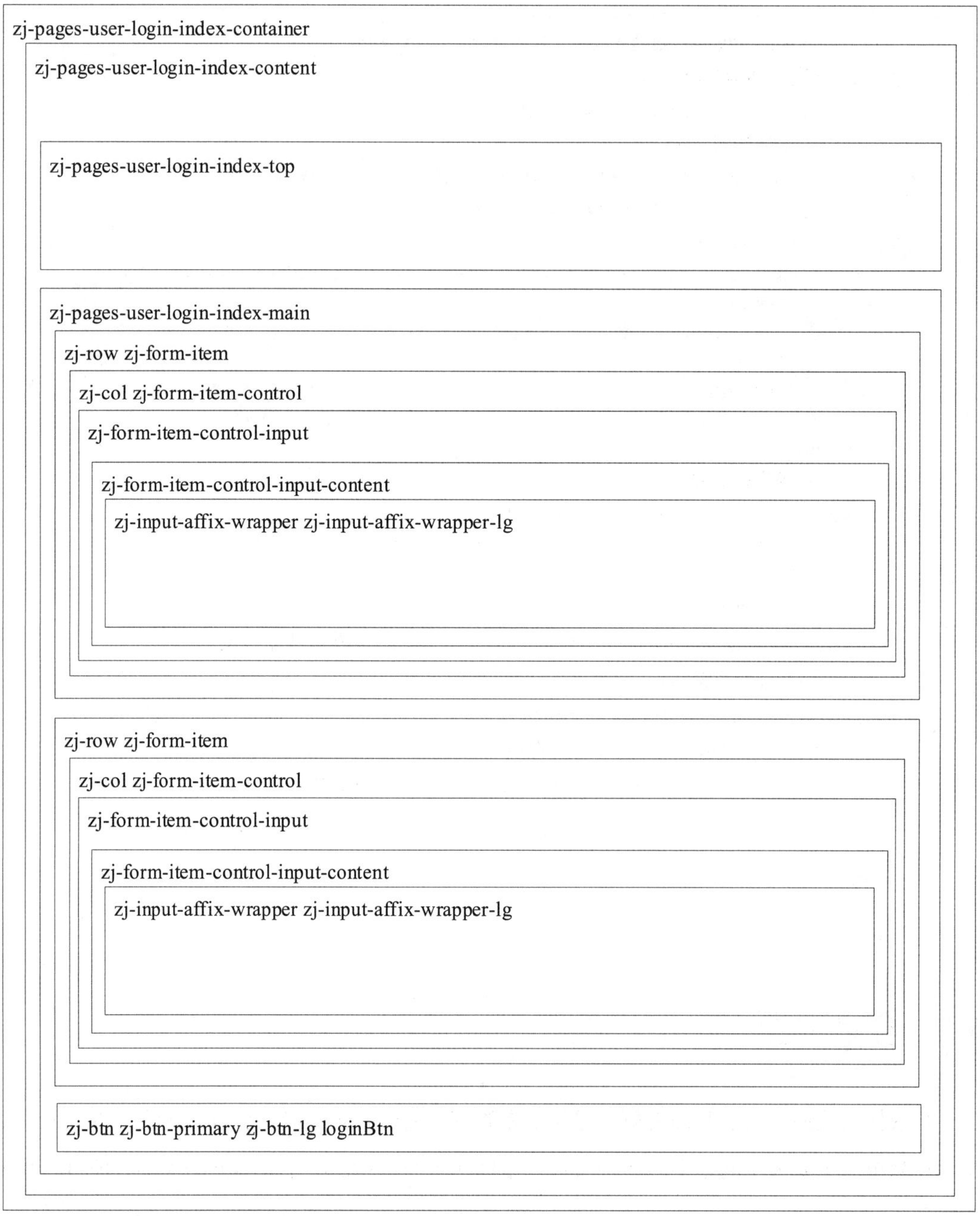

```
zj-pages-user-login-index-container
    zj-pages-user-login-index-content

        zj-pages-user-login-index-top


        zj-pages-user-login-index-main
            zj-row zj-form-item
                zj-col zj-form-item-control
                    zj-form-item-control-input
                        zj-form-item-control-input-content
                            zj-input-affix-wrapper zj-input-affix-wrapper-lg




            zj-row zj-form-item
                zj-col zj-form-item-control
                    zj-form-item-control-input
                        zj-form-item-control-input-content
                            zj-input-affix-wrapper zj-input-affix-wrapper-lg




            zj-btn zj-btn-primary zj-btn-lg loginBtn
```

图 5-19　登录界面整体布局

5.5.2　具体代码

登录界面整体布局代码如下：

```
<!DOCTYPE html>
<html lang="en">
<head>
```

```html
  <meta charset="UTF-8"/>
  <meta http-equiv="X-UA-Compatible" content="IE=edge"/>
   <meta name="viewport" content="width=device-width, initial-scale=1,
     maximum-scale=1, user-scalable=no">
  <link rel="stylesheet" href="./Css/style.css?rev=@@hash"/>
  <link rel="stylesheet" href="./Css/grid.css?rev=@@hash"/>
  <title>登录</title>
</head>
<body>
<div class="zj-pages-user-login-index-container">
  <div class="zj-pages-user-login-index-content">
    <div class="zj-pages-user-login-index-top">
      <div class="zj-pages-user-login-index-header">
        <a href="/">
          <span class="zj-pages-user-login-index-title">低代码平台</span>
        </a>
      </div>
    </div>
    <div class="zj-pages-user-login-index-main">
      <div class="zj-row zj-form-item" style="padding-right: 0;">
        <div class="zj-col zj-form-item-control">
          <div class="zj-form-item-control-input">
            <div class="zj-form-item-control-input-content">
              <span class="zj-input-affix-wrapper zj-input-affix-wrapper-lg">
                <span class="zj-input-prefix">
                  <span role="img" aria-label="user" class="zj-icon zj-pages-
                    user-login-index-prefixIcon">
                  <svg viewBox="64 64 896 896" focusable="false" data-icon=
                    "user" width="1em" height="1em"
                    fill="currentColor" aria-hidden="true">
                  <path
                    d="M858.5 763.6a374 374 0 00-80.6-119.5 375.63 375.63 0
                    00-119.5-80.6c-.4-.2-.8-.3-1.2-.5C719.5 518 760 444.7 760
                    362c0-137-111-248-248-248S264 225 264 362c0 82.7 40.5 156 102.8
                    201.1-.4.2-.8.3-1.2.5-44.8 18.9-85 46-119.5 80.6a375.63 375.63
                    0 00-80.6 119.5A371.7 371.7 0 00136 901.8a8 8 0 008 8.2h60c4.4
                    0 7.9-3.5 8-7.8 2-77.2 33-149.5 87.8-204.3 56.7-56.7 132-87.9
                    212.2-87.9s155.5 31.2 212.2 87.9C779 752.7 810 825 812
                    902.2c.1.4 3.6 7.8 8 7.8h60a8 8 0 008-8.2c-1-47.8-10.9-94.3-29
                    .5-138.2zM512 534c-45.9 0-89.1-17.9-121.6-50.4S340 407.9 340
                    362c0-45.9 17.9-89.1 50.4-121.6S466.1 190 512 190s89.1 17.9
                    121.6 50.4S684 316.1 684 362c0 45.9-17.9
                    89.1-50.4 121.6S557.9 534 512 534z"></path>
                  </svg>
                </span>
              </span>
              <input placeholder="请输入用户名" id="username" type=
                "text" class="zj-input zj-input-lg" value="">
              </span>
            </div>
          </div>
        </div>
      </div>
      <div class="zj-row zj-form-item" style="padding-right: 0;">
        <div class="zj-col zj-form-item-control">
        <div class="zj-form-item-control-input">
```

```html
        <div class="zj-form-item-control-input-content">
          <span class="zj-input-affix-wrapper zj-input-affix-wrapper-lg zj-
            input-password zj-input-password-large">
          <span class="zj-input-prefix">
          <span role="img" aria-label="lock" class=
            "zj-icon zj-pages-user-login-index-prefixIcon">
        <svg viewBox="64 64 896 896" focusable="false" data-icon=
          "lock" width="1em" height="1em"
          fill="currentColor" aria-hidden="true">
        <path
          d="M832 464h-68V240c0-70.7-57.3-128-128-128H388c-70.7 0-128 57.3-128
          128v224h-68c-17.7 0-32 14.3-32 32v384c0 17.7 14.3 32 32 32h640c17.7
          0 32-14.3 32-32V496c0-17.7-14.3-32-32-32zM332 240c0-30.9 25.1-56
          56-56h248c30.9 0 56 25.1 56 56v224H332V240zm460
          600H232V536h560v304zM484 701v53c0 4.4 3.6 8 8 8h40c4.4 0 8-3.6
          8-8v-53a48.01 48.01 0 10-56 0z"></path>
            </svg>
          </span>
        </span>
        <input placeholder="请输入密码" id="password" type=
          "password" class="zj-input zj-input-lg">
      </span></div>
      </div>
    </div>
    <div class="zj-row zj-form-item" style="padding-right: 0;">
      <div class="zj-col zj-form-item-control">
        <select id="selectboxwatermark" class="zj-input
          zj-input-affix-wrapper-lg" name="ftpinstalltype">
        <option value="子杰软件">子杰软件</option>
        <option value="武汉工商学院">武汉工商学院</option>
      </select>
    </div>
  </div>
  <div class="zj-row zj-form-item zj-row-end">
    <a class="forgot-password">忘记密码 ?</a>
  </div>
  <button type="button" class="zj-btn zj-btn-primary zj-btn-lg loginBtn"
    style="width: 100%;"><span>登 录</span>
  </button>
    </div>
  </div>
</div>
<script type="text/javascript" src="./Core/Framework/jquery-3.2.1.js">
</script>
<script type="text/javascript" src="./ModelView/Common/login.js"></script>
<script type="text/javascript" src="./ModelView/Common/dialog.js"></script>
</body>
</html>
```

管理员登录界面的显示效果如图 5-20 所示。

图 5-20　管理员后台登录界面的显示效果

5.6　管理员后台——栏目管理页面

本节主要介绍如何设计栏目管理中的栏目列表界面。栏目列表界面如图 5-21 所示。

图 5-21　栏目列表界面

5.6.1　整体布局

管理员后台界面采用的是两栏式布局：左边是一个边栏（Sider），为菜单区域；右边是一个主栏，为功能页面显示区域。其中右侧区域再分为头部（Header）区域、内容（Content）区域和底部（Footer）区域。另外还有抽屉区域和弹出框区域。布局区域及说明如表 5-14 所示。

表 5-14　布局区域说明

区域	说明
Sider	用于显示菜单
Header	显示菜单中的标题
Content	显示菜单中标题所对应内容
Footer	显示网站版权信息
Drawer	点击按钮从浏览器右侧向左滑动出现对应内容
Dialog	点击按钮显示对应内容

通过点击菜单区域的菜单，右侧会显示对应的功能页面。根据布局视口取值范围的不同，管理员后台网页对应的整体布局会进行相应的调整。

简单来说，视口就是浏览器显示页面内容的屏幕区域。在 Web 浏览器术语中，通常与浏览器窗口相同，但不包括浏览器的 UI，菜单栏即指你正在浏览的文档的那一部分。视口的大小取决于屏幕的大小，无论浏览器是否处于全屏模式，以及是否被用户缩放。在移动端浏览器中有三种视口，分别是布局视口(layout viewport)、视觉视口(visual viewport)和理想视口(ideal viewport)。

管理员后台网页有以下几种布局。

（1）当布局视口大于等于 992px 时，左侧菜单栏会显示完整的菜单图标和文字。大视口布局如图 5-22 所示。

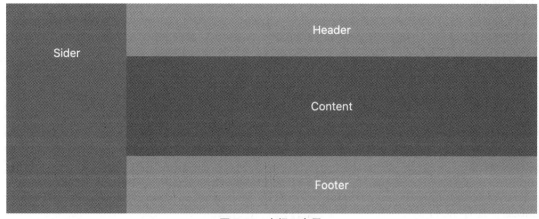

图 5-22　大视口布局

（2）当布局视口大于等于 768px 且小于等于 992px 时，左侧菜单栏只显示菜单图标。中等视口布局如图 5-23 所示。

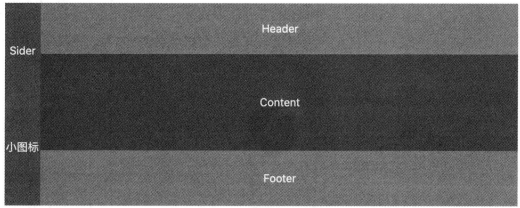

图 5-23 中等视口布局

（3）当布局视口小于 768px 时，不再显示左侧菜单栏，而是在右侧功能区域的 Header 区域
显示一个菜单按钮，点击该按钮后会显示菜单栏。小视口布局如图 5-24 所示。

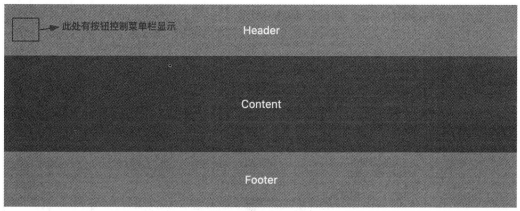

图 5-24 小视口布局

整体布局的 HTML 代码如下：

```
<!-- Layout 区域 -->
  <div class="zj-basicLayout">
    <section class="zj-layout zj-layout-has-sider">
      <!-- Sider 区域 -->
      <aside></aside>
      <!-- Right 区域 -->
      <div class="zj-layout">
        <!-- Header 区域 -->
        <header></header>
        <!-- Content 区域 -->
        <main></main>
        <!-- Footer 区域 -->
        <footer></footer>
      </div>
    </section>
  </div>
```

上述代码中，由于 section 是语义化标签，一般不做容器，推荐在外层加一个容器 div。当然，这不是固定的要求，也可以去掉外层的 div 标签，直接使用 section 标签。class 属性值对应的布局样式策略如表 5-15 所示。

表 5-15　class 属性值对应的布局样式策略

class 属性值	布局样式策略
zj-basicLayout	网页内容充满整个浏览器窗口，且内部的元素垂直显示
zj-layout	该样式容器的内部元素垂直显示，背景色为白色
zi-layout-has-sider	该样式容器的内部元素水平显示

对应标签 class 属性值的样式整体布局效果如图 5-25 所示。

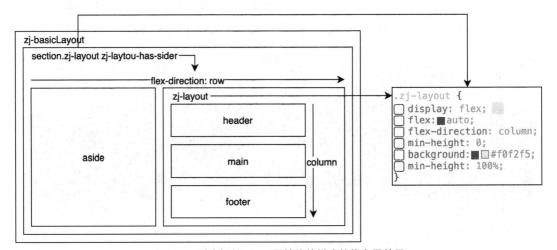

图 5-25　对应标签 class 属性值的样式整体布局效果

对应的 CSS 代码如下：

```
.zj-basicLayout {
    display:flex;                    /* 使用 flex 布局 */
    flex-direction:column;           /* 设置主轴为竖直方向 */
    width:100%!;(MISSING)            /* 宽度占满父元素 */
    min-height:100%!;(MISSING)       /* 最小高度为 100%!(BADWIDTH)%!/(MISSING) */
}
.zj-layout {
    display:flex;                    /* 使用 flex 布局 */
    flex:auto;                       /* 自动填充剩余空间 */
    flex-direction:column;           /* 设置主轴为竖直方向 */
    min-height:0;                    /* 最小高度为 0 */
    background:#f0f2f5;              /* 背景颜色为#f0f2f5 */
    min-height:100%!;(MISSING)       /* 最小高度为 100%!(BADWIDTH)%!/(MISSING) */
```

```
}
.zj-layout.zj-layout-has-sider {
    flex-direction:row;              /* 设置主轴为水平方向 */
}
```

5.6.2　Sider 区域布局

上面介绍了栏目管理界面的整体布局，本节介绍左侧菜单部分如何布局。左侧菜单部分为 Sider 区域，主要包括子杰 logo 容器和菜单容器两部分。因此，Sider 区域定义一个父容器用于装填子杰 logo 和菜单两个子容器。菜单区域布局线框图如图 5-26 所示。

图 5-26　菜单区域布局线框图

Sider 区域内容器的布局样式策略如表 5-16 所示。

表 5-16　Sider 区域内容器的布局样式策略

容器序列	布局样式策略
①Sider 容器	Sider 容器固定在整个浏览器窗口的左侧，其外边距与浏览器边框距离为 0。宽度为 208px，高度与浏览器窗口的高度趋于一致，超出该容器的内容会被修剪，并且超出的内容不可见。背景色为偏黑色（#001529）。存在 0.2s 所有属性的过渡效果。该容器的阴影效果为水平阴影位置 2px，模糊距离 8px，颜色为偏白色（rgb(29 35 41/5%)）
②Sider 区域子容器	包含子杰 logo 容器和菜单容器。该容器要求其子容器垂直进行排列，高度与父容器保持一致
③子杰 logo 容器	该容器的内边距四个方向均为 16px，内容为 svg 格式的子杰 logo 图片和"子杰软件"标题。整个内容居中显示，且最小高度为 32px。当鼠标指针在该容器范围内时，光标为手的形状。过渡效果针对内边距，过渡时间为 0.3s，转速曲线为贝塞尔曲线，贝塞尔函数 4 个取值分别是 0.645、0.045、0.355、1
④菜单容器	显示菜单内容

Sider 区域的 class 属性值如表 5-17 所示。

表 5-17　Sider 区域的 class 属性值

容器序列	class 属性值
①	zj-layout-sider; zj-sider-fixed; placeholder;
②	zj-layout-sider-children;
③	zj-sider-logo;
④	无

Sider 区域整体布局如图 5-27 所示。

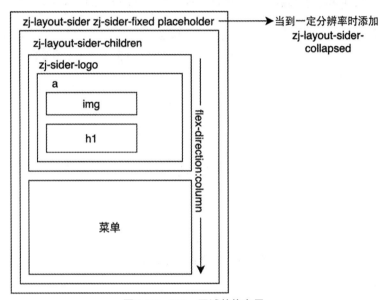

图 5-27　Sider 区域整体布局

在 HTML 中，可以使用 div 标签来定义容器。因此对应的 HTML 代码如下：

```
<!-- Sider 区域 -->
<!-- ①Sider 容器 -->
<aside class="zj-layout-sider zj-sider-fixed placeholder">
    <!-- ② Sider 子容器 -->
    <div class="zj-layout-sider-children">
        <!-- ③子杰 logo 容器 -->
        <div class="zj-sider-logo"></div>
        <!-- ④菜单容器 -->
        <div></div>
    </div>
</aside>
```

对应的 CSS 代码如下：

```
.zj-layout-sider {
    position:relative;        /* 相对定位 */
    min-width:0;              /* 最小宽度为 0 */
```

```
    background:#001529;             /* 背景颜色为#001529 */
    transition:all 0.2s;           /* 过渡效果，所有属性变化耗时 0.2s */
}
.zj-sider.zj-layout-sider.zj-sider-fixed {
    position:fixed;                /* 固定定位 */
    top:0;                         /* 距离顶部 0 */
    left:0;                        /* 距离左侧 0 */
    z-index:100;                   /* 层级为 100 */
    height:100%!;(MISSING)         /* 高度占满屏幕 */
    overflow:auto;                 /* 显示滚动条 */
    overflow-x:hidden;             /* 隐藏水平滚动条 */
    box-shadow:2px 0 8px 0 rgb(29 35 41 / 5%!)(MISSING);   /* 添加阴影 */
}
.placeholder {
    width:208px;                   /* 宽度为 208px */
    overflow:hidden;               /* 溢出隐藏 */
    flex:0 0 208px;                /* 不放大不缩小，宽度为 208px */
    max-width:208px;               /* 最大宽度为 208px */
    min-width:208px;               /* 最小宽度为 208px */
    transition:background-color 0.3s ease 0s,min-width 0.3s ease 0s,
        max-width 0.3s cubic-bezier(0.645,0.045,0.355,1) 0s;    /* 过渡效果，背景
                                            颜色、最小宽度、最大宽度变化耗时 0.3s */
}
.zj-sider .zj-layout-sider-children {
    display:flex;                  /* 使用 flex 布局 */
    flex-direction:column;         /* 设置主轴为竖直方向 */
    height:100%!;(MISSING)         /* 高度占满父元素 */
}
.zj-layout-sider-children {
    height:100%!;(MISSING)         /* 高度占满父元素 */
    margin-top:-0.1px;             /* 上边距为-0.1px */
    padding-top:0.1px;             /* 上内边距为 0.1px */
}
.zj-sider-logo {
    position:relative;             /* 相对定位 */
    display:flex;                  /* 使用 flex 布局 */
    align-items:center;            /* 垂直居中 */
    padding:16px;                  /* 上下左右内边距均为 16px */
    cursor:pointer;                /* 鼠标悬停时变为手型 */
    transition:padding 0.3s cubic-bezier(0.645,0.045,0.355,1); /* 过渡效果，内边
距变化耗时 0.3s */
}
```

1. 子杰软件 logo 容器

logo 容器的 class 属性值及其定义如表 5-18 所示。

表 5-18 logo 容器的 class 属性值及其定义

class 属性值	定义
.zj-sider-logo	子杰 logo 容器

logo 容器对应的布局样式策略如表 5-19 所示。

表 5-19 logo 容器对应的布局样式策略

class 属性值	布局样式策略
.zj-sider-logo	该盒子模型的宽度和高度包含内边距和边框，外边距和内边距均为 0。相对定位，自动填充剩余空间，交叉轴的对齐方式为居中对齐，上下左右内边距均为 16px

2. 菜单容器

Sider 区域的菜单容器布局如图 5-28 所示。

图 5-28 Sider 区域的菜单容器布局

Sider 区域菜单容器的 class 属性值及其定义如表 5-20 所示。

表 5-20 Sider 区域菜单容器的 class 属性值及其定义

class 属性值	定义
zj-menu	菜单默认样式
zj-menu-dark	菜单主题的 class 控制菜单栏的颜色
zj-menu-submenu	有子菜单的样式
zj-menu-submenu-title	有子菜单的标题
zj-menu-submenu-open	菜单展开状态
icon	菜单小图标
zj-menu-submenu-arrow	菜单箭头
zj-menu-item	最后一栏的默认样式

续表

class 属性值	定义
zj-menu-item-title	最后一栏的标题
zj-menu-item-only-child	最后一级菜单
zj-menu-submenu-selected	选中
zj-menu-hidden	控制子菜单的隐藏

菜单容器对应的布局样式策略如表 5-21 所示。

表 5-21　菜单容器对应的布局样式策略

class 属性值	布局样式策略
zj-menu	该盒子模型的宽度和高度包含内边距和边框，外边距和内边距均为 0。该模型周围没有轮廓线。背景色为白色。该部分的元素框架有阴影效果。该部分的背景和宽度有 0.3s 的过渡效果，其中宽度的过渡效果为贝塞尔曲线，取值分别为 0.2、0、0、1。不使用列表样式的默认符号。字体为标准字体。行高为当前字体大小的 1.5715 倍。OpenType 字体内数字等宽。文本的颜色为偏黑色且左对齐。字体大小为子杰默认主字号 14px
zj-menu-dark	背景色为偏黑色。文本颜色为灰色
zj-menu-submenu	距离底部内边距 2px。该部分的边框颜色、背景和内边距均采用贝塞尔函数作为转速曲线，取值分别为 0.645、0.045、0.355、1。其中边框颜色和背景的过渡动画时间为 0.3s，内边距的过渡动画时间为 0.2s
zj-menu-submenu-title	上下外边距为 4px。上下内边距为 16px，右内边距为 34px。设置行高等于元素高，使文本内容垂直居中。超出该部分的文字被裁剪隐藏，由省略号代替。当前元素没有过渡效果
zj-menu-submenu-open	文本颜色为白色，背景颜色为透明色
icon	图标样式的最小宽度为 14px。右外边距为 14px，字体大小为子杰默认主字号。字体大小的过渡时间为 0.15s，其转速曲线为赛贝尔曲线，取值分别为 0.215、0.61、0.355、1；外边距过渡时间为 0.3s，其转速曲线为赛贝尔曲线，取值分别为 0.645、0.045、0.355、1；文本颜色的过渡时间为 0.3s，过渡效果为由慢到快再变慢
zj-menu-submenu-arrow	绝对布局，宽度为 10px，垂直居中。透明度级别为 0.45。文本颜色为透明度 0.85 的黑色。所有过渡属性的过渡效果为 0.3s
zj-menu-item	底部外边距为 8px，文本透明度为 0.65 的白色
zj-menu-item-title	无
zj-menu-item-only-child	无
zj-menu-submenu-selected	文本颜色为白色
zj-menu-hidden	默认不显示

Sider 区域菜单容器的样式整体布局如图 5-29 所示。

因为菜单是多级菜单，所以菜单是可以嵌套的，最后一级菜单要使用 zj-menu-item zj-menu-item-only-child，收起状态是在 ul 上面添加 zj-menu-hidden。展开状态是在当前的 li 上面加 zj-menu-submenu-open，同时把当前 li 下的 ul 的 zj-menu-hidden 去掉。

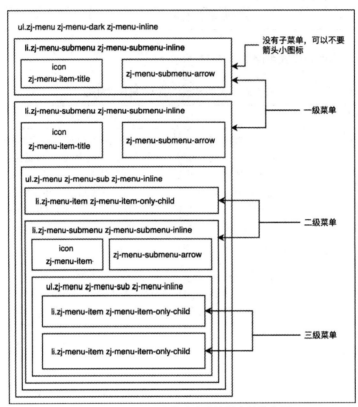

图 5-29　Sider 区域菜单容器的样式整体布局

菜单容器的基本结构对应的 HTML 代码如下：

```
<!-- ④菜单容器的基本结构 -->
<ul>
    <!-- 一级菜单 zj-menu-submenu zj-menu-submenu-inline -->
    <li>
        <!-- 图标文字箭头 -->
        <div></div>
        <!-- 菜单下有子菜单，初始隐藏使用 zj-menu-hidden -->
        <ul>
            <!-- 如果是最后一级菜单 zj-menu-item zj-menu-item-only-child -->
            <li></li>
        </ul>
    </li>
    <!-- 如果有多级级菜单，则嵌套 -->
    <!-- 一级菜单 -->
```

```
<li>
    <div></div>
    <ul>
        <!-- 二级菜单下有子菜单 -->
        <li>
            <div></div>
            <ul>
                <!-- 三级菜单 -->
                <li></li>
            </ul>
        </li>
        <li></li>
        <li></li>
    </ul>
</li>
</ul>
```

应用于 HTML 代码中的详细示例如下：

```html
<ul class="zj-menu zj-menu-dark zj-menu-inline">
    <li class="zj-menu-submenu zj-menu-submenu-inline">
        <div class="zj-menu-submenu-title">
            <span class="zj-pro-menu-item">
                <span class="icon">
                    <svg></svg>
                </span>
                <span class="zj-menu-item-title">一级菜单</span>
            </span>
            <i class="zj-menu-submenu-arrow"></i>
        </div>
        <ul class="zj-menu zj-menu-sub zj-menu-hidden zj-menu-inline">
            <li class="zj-menu-item zj-menu-item-only-child">
                <span class="zj-pro-menu-item">
                    <span class="zj-pro-menu-item-title">二级菜单</span>
                </span>
            </li>
            <li class="zj-menu-submenu zj-menu-submenu-inline">
                <div class="zj-menu-submenu-title">
                    <span class="zj-pro-menu-item">
                        <span class="icon">
                            <svg></svg>
                        </span>
                        <span class="zj-menu-item-title">二级菜单</span>
                    </span>
                    <i class="zj-menu-submenu-arrow"></i>
                </div>
                <ul class="zj-menu zj-menu-sub zj-menu-hidden zj-menu-inline">
                    <li class="zj-menu-item zj-menu-item-only-child">
                        <span class="zj-pro-menu-item">
                            <span class="zj-pro-menu-item-title">三级菜单</span>
                        </span>
                    </li>
                    <li class="zj-menu-item zj-menu-item-only-child">
                        <span class="zj-pro-menu-item">
```

```
            <span class="zj-pro-menu-item-title">三级菜单</span>
        </span>
      </li>
    </ul>
  </li>
</ul>
</li>
</ul>
```

对应的 CSS 代码如下：

```
/*选择所有直接子元素为.zj-menu-inline 的.zj-menu-item 元素*/
/*选择所有直接子元素为.zj-menu-inline 的.zj-menu-submenu 元素的
.zj-menu-submenu-title 子元素*/
.zj-menu-inline>.zj-menu-item,
.zj-menu-inline>.zj-menu-submenu>.zj-menu-submenu-title {
    /*高度为 40px*/
    /*行高为 40px*/
    height:40px;
    line-height:40px;
}
/*选择.zj-sider 元素下的所有.zj-menu-submenu-title 元素*/
.zj-sider .zj-menu-submenu-title {
    /*过渡效果为无*/
    transition: none;
}
/*选择所有.zj-menu-inline 元素下的.zj-menu-submenu-title 元素*/
.zj-menu-inline .zj-menu-submenu-title {
    /*右边距为 34px*/
    padding-right: 34px;
}
/*选择所有.zj-menu-inline 元素下的.zj-menu-item 元素，除了最后一个元素*/
.zj-menu-inline .zj-menu-item:not(:last-child) {
    /*下边距为 8px*/
    margin-bottom:8px;
}
/*选择所有类名为.zj-menu-dark 的.zj-menu-sub 元素*/
/*选择所有类名为.zj-menu-dark 的.zj-menu 元素*/
/*选择所有类名为.zj-menu-dark 的.zj-menu-sub 元素*/
.zj-menu-dark .zj-menu-sub,
.zj-menu.zj-menu-dark,
.zj-menu.zj-menu-dark .zj-menu-sub {
    /*文字颜色为 hsla(0,0%!,(MISSING) 100%!,(MISSING) 0.65)*/
    /*背景颜色为#001529*/
    color:hsla(0,0%!,(MISSING) 100%!,(MISSING) 0.65);
    background:#001529;
}
/*选择所有类名为.zj-menu-dark 的.zj-menu-inline 和.zj-menu-sub 元素*/
.zj-menu-dark .zj-menu-inline.zj-menu-sub {
    /*背景颜色为#000c17*/
```

```
        background:#000c17;
}
/*选择所有类名为.zj-menu-submenu-arrow 和.zj-menu-submenu-expand-icon 的元素*/
.zj-menu-submenu-arrow,
.zj-menu-submenu-expand-icon {
        /*绝对定位*/
        /*上边距为 50%!(BADWIDTH)%!(MISSING)
        /*右边距为 16px*/
        /*宽度为 10px*/
        /*文字颜色为 rgba(0,0,0,0.85)*/
        /*向上移动自身高度的一半*/
        /*过渡效果为 transform 0.3s cubic-bezier(0.645,0.045,0.355,1)*/
        position:absolute;
        top:50%!;(MISSING)
        right:16px;
        width:10px;
        color:rgba(0,0,0,0.85);
        transform:translateY(-50%!)(MISSING);
        transition:transform 0.3s cubic-bezier(0.645,0.045,0.355,1);
}
.zj-menu-submenu:hover>.zj-menu-submenu-title>.zj-menu-submenu-arrow,
.zj-menu-submenu:hover>.zj-menu-submenu-title>.zj-menu-submenu-expand-icon {
        color: var(--primary-color);
}

.zj-menu-submenu-open.zj-menu-submenu-inline>.zj-menu-submenu-title>.zj-menu
-submenu-arrow {
        transform:translateY(-2px);
}

.zj-menu-dark .zj-menu-sub .zj-menu-submenu-title .zj-menu-submenu-arrow,
.zj-menu.zj-menu-dark .zj-menu-sub .zj-menu-submenu-title .zj-menu-submenu-a
rrow,
.zj-menu.zj-menu-dark .zj-menu-submenu-title .zj-menu-submenu-arrow {
        opacity:0.45;
        transition:all 0.3s;
}

.zj-menu-dark .zj-menu-submenu-title:hover>.zj-menu-submenu-title:hover>
.zj-menu-submenu-arrow,
.zj-menu-dark .zj-menu-submenu-title:hover>.zj-menu-submenu-title>
.zj-menu-submenu-arrow {
        opacity:1;
}
……
.zj-menu.zj-menu-dark .zj-menu-submenu-title .zj-menu-submenu-arrow:after,
.zj-menu.zj-menu-dark .zj-menu-submenu-title .zj-menu-submenu-arrow:before {
        background: #fff;
}
……
.zj-menu-dark .zj-menu-submenu-title:hover>.zj-menu-submenu-title>
.zj-menu-submenu-arrow:after,
.zj-menu-dark .zj-menu-submenu-title:hover>.zj-menu-submenu-title>
```

```
.zj-menu-submenu-arrow:before {
    background:#fff;
}


.zj-menu-submenu-arrow:after,
/* .zj-menu-submenu-arrow:before 表示该样式是应用在.zj-menu-submenu-arrow
  元素的伪元素 before 上的 */
.zj-menu-submenu-arrow:before {
    /* 设置伪元素的定位方式为绝对定位 */
    position:absolute;
    /* 设置伪元素的宽度为 6 像素 */
    width:6px;
    /* 设置伪元素的高度为 1.5 像素 */
    height:1.5px;
    /* 设置伪元素的背景色为当前文本颜色 */
    background-color:currentColor;
    /* 设置伪元素的圆角为 2 像素 */
    border-radius:2px;
    /* 设置伪元素的过渡效果 */
    transition:background 0.3s cubic-bezier(0.645,0.045,0.355,1),
        transform 0.3s cubic-bezier(0.645,0.045,0.355,1),
        top 0.3s cubic-bezier(0.645,0.045,0.355,1),
        color 0.3s cubic-bezier(0.645,0.045,0.355,1);
    /* 设置伪元素的内容为空 */
    content:'';
}
.zj-menu-submenu-open.zj-menu-submenu-inline>.zj-menu-submenu-title>
.zj-menu-submenu-arrow:before {
    transform:rotate(45deg) translateX(2.5px);
}


.zj-menu-submenu-open.zj-menu-submenu-inline>.zj-menu-submenu-title>
.zj-menu-submenu-arrow:after {
    transform:rotate(-45deg) translateX(-2.5px);
}


.zj-menu-item .zj-menu-item-icon,
.zj-menu-item .icon,
.zj-menu-submenu-title .zj-menu-item-icon,
/* .zj-menu-submenu-title .icon 表示该样式是应用在.zj-menu-submenu-title
  元素下的.icon 元素上的 */
.zj-menu-submenu-title .icon {
    /* 设置图标元素的最小宽度为 14 像素 */
    min-width:14px;
    /* 设置图标元素与文字之间的右侧间距为 10 像素 */
    margin-right:10px;
    /* 设置图标元素的字体大小为变量——font-size-base 的值 */
    font-size:var(--font-size-base);
    /* 设置图标元素的过渡效果 */
    transition: font-size 0.15s cubic-bezier(0.215,0.61,0.355,1),
        margin 0.3s cubic-bezier(0.645,0.045,0.355,1),color 0.3s;
}
```

```css
/* .icon 表示该样式是应用在所有 class 为 icon 的元素上的 */
.icon {
    /* 设置元素以 inline-block 方式显示 */
    display:inline-block;
    /* 继承父元素的颜色 */
    color:inherit;
    /* 设置字体样式为正常 */
    font-style:normal;
    /* 设置行高为 0 */
    line-height:0;
    /* 设置文字居中对齐 */
    text-align:center;
    /* 取消文字大小写转换 */
    text-transform:none;
    /* 将元素向下偏移 0.125em，使图标与文字垂直居中 */
    vertical-align:-0.125em;
    /* 设置文字渲染方式为优化阅读 */
    text-rendering:optimizeLegibility;
    /* 设置字体平滑处理方式为抗锯齿 */
    -webkit-font-smoothing:antialiased;
    -moz-osx-font-smoothing:grayscale;
}
.zj-menu-submenu-arrow:before {
  /* 设置伪元素的旋转角度为 45 度，向上平移 2.5 像素 */
    transform:rotate(45deg) translateY(-2.5px);
}

.zj-menu-submenu-inline .zj-menu-submenu-arrow:after {
    transform:rotate(45deg) translateX(-2.5px);
}

.zj-menu-submenu-open.zj-menu-submenu-inline>.zj-menu-submenu-title>
.zj-menu-submenu-arrow:after {
    transform:rotate(-45deg) translateX(-2.5px);
}

.zj-menu-dark .zj-menu-item,
.zj-menu-dark .zj-menu-item-group-title,
.zj-menu-dark .zj-menu-item>a,
.zj-menu-dark .zj-menu-item>span>a {
    /* 设置菜单项字体颜色为带有 65%!透(MISSING) 明度的白色 */
    color:hsla(0,0%!,(MISSING) 100%!,(MISSING) 0.65);
}
.zj-menu-dark.zj-menu-dark:not(.zj-menu-horizontal) .zj-menu-item-selected {
    /* 设置菜单项选中状态的背景色为自定义变量——primary-color 的值 */
    background-color:var(--primary-color);
}
.zj-menu-dark .zj-menu-item-selected {
    /* 设置菜单项选中状态的字体颜色为白色 */
    color:#fff;
    /* 取消菜单项选中状态右侧边框 */
    border-right:0;
}
```

5.6.3 Right 区域布局

管理员后台界面的整体布局 Layout 区域内的右侧为 Right 区域，该区域主要包括 Header、Content 和 Footer 三个区域。Header 区域和 Footer 区域是管理员后台系统的公共部分。Header 区域一般放置的是企业的 logo，Footer 区域一般放置的是版权部分信息，Content 区域的内容随着具体功能的选择而变化。栏目管理功能界面的右侧区域布局如图 5-30 所示。

图 5-30　栏目管理功能界面的右侧区域布局

因此，给 Right 区域定义一个父容器用于装填这三个部分，其布局线框图如图 5-31 所示。

图 5-31　Right 区域布局线框图

Right 区域内容器的布局样式策略如表 5-22 所示。

表 5-22　Right 区域内容器的布局样式策略

容器序列	布局样式策略
①Right 区域	包含 Header、Content 和 Footer 三个区域。定义包含在该容器的子容器垂直排列，且根据子容器的内容大小划分子容器区域面积。背景色为藏青色（#f0f2f5），该容器的最小高度百分比为 100%
②Header 区域	内边距为 0，高度为 48px 且该容器内容垂直居中。标题色是透明度为 0.85 的主题色，背景色为白色。容器宽度百分比为 100%，堆叠顺序为 19
③Content 区域	该容器为块级元素且进行相对定位。该容器根据内部子容器的大小划分子容器区域面积。最小高度为 0
④Footer 区域	该容器的内边距为 0。文本颜色为默认标题色，字体大小为默认主字号。背景色为藏青色（#f0f2f5）

Right 区域对应的 class 属性值如表 5-23 所示。

表 5-23　Right 区域 css 属性

容器序列	class 属性值
①	zj-layout
②	zj-layout-header
③	zj-layout-content
④	zj-layout-footer

Right 区域对应的 class 属性值的样式整体布局如图 5-32 所示。

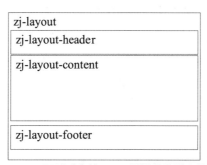

图 5-32　Right 区域对应的 class 属性值的样式整体布局

网页中依然用 div 标签来定义容器，得到 Right 区域的 HTML 结构代码如下：

```
<!-- Right 区域 -->
<div class="zj-layout">
    <!-- Header 区域 -->
    <header class="zj-layout-header" id="zj-layout-header"></header>
    <!-- Content 区域 -->
    <main class="zj-layout-content"></main>
```

```
    <!-- Footer 区域 -->
    <footer  class="zj-layout-footer"  id="zj-layout-footer"  style="padding:
0"></footer>
</div>
```

对应的 CSS 代码如下：

```
/* Right 区域 */
.zj-layout {
    /* 设置元素为 flex 布局方式 */
    display:flex;
    /* 自动填充剩余空间 */
    flex:auto;
    /* 设置主轴方向为垂直方向 */
    flex-direction:column;
    /* 设置背景颜色为#f0f2f5 */
    background:#f0f2f5;
    /* 设置元素的最小高度为 100%!(BADWIDTH)%!(MISSING) */
    min-height:100%!;(MISSING)
}
.zj-layout-header {
    /* 设置元素内边距为 0 */
    padding:0;
    /* 设置元素高度为 48px */
    height:48px;
    /* 设置元素行高为 48px */
    line-height:48px;
    /* 设置字体颜色为自定义变量——heading-color 的值 */
    color:var(--heading-color);
    /* 设置背景颜色为白色 */
    background:#fff;
    /* 设置元素宽度为 100%!(BADWIDTH)%!(MISSING) */
    width:100%!;(MISSING)
    /* 设置元素的层叠顺序为 19 */
    z-index:19;
}

main {
    display:block;
}

.zj-layout-content {
    /* 设置元素为相对定位 */
    position:relative;
    /* 自动填充剩余空间 */
    flex:auto;
    /* 设置最小高度为 0 */
    min-height:0;
}
.zj-layout-footer {
    /* 设置元素内边距为 24px，顶部和底部为 50px */
    padding: 24px 50px;
```

```
/* 设置字体颜色为自定义变量——heading-color 的值 */
color: var(--heading-color);
/* 设置字体大小为自定义变量——font-size-base 的值 */
font-size:var(--font-size-base);
/* 设置背景颜色为#f0f2f5 */
background:#f0f2f5;
}
```

1. Header 区域布局

下面对 Right 区域的 Header 子容器进行说明。Header 子容器用于放置子杰 logo 图标。Header 子容器布局线框图如图 5-33 所示。

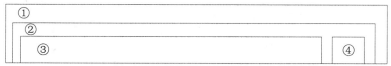

图 5-33　Header 子容器布局线框图

Header 区域布局样式策略如表 5-24 所示。

表 5-24　Header 区域布局样式策略

容器序列	布局样式策略
①	该容器的内边距为 0，高度为 48px，文本颜色为默认标题色。背景色为白色，宽度百分比为 100%，堆叠顺序为 19
②	该容器相对定位，采用弹性布局。其中内部的弹性盒子在侧轴居中放置。高度百分比为 100%。左右内边距为 16px，背景色为白色。该容器的阴影设置：水平阴影位置为 0，垂直阴影位置为 1px，模糊距离为 4px，阴影色为透明度为 0.08 的偏黑色（rgb(0 21 41 / 8%)）。该容器所有的子元素的高度百分比均为 100%

续表

容器序列	布局样式策略
③	用于弹性填充左侧的空间
④	采用弹性布局，侧轴居中对齐。高度百分比为 100%，左右内边距为 12px。鼠标指针放在该元素边界范围内时光标形状为手。该容器所有属性的过渡时间为 0.3s

Header 区域对应的 class 属性值如表 5-25 所示。

表 5-25　Header 区域对应的 class 属性值

容器序列	class 属性值
①	zj-layout-header
②	zj-global-header
③	无
④	zj-global-header-index-right

Header 区域的样式整体布局如图 5-34 所示。

zj-layout-header	
zj-global-header	
zj-global-header	zj-global-header-index-right

图 5-34　Header 区域的样式整体布局

Header 区域的 HTML 代码如下：

```
<!-- Header 区域 -->
<header class="zj-layout-header" id="zj-layout-header">
    <div class="zj-global-header">
        <span class="zj-global-header-collapsed-button">…
        </span>
        <div style="flex:1 1 0%"></div>
        <div class="zj-global-header-index-right">
            <img src="././../Css/img/logo.svg" alt="" style=
                "width:32px;height:32px">
        </div>
    </div>
</header>
```

对应的 CSS 代码如下：

```
.zj-global-header {
    /* 设置元素为相对定位 */
    position: relative;
    /* 设置元素为 flex 布局方式 */
    display:flex;
    /* 设置交叉轴的对齐方式为居中对齐 */
    align-items:center;
    /* 设置元素高度为100%!(BADWIDTH)%!/(MISSING) */
    height:100%!;(MISSING)
    /* 设置元素内边距上下为 0、左右为 16px */
    padding:0 16px;
    /* 设置背景颜色为白色 */
    background:#fff;
    /* 设置元素的阴影为沿 Y 轴方向 1px 的模糊黑色，透明度为 8%!(BADWIDTH)%!/(MISSING) */
    box-shadow:0 1px 4px rgb(0 21 41 / 8%!)(MISSING);
}
.zj-global-header>* {
    height:100%;
}
.zj-global-header-index-right {
    /* 设置元素为 flex 布局方式 */
    display:flex;
    /* 设置交叉轴的对齐方式为居中对齐 */
    align-items:center;
    /* 设置元素高度为100%!!(MISSING)(BADWIDTH)%!!(MISSING)/(MISSING) */
    height:100%!!(MISSING);(MISSING)
    /* 设置元素内边距上下为 0、左右为 12px */
```

```
        padding:0 12px;
        /* 设置鼠标为指针形状 */
        cursor: pointer;
        /* 设置元素所有属性的过渡时间为 0.3s */
        transition:all 0.3s;
}
```

2. Footer 区域布局

Footer 区域内用于放置网站版权信息。简单绘制框线图如图 5-35 所示。

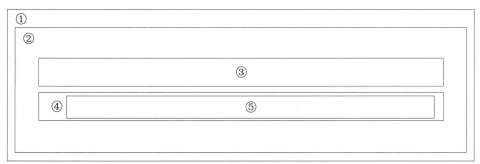

图 5-35　Footer 区域布局线框图

Footer 区域布局样式策略如表 5-26 所示。

表 5-26　Footer 区域布局样式策略

容器序列	布局样式策略
①	内边距为 0。文本颜色是透明度为 0.85 的黑色，字体大小为 14px，背景色为藏青色（#f0f2f5）
②	该容器的左右外边距为 0，上边距为 48px，下边距为 24px。左右内边距为 16px。容器内文本居中显示
③	底部外边距为 8px。文本颜色是透明度为 0.45 的黑色。字体大小为 14px
④	无
⑤	底部外边距为 8px。文本颜色是透明度为 0.45 的黑色。字体大小为 14px

Footer 区域对应的 class 属性值如表 5-27 所示所示。

表 5-27　Footer 区域对应的 class 属性值

容器序列	class 属性值
①	zj-layout-footer
②	zj-global-footer
③	zj-global-footer-copyright
④	无
⑤	zj-global-footer-copyright

Footer 区域的样式整体布局如图 5-36 所示。

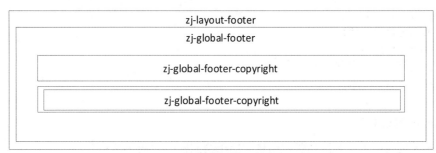

图 5-36　Footer 区域的样式整体布局

Footer 区域的 HTML 代码如下：

```
<!-- Footer 区域 -->
 <!-- ① -->
<footer class="zj-layout-footer" style="padding:0px">
  <!-- ② -->
  <!-- div 标签表示一个段落级容器, class 为 zj-global-footer, 表示该元素应用了名为
  zj-global-footer 的样式 -->
  <div class="zj-global-footer">
    <!-- ③ -->
    <!-- div 标签表示一个段落级容器, class 为 zj-global-footer-copyright, 表示该元素应
     用了名为 zj-global-footer-copyright 的样式, style 中的 margin-bottom 为 8px 表示
     该元素的下边距为 8px -->
    <div class="zj-global-footer-copyright" style="margin-bottom:8px">
    </div>
    <!-- ④ -->
    <div>
      <!-- ⑤ -->
      <!-- div 标签表示一个段落级容器, class 为 zj-global-footer-copyright -->
      <div class="zj-global-footer-copyright">
      </div>
    </div>
  </div>
</footer>
```

对应的 CSS 代码如下：

```
/* Footer 区域 */
.zj-layout-footer {
  /* 设置元素内边距顶部底部为 24px、左右为 50px */
  padding:24px 50px;
  /* 设置文字颜色为 rgba(0,0,0,0.85) */
  color:rgba(0,0,0,0.85);
  /* 设置字体大小为 14px */
  font-size:14px;
  /* 设置元素背景颜色为#f0f2f5 */
  background:#f0f2f5;
}
/* .zj-global-footer 表示该样式是应用在 class 为 zj-global-footer 的元素上的 */
.zj-global-footer {
  /* 设置元素外边距顶部为 48px、左右为 0、底部为 24px */
  margin:48px 0 24px;
  /* 设置元素内边距上下为 0、左右为 16px */
  padding:0 16px;
```

```
   /* 设置元素文本居中对齐 */
   text-align:center;
}
/* .zj-global-footer-copyright */
.zj-global-footer-copyright {
   /* 设置字体颜色为 rgba(0,0,0,0.45) */
   color:rgba(0,0,0,0.45);
   /* 设置字体大小为 14px */
   font-size:14px;
}
```

Footer 区域的代码执行效果如图 5-37 所示。

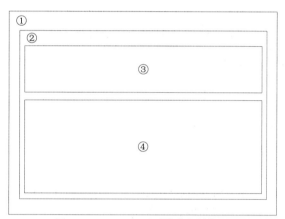

图 5-37　Footer 区域的代码执行效果

3. Content 区域布局

Content 区域内用于显示 Sider 区域对应的页面主要内容。Content 区域的布局线框图如图 5-38 所示。

```
┌─①─────────────────────────────┐
│ ┌─②──────────────────────────┐ │
│ │              ③             │ │
│ └────────────────────────────┘ │
│ ┌────────────────────────────┐ │
│ │                            │ │
│ │              ④             │ │
│ │                            │ │
│ └────────────────────────────┘ │
└────────────────────────────────┘
```

图 5-38　Content 区域的布局线框图

Content 区域容器的布局样式策略如表 5-28 所示。

表 5-28　Content 区域容器的布局样式策略

容器序列	布局样式策略
①	该容器内部的元素充分利用剩余空间，各自的尺寸按照各自的内容进行分配。容器最小高度为 0（元素高度自动适应内容）。采用相对定位，外边距为 24px
②	外边距上下为-24px，外边距左为 0，外边距右为-24px
③	无
④	宽度百分比为 100%

Content 区域对应的 class 属性值如表 5-29 所示。

表 5-29　Content 区域对应的 class 属性值

容器序列	class 属性值
①	zj-layout-content
②	zj-page-container
③	zj-page-container
④	zj-grid-content

Content 区域的样式整体布局如图 5-39 所示。

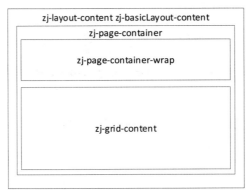

图 5-39　Content 区域的样式整体布局

Content 区域的 HTML 代码如下：

```html
<!-- Content 区域 -->
<!-- ① -->
<main class="zj-layout-content zj-basicLayout-content">
  <!-- ② -->
  <!-- div 标签表示一个段落级容器，class 为 zj-page-container，表示该元素应用了名为
   zj-page-container 的样式 -->
  <div class="zj-page-container">
    <!-- ③ -->
    <!-- div 标签表示一个段落级容器，class 为 zj-page-container-wrap，表示该元素应用了
     名为 zj-page-container-wrap 的样式 -->
    <div class="zj-page-container-wrap">…</div>
    <!-- ④ -->
    <!-- div 标签表示一个段落级容器，class 为 zj-grid-content，表示该元素应用了名为
     zj-grid-content 的样式 -->
    <div class="zj-grid-content">…</div>
  </div>
</main>
```

相应的 CSS 代码如下：

```css
/* Content 区域 */
.zj-layout-content {
  /* 自动填充剩余空间 */
  flex: auto;
  /* 设置最小高度为 0 */
  min-height: 0;
}
/* .zj-basicLayout-content 表示该样式是应用在 class 为 zj-basicLayout-content 的元素
  上的 */
```

```
.zj-basicLayout-content {
  /* 设置元素为相对定位 */
  position: relative;
  /* 设置元素外边距为 24px */
  margin:24px;
}
/* .zj-basicLayout-content .zj-page-container 表示该样式是应用在 class 为
 zj-basicLayout-content 的元素的子元素中 class 为 zj-page-container 的元素上的 */
.zj-basicLayout-content .zj-page-container {
  /* 设置元素外边距顶部为-24px、左右为-24px、底部为 0 */
  margin:-24px -24px 0;
}
```

Content 区域代码的执行效果如图 5-40 所示。

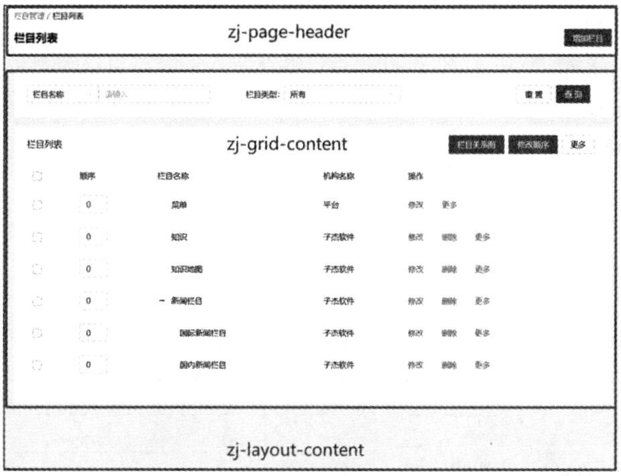

图 5-40　Content 区域代码的执行效果

5.7　Content 区域——Header 布局

管理员后台界面的 Content 区域分为两部分，分别是 Header 区域和 Content 区域，Header 区域用于显示标题，Content 区域用于显示具体内容。栏目列表整体布局如图 5-41 所示。

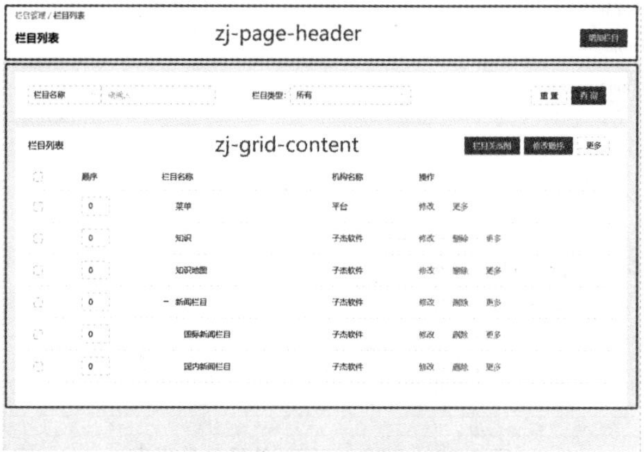

图 5-41　栏目列表整体布局

Content 区域的具体线框图如图 5-42 所示。

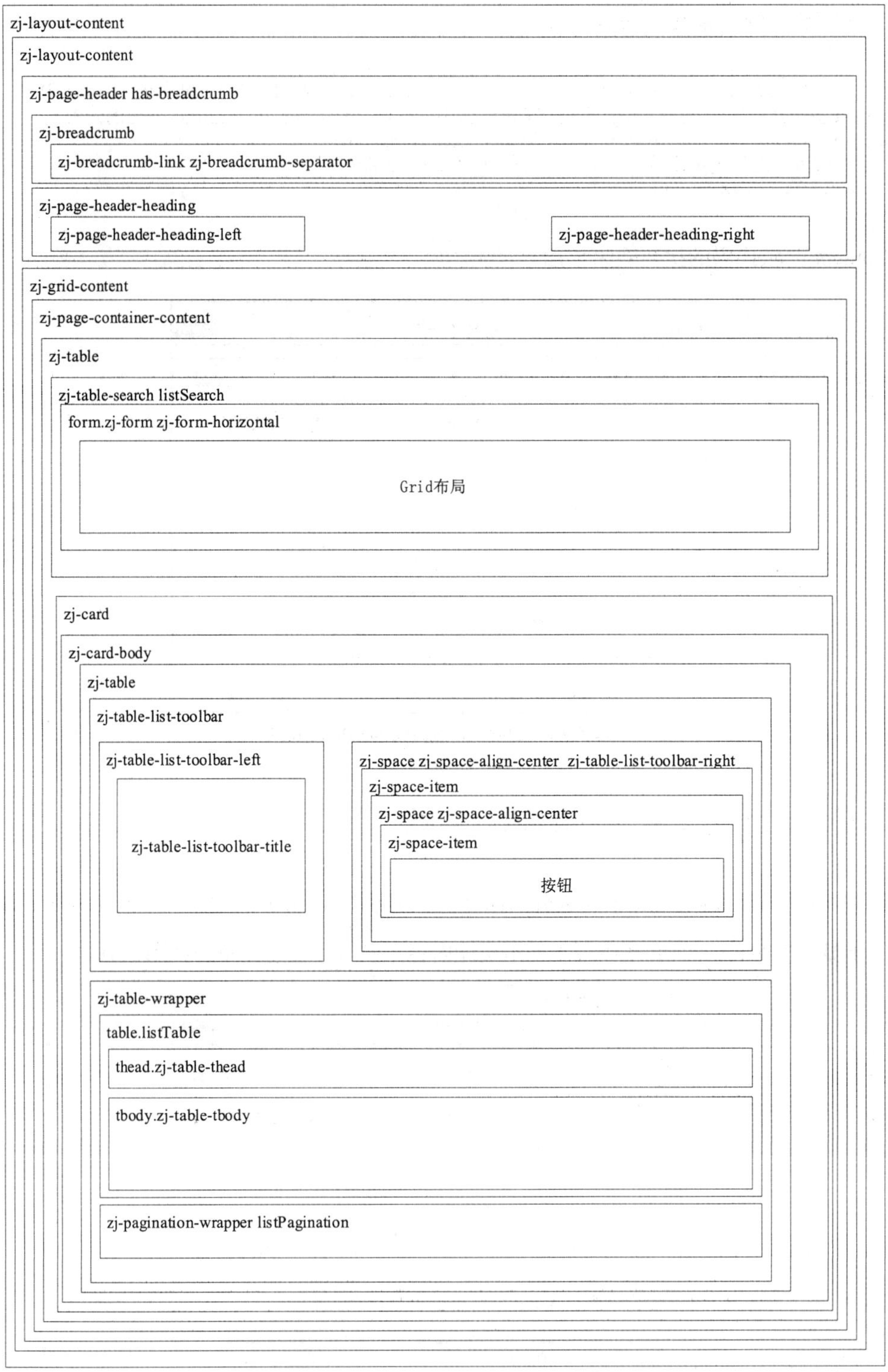

图 5-42　Content 区域的具体线框图

5.7.1　Header 区域

Header（标题）区域主要显示当前功能的路径和具体的名称，本区域包含面包屑、标题、按钮等。Header 区域的 class 属性值及其定义如表 5-30 所示。

表 5-30　Header 区域的 class 属性值及其定义

class 属性值	定义
zj-page-header	pageheader 容器
has-breadcrumb	是否有面包屑
zj-breadcrumb	面包屑容器
zj-breadcrumb-link	面包屑字体
zj-breadcrumb-separator	面包屑分隔符
zj-page-header-heading	面包屑标题按钮容器，主要包含标题、按钮
zj-page-header-heading-left	面包屑左侧容器，主要包含标题容器
zj-page-header-heading-title	页面标题
zj-page-header-heading-right	面包屑左侧容器，主要包含按钮容器（页面右边总按钮，建议不超过三个按钮）

对应标签 class 属性值样式的整体布局如图 5-43 所示。

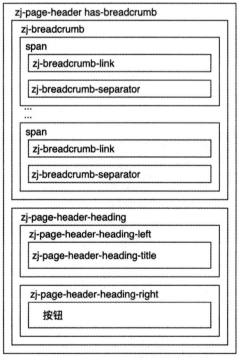

图 5-43　对应标签 class 属性值样式的整体布局

标题的 HTML 代码如下：

```
<div class="zj-page-header has-breadcrumb">
  // 面包屑
  <div class="zj-breadcrumb">
    <span>
      <span class="zj-breadcrumb-link"><a href="">首页</a></span>
      <span class="zj-breadcrumb-separator">/</span>
    </span>
    ...
    ...
    <span>
      <span class="zj-breadcrumb-link">
        <span>管理员角色</span>
      </span>
      <span class="zj-breadcrumb-separator">/</span>
    </span>
  </div>
  // title 和按钮
  <div class="zj-page-header-heading">
    <div class="zj-page-header-heading-left">
      <span class="zj-page-header-heading-title">管理员角色</span>
    </div>
    <div class="zj-page-header-heading-right">
      <div class="zj-btn zj-btn-primary">刷新机构</div>
      <div class="zj-btn zj-btn-primary">刷新所有机构</div>
    </div>
  </div>
</div>
```

对应的 CSS 代码如下：

```
.zj-page-header {
  box-sizing:border-box;
  margin:0;
  color:var(--heading-color);
  font-size:var(--font-size-base);
  font-variant:tabular-nums;
  line-height:1.5715;
  list-style:none;
  font-feature-settings:"tnum","tnum";
  position:relative;
  padding:16px 24px;
  background-color:#fff;
}
......
.zj-breadcrumb {
  box-sizing:border-box;
  margin:0;
  padding:0;
  color:rgba(0,0,0,0.45);
  font-variant:tabular-nums;
  line-height:1.5715;
  list-style:none;
```

```
   font-feature-settings:"tnum","tnum";
   font-size:var(--font-size-base);
}
......
.zj-page-header-heading-title {
   margin-right:12px;
   margin-bottom:0;
   color:var(--heading-color);
   font-weight:600;
   font-size:20px;
   line-height:32px;
   overflow:hidden;
   white-space:nowrap;
   text-overflow:ellipsis;
}
```

管理员角色 Header 布局效果如图 5-44 所示。

图 5-44　管理员角色 Header 布局效果

5.7.2　Content 区域

Content 区域是根据具体业务需求使用各种小组件（如 button、input、select、radio、checkbox、tabs、table 等）来布局的，如果需响应式布局，则可以使用栅格栏。管理后台的 Content 区域主要使用两种布局，一种是只有内容部分，如图 5-45 所示，另一种是 tabs 标签页+内容，如图 5-46 所示。

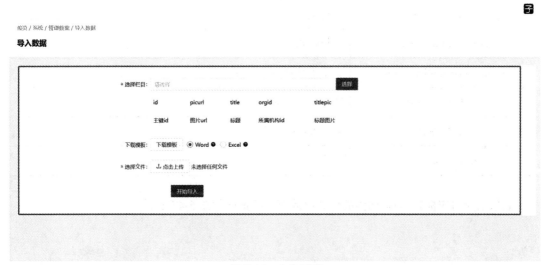

图 5-45　内容区域

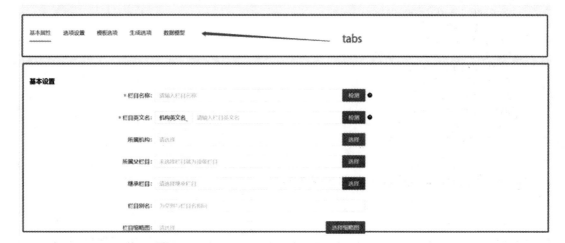

图 5-46　tabs 标签页+内容

1. 表格区域

Content 区域一般由表格构成，表格区域使用的 class 属性值及定义如表 5-31 所示。

表 5-31　表格区域使用的 class 属性值及定义

class 属性值	定义
zj-table	整个 table 表格容器
zj-table-list-toolbar	表格工具栏容器，包含表格标题、按钮、图标等
zj-table-list-toolbar-left	表格工具栏左边容器
zj-table-list-toolbar-title	表格标题
zj-table-list-toolbar-right	表格工具栏右边容器
zj-table-wrapper	表格列表容器
zj-table-thead	表格 thead
zj-table-tbody	表格 tbody

表格区域对应标签 class 属性的样式整体布局线框图如图 5-47 所示。

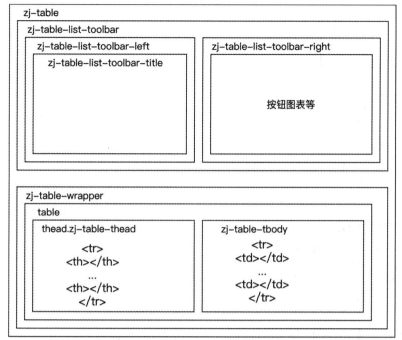

图 5-47　表格区域对应标签 class 属性值的样式整体布局线框图

表格区域的 HTML 代码如下：

```
<div class="zj-table">
  <div class="zj-table-list-toolbar">
    <div class="zj-table-list-toolbar-container">
      <div class="zj-table-list-toolbar-left">
        <div class="zj-table-list-toolbar-title">123</div>
      </div>
      <div class="zj-table-list-toolbar-right">
        ...此处放按钮、小图标按钮等
      </div>
    </div>
  </div>
  <div class="zj-table-wrapper">
    <div class="zj-table-container">
      <table>
        <thead class="zj-table-thead">
          <tr>
            <th>
              //选择框
              <div class="zj-table-selection">
                <label class="zj-checkbox-wrapper">
                  <span class="zj-checkbox">
                    <input type="checkbox" class="zj-checkbox-input"
                      value=""
                    />
                    <span class="zj-checkbox-inner"></span>
                  </span>
                </label>
              </div>
            </th>
```

```
        ...
        <th></th>
      </tr>
    </thead>
    <tbody class=zj-table-tbody>
      <tr>
        <td></td>
        ...
        <td></td>
      </tr>
    </tbody>
  </table>
</div>
</div>
</div>
```

对应的 CSS 代码如下：

```css
.zj-table-list-toolbar {
  display:flex;
  justify-content:space-between;
  padding:16px 0;
}

.zj-table-list-toolbar-left {
  display:flex;
  align-items:center;
  justify-content:flex-start;
}

.zj-table-list-toolbar-title {
  display:flex;
  align-items:center;
  justify-content:flex-start;
  color:var(--heading-color);
  font-weight:500;
  font-size:16px;
}

.zj-table-list-toolbar-right {
  display:flex;
  flex-wrap:wrap;
  justify-content:flex-end;
}

.zj-table-list-toolbar-setting-item {
  margin:0 4px;
  color:rgba(0,0,0,0.75);
  font-size:16px;
  cursor:pointer;
}

.zj-table-selection {
  margin-top:-10px;
}
table {
  border-collapse:collapse;
}
```

```
……
.zj-table-thead > tr > th {
  border-left:0px;
  border-right:0px;
  color:var(--heading-color);
  font-weight:500;
  text-align:left;
  border-bottom:1px solid #f0f0f0;
  transition:background 0.3s ease;
}

.zj-table-tbody > tr > td {
  border-bottom:1px solid #f0f0f0;
  transition:background 0.3s;
}

.zj-table-action {
  display:flex;
  flex-flow:row nowrap;
}

.zj-table-wrapper {
  clear:both;
  max-width:100%;
}
```

表格区域代码执行效果如图 5-48 所示。

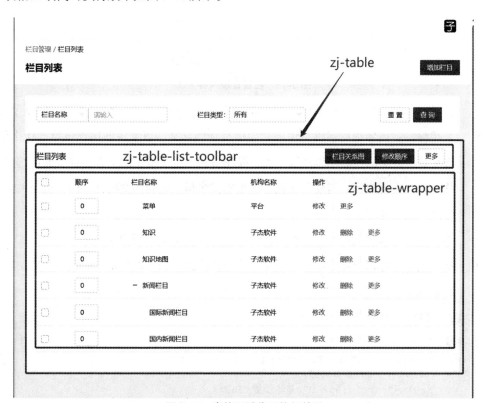

图 5-48　表格区域代码执行效果

2. 内容区域

内容区域是一种用于添加、录入信息的页面类型，用来确保用户按照要求录入信息并提交给系统使用或引导用户进行设置。内容区域的设计目标是帮助用户明确当前的页面任务，快速查找、定位修改目标，轻松、准确地理解内容区域的含义及效果，同时简化填写流程，确保用户准确、轻松、快速地完成任务。

一个完整的内容区域通常包括表单标题、表单标签、表单域、提示信息、占位符、操作按钮等，如图 5-49 所示。

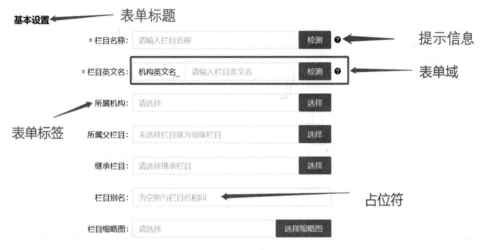

图 5-49 栏目管理内容区域

- 标题：起到说明表单模块的作用，是用户快速明确任务和定位页面位置的重要标识。
- 表单标签：内容项的名称，说明对应填写项的含义，以及说明用户该填入什么信息。
- 表单域：表单的核心操作区域，用户操作最频繁、最集中的地方，这里的可选择组件样式也会根据内容的需要而变化，类型丰富多样。需要注意的是，同一类型的组件需保持一致性原则。
- 占位符：一般出现在用户未填写内容时，用于辅助提示用户录入线索。
- 提示信息：起辅助提示用户的作用。分为普通提示和错误提示，也是很好地防错纠错机制体验。

内容的 HTML 代码如下：

```
<!--基本属性-->
<div class="zj-card" style="margin-bottom:16px">
  <div class="zj-card-body">
    <h3 style="margin:5px 0">基本设置</h3>
      <form class="zj-form" style="margin-top:8px">
      <div class="zj-row zj-form-item" style="row-gap:0">
```

```
   <div class="
      zj-col
      zj-form-item-label
      zj-col-6
      ">
    <label class="zj-form-item-required" title="">栏目名称</label>
   </div>
   <div class="zj-col zj-form-item-control zj-col-xs-24
     zj-col-sm-18 zj-col-md-10">
     <div class="zj-form-item-control-input">
       <div class="zj-form-item-control-input-content">
         <input musttitle="栏目名称" name="title" placeholder=
           "请输入栏目名称" type="text" class="zj-input" value=""/>
       </div>
       <div class="zj-btn zj-btn-primary">检测</div>
     </div>
   </div>
   <div class="zj-col zj-col-2" style="display:flex;align-items:center">
     <div class="tooltip">
       <svg t="1623898165692" class="icon" viewBox="0 0 1024 1024" width=
         "1em" height="1em">
       <path
         d="M512 77C271.8 77 77 271.8 77 512c0 240.2 194.8 435 435 240.2
         0 435-194.8 435-435C947 271.8 752.2 77 512 77L512 77zM509.2
         816.4c-35.4 0-64.2-28.2-64.2-62.9s28.7-62.9 64.2-62.9c35.4 0 64.2
         28.2 64.2 62.9S544.7 816.4 509.2 816.4L509.2 816.4zM681.6
         460.5c-12.6 19.8-39.3 46.7-80.3 80.8-21.2 17.6-34.4 31.8-39.5
         42.6-5.1 10.7-7.5 29.9-7 57.6l-91.4 0c-0.2-13.1-0.4-21.1-0.4-24
         0-29.6 4.9-53.9 14.7-73 9.8-19.1 29.4-40.6 58.7-64.4 29.3-23.9
         46.9-39.5 52.6-46.9 8.8-11.7 13.3-24.6 13.3-38.6 0-19.5-7.9-36
         .2-23.5-50.2-15.6-13.9-36.8-20.9-63.3-20.9-25.6 0-47 7.3-64.2
         21.8-17.2 14.5-32 46.5-35.5 66.3-3.3 18.7-93.4 26.6-92.3-11.3
         1.1-37.9 20.8-79 54.6-108.8 33.8-29.8 78.2-44.7 133.1-44.7
         57.8 0 103.7 15.1 137.9 45.3 34.2 30.2 51.2 65.3 51.2 105.4C700.4
         419.7 694.1 440.7 681.6 460.5L681.6 460.5z"
         p-id="3171"></path>
       </svg>
       <div class="tooltiptext">用于数据模型展示，需检测查重。</div>
     </div>
   </div>
  </div>
 …
   </form>
  </div>
</div>
```

3. 搜索区域

根据用户需求，有时需要在表格区域上方增加搜索区域，用户输入查询条件后进行查询操作，然后在内容区域显示查询结果，如图 5-50 所示。

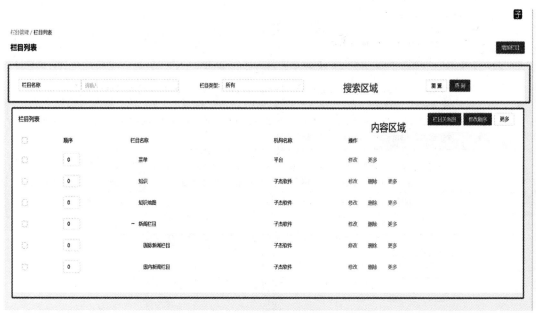

图 5-50　增加搜索区域

搜索区域的 class 属性值及定义如表 5-32 所示。

表 5-32　搜索区域的 class 属性值及定义

class 属性值	定义
zj-table-search	search 部分容器
zj-form	form 表单容器
zj-form-horizontal	form 水平排列与之对应 vertical
zj-form-item	form 每一项的容器
zj-form-item-label	form 每一项的 label 标题
zj-form-item-control	form 每一项右边部分
zj-form-item-control-input	该 class 和下面的 class 结合为 input 外部容器，为固定写法，适用于 input 框、textarea 框
zj-form-item-control-input-content	
zj-input	input 框

搜索区域对应标签 class 属性值的样式整体布局如图 5-51 所示。

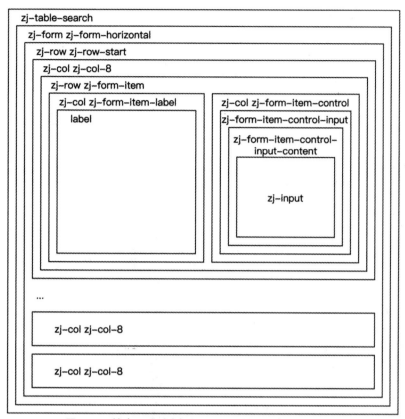

图 5-51　搜索区域对应标签 class 属性值的样式整体布局

搜索区域的 HTML 代码如下：

```html
<div class="zj-table-search">
  <form class="zj-form zj-form-horizontal">
    <div class="zj-row zj-row-start">
      <div class="zj-col zj-col-8">
        <div class="zj-row zj-form-item">
          <div class="zj-col zj-form-item-label" style="flex:0 0 120px">
            <label>12312</label>
          </div>
          <div class="zj-col zj-form-item-control">
            <div class="zj-form-item-control-input">
              <div class="zj-form-item-control-input-content">
                <input class="zj-input"/>
              </div>
            </div>
          </div>
        </div>
      </div>
      ...
      <div class="zj-col zj-col-8"></div>
    </div>
  </form>
</div>
```

对应的 CSS 代码如下:

```css
.zj-table-search {
  margin-bottom:16px;
  padding:24px 24px 0;
  background:#fff;
}

.zj-form {
  box-sizing:border-box;
  margin:0;
  padding:0;
  color:var(--heading-color);
  font-size:var(--font-size-base);
  font-variant:tabular-nums;
  line-height:1.5715;
  list-style:none;
  font-feature-settings:"tnum","tnum";
}

.zj-form-item {
  box-sizing:border-box;
  padding-right:15px;
  color:var(--heading-color);
  font-size:var(--font-size-base);
  font-variant:tabular-nums;
  line-height:1.5715;
  list-style:none;
  font-feature-settings:"tnum","tnum";
  margin:0 0 24px;
  vertical-align:top;
}

……

.zj-form-vertical .zj-form-item-label {
  padding:0 0 8px;
  line-height:1.5715;
  white-space:normal;
  text-align:left;
}

.zj-form-vertical .zj-form-item-label > label {
  height:auto;
}

.zj-form-item-label > label.zj-form-item-no-colon:after {
  content:" ";
}

.zj-form-item-label
>
label.zj-form-item-required:not(.zj-form-item-required-mark-optional):before
{
  display:inline-block;
  margin-right:4px;
```

```
  color:var(--error-color);
  font-size:var(--font-size-base);
  font-family:SimSun,sans-serif;
  line-height:1;
  content:"*";
}

.zj-form-item-control {
  display:flex;
  flex-direction:column;
  flex-grow:1;
}
```

......

此部分需要做成响应式布局，响应式布局参考第 5.3.4 节的栅格系统，栅格系统的规格如图 5-52 所示。具体的做法是在 class 为 zj-col 处加上具体的 class，例如，zj-col-xxl-6 zj-col-lg-8 zj-col-md-12 zj-col-xs-24 等（根据需求来写）。

xs	屏幕 < 576px 响应式栅格
sm	屏幕 ≥ 576px 响应式栅格
md	屏幕 ≥ 768px 响应式栅格
lg	屏幕 ≥ 992px 响应式栅格
xl	屏幕 ≥ 1200px 响应式栅格
xxl	屏幕 ≥ 1600px 响应式栅格

图 5-52　栅格系统的规格

举一个简单的例子：现在需要在屏幕大于 1600px 时，一排展示 4 个 input 框。屏幕大于 992px 时，一排展示 3 个 input 框。屏幕大于 768px 时，一排展示 2 个 input 框。屏幕大于 576px 时，一排展示 1 个 input 框。具体的响应式布局如图 5-53 所示。

```
▼<div class="zj-row zj-row-start"> flex
  ▶<div class='zj-col zj-col-xxl-6 zj-col-lg-8 zj-col-md-12 zj-col-xs-24'>…</div>
  ▶<div class='zj-col zj-col-xxl-6 zj-col-lg-8 zj-col-md-12 zj-col-xs-24'>…</div>
  ▶<div class='zj-col zj-col-xxl-6 zj-col-lg-8 zj-col-md-12 zj-col-xs-24'>…</div>
  ▶<div class='zj-col zj-col-xxl-6 zj-col-lg-8 zj-col-md-12 zj-col-xs-24'>…</div>
  ▶<div class='zj-col zj-col-xxl-6 zj-col-lg-8 zj-col-md-12 zj-col-xs-24'>…</div>
  ▶<div class='zj-col zj-col-xxl-18 zj-col-lg-8 zj-col-md-12 zj-col-xs-24'>…</div>
</div>
```

图 5-53　响应式布局

具体展现效果如下。

（1）屏幕大于 1600px 时，如图 5-54 所示。

图 5-54　屏幕大于 1600px 的效果图

（2）屏幕大于 992px 时，如图 5-55 所示。

图 5-55　屏幕大于 992px 的效果

（3）屏幕大于 768px 时，如图 5-56 所示。

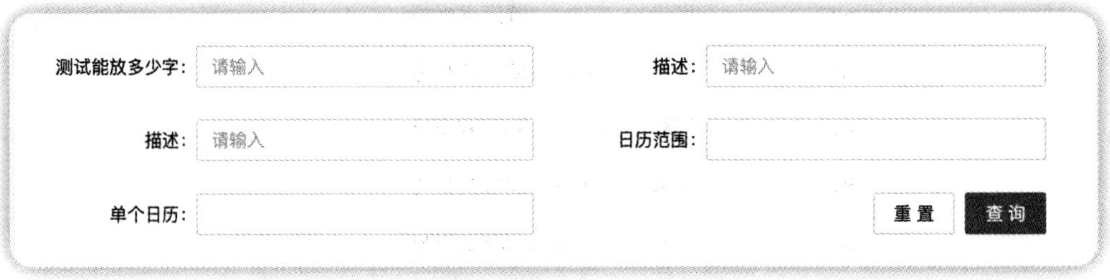

图 5-56　屏幕大于 768px 的效果

（4）屏幕大于 576px 时，如图 5-57 所示。

图 5-57　屏幕大于 576px 的效果

4. tabs 标签页+内容

根据用户需求，有时需要在表格区域上方增加 tabs，用户点击 tabs 进行内容切换。tabs 的 class 属性值及定义参考第 5.4.1 节的 2.。

HTML 代码如下：

```
<div class="zj-tabs">
  <div class="zj-tabs-nav">
    <div class="zj-tabs-nav-wrap">
      <div class="zj-tabs-nav-list">
        <div class="zj-tabs-tab zj-tabs-tab-active">
          <div class="zj-tabs-tab-btn">
            此处 tab 标题
          </div>
          <div class="zj-tabs-ink-bar"></div>
        </div>
        ...
        ...
        <div class="zj-tabs-tab">
          <div class="zj-tabs-tab-btn">
            此处 tab 标题
          </div>
          <div class="zj-tabs-ink-bar"></div>
        </div>
      </div>
    </div>
  </div>
  <div class="zj-tabs-content-holder">
    <div class="zj-tabs-content">
      <div class="zj-tabs-tabpane zj-tabs-tabpane-active">
        此处具体内容
      </div>
      ...
      ...
      <div class="zj-tabs-tabpane">
        此处具体内容
      </div>
    </div>
  </div>
</div>
```

相应的 CSS 代码如下：

```
.zj-tabs {
  box-sizing:border-box;
  color:rgba(0,0,0,0.85);
  display:flex;
  font-feature-settings:"tnum";
  font-size:14px;
  font-variant:tabular-nums;
  line-height:1.5715;
  list-style:none;
  margin:0;
```

```
    overflow:hidden;
    padding:0;
}

.zj-tabs-bottom,
.zj-tabs-top {
  flex-direction:column;
}

.zj-tabs > .zj-tabs-nav,
.zj-tabs > div > .zj-tabs-nav {
  align-items:center;
  display:flex;
  flex:none;
  position:relative;
}

.zj-tabs-bottom > .zj-tabs-nav,
.zj-tabs-bottom > div > .zj-tabs-nav,
.zj-tabs-top > .zj-tabs-nav,
.zj-tabs-top > div > .zj-tabs-nav {
  margin:0 0 16px;
}

……

.zj-tabs > .zj-tabs-nav .zj-tabs-nav-list,
.zj-tabs > div > .zj-tabs-nav .zj-tabs-nav-list {
  display:flex;
  position:relative;
  transition:transform 0.3s;
}

.zj-tabs-tab {
  align-items:center;
  background:0 0;
  border:0;
  cursor:pointer;
  display:inline-flex;
  font-size:14px;
  outline:none;
  padding:12px 0;
  position:relative;
}

.zj-tabs-bottom > .zj-tabs-nav .zj-tabs-ink-bar,
.zj-tabs-bottom > div > .zj-tabs-nav .zj-tabs-ink-bar,
.zj-tabs-top > .zj-tabs-nav .zj-tabs-ink-bar,
.zj-tabs-top > div > .zj-tabs-nav .zj-tabs-ink-bar {
  height:2px;
}
……
```

根据上面的代码指定区域填写示例之后的展现效果如图 5-58 所示。

图 5-58　tabs 标签显示效果

小结

通过管理员后台登录界面和栏目管理界面的讲解，读者对商业 Web 应用开发会有一个直观的了解。Web 应用的开发需要进行需求分析，设置好平台风格，编制 CSS 样式，规划页面布局，形成框架。开发时按照统一的框架进行开发，这样在多人协同开发时才能保证项目整体风格的统一。

实际开发过程中，还有许多内容本书没有讲解，建议读者在本书的基础上不断地深入学习前端框架的编程知识，并进行实践。

习题

1. 完成管理员后台栏目管理界面的制作，包括栏目列表、栏目设置（基本设置、选项设置、模板选项、生成选项、数据模型）等界面的制作。

第6章　网站测试与发布

○ 章节导读

网页制作完成后的工作主要包括网站的测试、上传、推广、维护等。网页制作完成后，需要进行测试，然后帮网页找一个"家"，也就是俗称的"网页空间"。选择合适的网页空间后，只要利用 FTP 软件将完成的网页文件发送到网页空间中，就能够让网友欣赏你精心设计的作品。

网站只有经常注意更新与维护保持内容的新鲜感，才能持续吸引访问者。网站维护阶段的主要工作是更新网站内容、确保网站的正常运行以及历史文件的归类等。

本章将介绍网站测试和发布的相关知识。

○ 知识目标

（1）了解网站测试的基本知识。

（2）了解浏览器测试和链接测试的方法与工具。

（3）了解网站发布的基本知识。

6.1　测试本地站点

网页制作完成后，还需要进行测试工作，以便减少可能发生的错误。测试成功后就可以发布了。在发布之前需要对网页进行本地测试，主要包括检测站点在各种浏览器中的兼容性、站点中是否存在错误或断裂的链接等。具体如下。

语句合法性：要测试 HTML 语法的合法性，以保证网站在技术上不存在的错误，一般采用工具软件，如 HTML Validator 工具，都可以对页面进行快速而准确的测试，甚至于有的测试软件还能给用户提出修改的方法和建议。

兼容性：需要测试网站的兼容性，一般会用专门的工具进行测试，在每个浏览器上进行测试，确保每个页面都可以很好地兼容。

链接正确性：测试网站内部每个环节的链接，确保没有死链接，如果发现，就及时的处理。

站点测试：将网站文件上传到测试空间，然后绑定一个测试的域名进行访问，如果打开正常，就说明网站已经没什么问题了。打开测试地址后，若网站打不开，那么先要看看空间的设计，其次看文件的设置，最终测试无误后就可以交付用户使用了。

6.1.1　浏览器测试

为了确保不同的浏览者能够看到一致的页面效果，因此制作好的网站还应在不同的显示器分辨率下进行测试。同时，要在几个主流浏览器的最新版本下进行测试，如 Google Chrome 或 Mozilla Firefox。另外，还需要在不同字体显示大小的情况下进行测试（即在"大字体"和"小字体"两种方式下进行测试），以确保不同字体设置的浏览者能够看到一致的字体效果。

现今市面上的浏览器种类越来越多（尤其是在平板电脑和移动设备上），这意味着你所测试的站点在这些需要支持的浏览器上都能很好地工作。同时，主流浏览器（IE、Firefox、Chrome、Opera、Safari）版本更新频繁，终端用户甚至不会感知这些浏览器版本的升级。这两点导致了对日益增多的浏览器进行兼容性测试显示十分必要，但也使得这种兼容性测试十分耗时。

通过全覆盖的测试，我们可以明确知道设计的站点支持哪些浏览器、哪些有兼容性问题。一种简单的减少浏览器兼容性测试的方法，是停止对老版本浏览器的支持。这种方法对一些公司是适用的，但并不适用所用公司。

停止对老版本浏览器的支持，并不意味着你的产品在这些老版本上没有 bug，这只是你可以忽略那些老版本上的潜在问题，把精力放在那些支持的浏览器版本上。

（1）在多浏览器环境中执行日常的测试工作，这样可以分散风险。举一个例子，你要测试这样一个 Web 应用：用户登录、生成报表、发送报表、退出系统。这个应用还包含管理功能，管理员或经理登录后可查看哪些人进行了哪些改动。

为了覆盖更多的浏览器，你可以用一种浏览器来测试登录功能，在另一个浏览器中测试"发送报表"的功能，用第三种浏览器测试"审计变动"的功能。

这是一种有效的方法，在日常的功能测试过程中，同时覆盖多浏览器兼容性测试。上面这个例子还是存在一些问题，例如，如果"审计变动"这个功能在第一种，或者第二种浏览器里有问题，那么会发现不了。这种方法节省下来的时间可以让你在进行兼容性测试策略时更有侧重。

（2）使用工具：对于一些明显的页面兼容性问题，有一些在线工具可以帮助你检查，例如 Browser Shots（http://browsershots.org/），它可以将你的页面载入它所支持的浏览器中（它支持的浏览器种类和版本很丰富），然后截屏，你可以查看在这些浏览器下的载入情况了。

这是一款很棒的工具，但那些需要登录验证的应用，或者你的应用中包含的页面太多，这款工具显得有点力不从心了。

（3）与标准进行比对：对你的站点进行 HTML 语法标准检查，如果通过，则在多浏览器兼容性上可以更自信，但即使通过，也总有一些浏览器渲染你的页面时会有兼容性问题。

（4）自动化：Web UI 的测试可以通过 webdriver 工具来实现自动化，可以使用 selenium Grid 在多浏览器上运行自动化脚本。如果不会写代码，那么可以使用 TestWriter 进行完全零编码测试。Web UI 自动化可以发现一些功能上的问题，但对于多浏览器页面布局方面的差异，通过它是很难发现的。

（5）浏览器分类：依据内核来划分浏览器。Chrome & Safari 使用的是 webkit 内核，Firefox 使用的则是 Gecko，IE 系列使用的是 Trident 内核，Opera 使用的是 Presto 内核。这样可以认为，如果在 Chrome 上没有问题，那么在 Safari 也应该没问题。

6.1.2　链接测试

确保整个站点能正确工作之后，需要进一步测试超链接的正确性。链接是 Web 应用系统的一个主要特征，它是在页面之间切换和指导用户去一些不知道地址的页面的主要手段。链接是指在系统中的各模块之间传递参数和控制命令，并将其组成一个可执行的整体的过程。链接也称超链接，是指从一个网页指向另一个目标的连接关系，所指向的目标可能是另一个网页、相同网页上的不同位置、图片、电子邮件地址、文件、应用程序等。

链接测试可分为三个方面：首先，测试所有链接是否按指示的那样确实链接到了该链接的页面；其次，测试所链接的页面是否存在；最后，保证 Web 应用系统上没有孤立的页面。所谓孤立页面是指没有链接指向该页面，只有知道正确的 URL 地址才能访问。

链接测试方法很简单，就是逐一检查链接的有效性、可达性、正确性等，链接测试可以自动进行，有许多可代替手工操作的链接验证工具。如果碰上无法正确跳转的超链接，应回到原来的站点中，打开相应页面重新设置超链接。

常见的链接包括以下几种。

（1）推荐链接。推荐链接是指链接与被链接网页之间并不存在一定的相关性，如某些网站会对网络上经常使用的一些网站给予一个推荐链接。例如，教育类网站会自动增加一个单向的推荐链接。

（2）友情链接。友情链接是指链接与被链接网页之间，在内容和网站主题上存在相关性，通常链接网页与被链接的网页所涉及的主题是同一行业。例如：一个做测试的论坛，会将其他一些测试的相关论坛或网站链接进来。

（3）引用链接。引用链接是指网页中需要引用一些其他文件时提供的一个链接，被链接的资源可能是学术文献、声音文件、视频文件等其他多媒体文件，也可以是邮箱地址、个人主页等。

（4）扩展链接。在设计过程中，为了给用户提供更广泛的资料，通常会设置一些相关的参考资料链接，这类链接为扩展链接。扩展链接与当前网页的主题并不一定存在相关性。

（5）关系链接。关系链接主要是体现链接与被链接网页之间的关系，两者之间并不一定存在相关性。

（6）广告链接。广告链接，顾名思义是指该链接指向的是一则广告，广告链接包括文字广告链接和图片广告链接两种。

（7）服务链接。服务链接是指该链接以服务为主，并不涉及业务交易，如一些门户网站的相关服务专区，在服务专区中设置一些常用的服务，如火车查询、天气预报、地图搜索等。

链接测试过程中应该保证所有链接的正确性，一般情况下，链接最容易出现以下几种错误。

（1）错误链接。错误链接是指链接产生的内容与预期的内容不一致，测试过程中需要每个链接所链接到的内容是正确的。有时候由于客户的疏忽，也可能导致链接的内容出错，如 URL 地址拼写错误、URL 后缀多余或缺少斜杠、URL 地址中出现的字母大小写不完全匹配、用户输入的域名拼写错误。

（2）空链接。空链接是指未指派的链接，用户单击该链接时不会指向任何内容。测试过程中需要保证每个链接都已被指派。

（3）死链接。死链接是指原来正常、后来失效的链接。向死链接发送请求时，服务器返回 404 错误。

以下情况会出现死链接。

- 动态链接在数据库不再支持的条件下，变成死链接。
- 某个文件或网页移动了位置，导致指向它的链接变成死链接。
- 网页内容更新并换成其他的链接，原来的链接变成死链接。
- 网站服务器设置错误。

（4）孤立页面。孤立页面是指没有链接指向该页面，只有知道正确的 URL 地址才能访问。测试过程中需要保证 Web 应用系统上没有孤立的页面。

链接测试是从待测试网站的根目录开始搜索所有的网页文件，对所有网页文件中的超链接、图片文件、包含文件、CSS 文件、页面内部链接等所有链接进行读取，如果是网站内文件不存在、指定文件链接不存在或者指定页面不存在，则将该链接和在文件中的具体位置记录下来，直到该网站所有页面中的链接都测试完后才结束测试。

由于页面中的链接很多，所以使用手工测试链接的情况比较困难，在链接测试过程中也可以使用工具自动进行，常用的链接测试工具有 Xenu Link Sleuth、HTML Link Validator 和 Web LinkValidator。链接测试需要在整个 Web 应用系统的所有页面开发完成后再进行。

Xenu Link Sleuth 是用于检测页面中是否存在死链接的测试工具,可检测出指定网站的所有死链接,包括图片链接等,并用红色显示。可以打开一个本地网页文件来检查它的链接,也可以输入网址来检查。它可以分别列出网站的活链接以及死链接,每个转向链接都能被分析得很清楚,支持多线程,可以把检查结果存储成文本文件或网页文件。Xenu Link Sleuth 的运行主界面如图 6-1 所示。

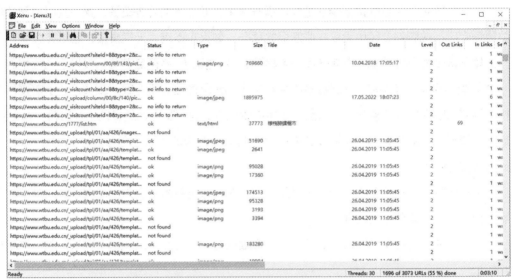

图 6-1 Xenu Link Sleuth 的运行主界面

Xenu Link Sleuth 检测完毕后会生成测试报告,如图 6-2 所示。

Broken page-local links (also named 'anchors', 'fragment identifiers'):

0 bad local link(s) reported

Return to Top

Orphan files:

Note: Links that aren't spidered (e.g. webforms and dynamically generated links) will appear as orphans in this list.

Orphan search aborted by user!

0 orphan(s) reported (0.0 KB)

Return to Top

Statistics for managers

Correct internal URLs, by MIME type:

MIME type	count	% count	Σ size	Σ size (KB)	% size	min size	max size	Ø size	Ø size (KB)	Ø time
	1 URLs	100.00%	0 Bytes	(0 KB)	-1.#J%	0 Bytes	0 Bytes	0 Bytes	(0 KB)	
Total	1 URLs	100.00%	0 Bytes	(0 KB)	100.00%					

All pages, by result type:

ok	2 URLs	100.00%
Total	2 URLs	100.00%

Return to Top

This report has been created with **Xenu Link Sleuth 1.3.8**

图 6-2 Xenu Link Sleuth 测试报告

HTML Link Validator 工具可以检查 Web 中的链接情况，检查是否存在孤立页面。该工具可以在很短时间内检查数千个文件，其不仅可以对本地网站进行测试，还可以对远程网站进行测试。HTML Link Validator 工具运行主界面如图 6-3 所示。

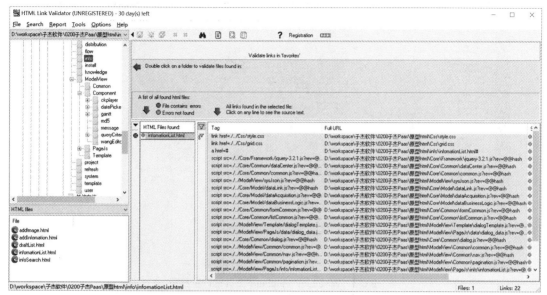

图 6-3　HTML Link Validator 工具运行主界面

HTML Link Validator 检测完毕后会生成测试报告，如图 6-4 所示。

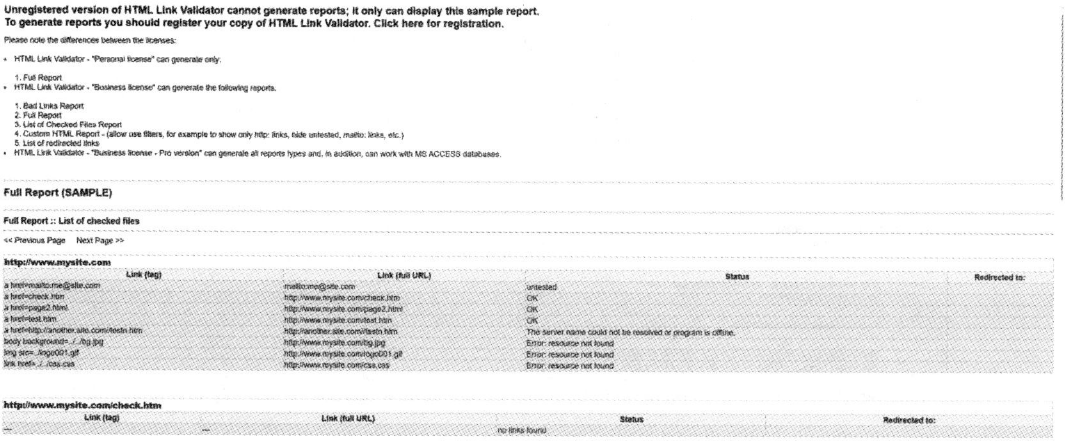

图 6-4　HTML Link Validator 检测报告

Web Link Validator 用输入网址的方式来测试网络连接是否正常，可以给出任意存在的网络连接，如软件文件、HTML 文件、图形文件等都可以测试。Web Link Validator 通过代理的方式获取 HTTPS 资源并对页面实行密码保护；生成的结果清楚明了，可以导出 HTML、TXT、RTF、CSV 和 MS Excel 格式的报告，并提供过滤的功能，可以对发生的问题进行深入分析和研究。

Web LinkValidator 工具运行主界面如图 6-5 所示。

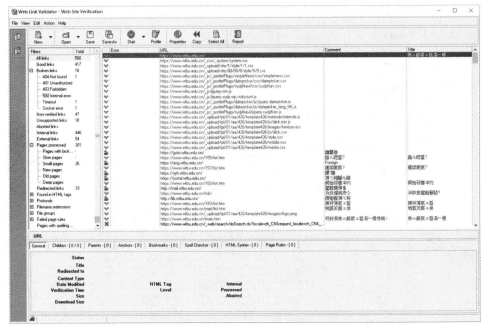

图 6-5　Web Link Validator 工具运行主界面

Web LinkValidator 测试完网站链接后可以生成测试报告，如图 6-6 所示。

图 6-6　Web LinkValidator 测试报告

6.2　发布站点

网页空间的获取方式有以下几种。

1. 自行架设网页服务器

对一般用户来说，想要自己架设网页服务器并不容易，必须有软硬件设备和固定 IP 地址，还要具有网络管理的专业知识，其优缺点如下。

- 优点：容量大，功能没有限制，容易更新文件。
- 缺点：必须自行安装与维护硬件和软件，必须加强防火墙等安全设置，防止黑客入侵。

2. 租用虚拟主机

虚拟主机（virtual server）是网络服务提供商将一台服务器分割模拟成很多台"虚拟"主机，让多个客户共同使用，平均分摊成本。服务器放在网络服务提供商的机房，由网络服务提供商代管网站。对用户来说，这种方式可以省去配置和管理主机的麻烦。网络服务提供商会提供给每个客户一个网址、账号和密码，让用户将网页文件通过 FTP 软件发送到虚拟主机上，这样，世界各地的网友只要访问网址就可以看到网页。

租用虚拟主机的优缺点如下。

- 优点：可以节省主机配置与维护的成本，不必担心网络安全问题，可以使用自己的域名（domain name）。
- 缺点：有些会有网络流量和带宽的限制，随着主机系统的不同，能够支持的功能（如 ASP、PHP、CGI）也不尽相同。

租用虚拟主机的收费标准从几千元到几万多不等，影响收费的因素包括操作系统类型、硬盘空间大小、带宽以及是否支持特殊功能（如 ASP、PHP、CGI）、防止黑客入侵和实时备份系统等。用户在租用前要进行多方面的比较，再选择适合自己的服务。

3. 申请免费网页空间

申请免费网页空间是既省钱又省力的方式。免费网页空间与虚拟主机大同小异，区别在于免费网页空间是网络服务提供商为了吸引网友访问网站以提高人气的免费服务，所以限制比较多，通常只有先成为该网站会员，才能申请免费网页空间。免费网页空间的优缺点如下。

- 优点：可以节省主机配置与维护的成本，不必担心网络安全问题。
- 缺点：网页不能用于商业用途，有上传文件大小和容量限制，有些网站不支持特殊的程序语言（如不能使用 ASP、PHP、CGI），必须忍受烦人的广告。

4. 云服务器

云服务器（elastic compute service，ECS），即虚拟的物理服务器，由服务商搭建维护，用户按需租赁使用。可以把物理服务器比作买的房子，云服务器（ECS）就是租赁的房子，云服务商就是管家。云服务商负责搭建机房、提供配套服务和维护，用户只需要付租金即可"拎包入住"，无需自建机房、采购和配置硬件设施。如果不再需要云服务器，可随时"退租"（释放资源），节省成本。

云服务器是一种简单高效、安全可靠、处理能力可弹性伸缩的计算服务。其管理方式比物理服务器更简单高效。用户无需提前购买硬件，即可迅速创建或释放任意多台云服务器。云服务器与传统服务器对比如表 6-1 所示。

表 6-1　云服务器与传统服务器对比

	传统服务器	云服务器租用
投入成本	高额的综合信息化成本投入	按需付费，有效降低综合成本
产品性能	难以确保获得持续可控的产品性能	硬件资源的隔离+独享带宽
管理能力	日趋复杂的业务管理难度	集中化的远程管理平台+多级业务备份
扩展能力	服务环境缺乏灵活的业务弹性	快速的业务部署与配置、规模的弹性扩展能力

国内的云服务器供应商有腾讯云、阿里云、百度云、华为云等。下面以腾讯云服务器为例介绍如何发布 Web 站点。

6.2.1　腾讯云服务器介绍

腾讯云是腾讯公司旗下的产品，为开发者及企业提供云服务、云数据、云运营等一站式服务方案。

腾讯云具体包括云服务器、云存储、云数据库和弹性 Web 引擎等基础云服务，腾讯云分析（MTA）、腾讯云推送（信鸽）等腾讯整体大数据能力，以及 QQ 互联、QQ 空间、微云、微社区等云端链接社交体系。

最近几年，云计算服务发展迅速，可以提供的产品越来越丰富，包括云计算、中间件、存储、数据库、CDN（内容分发网络）高性能计算等。云计算又分为计算、高性能计算、分布式计算、边缘计算等。

在选择云计算服务器时，当系统需要的资源不多时，可以先使用轻量应用服务器，以减少开支。随着业务的发展，如果需要升级服务器，再选装更高性能的 CPU、内存、磁盘就可。

1. 什么是轻量应用服务器

轻量应用服务器（TencentCloud Lighthouse）是新一代开箱即用、面向轻量应用场景的云服务器产品，助力中小企业和开发者便捷、高效地在云端构建网站，开发 Web 应用、小程序/小游戏、APP 等的开发测试环境。相比普通云服务器，轻量应用服务器更简单易用且更贴近应用，以套餐形式整体售卖基础云资源并提供高带宽流量包，将热门开源软件融合打包以实现一键构建应用，提供极简的上云体验。腾讯云轻量应用服务器 Lighthouse 的特性如图 6-7 所示。

腾讯云轻量应用服务器 Lighthouse 的特性

图 6-7　轻量应用服务器 Lighthouse 的特性

2. 为什么选择轻量应用服务器

使用腾讯云轻量应用服务器，可以获取以下收益。

- 入门简单，使用便捷，单击鼠标即可快速搭建云端环境或构建应用。

- 无需自己采购服务器，无需管理硬件基础设施，随用随取、开箱即用。

- 节省成本，按需使用，能够获取高性价比且优质的产品和服务。

- 稳定可靠，安全性高。

6.2.2　使用腾讯云服务器发布站点

打开网址 https://cloud.tencent.com/act/campus，可以申请校园云服务器，完成学生认证后，可获得在本页面优惠购买的资格，如图 6-8 所示。

图 6-8　校园云服务器购买页面

　　首先根据自己的需要选择"轻量应用服务器"，点击"立即购买"，如图 6-9 所示。系统将提示选择系统镜像，建议选择"Windows Server 2022 中文版"，如图 6-10 所示。如果没有注册，则需要先进行注册，注册成功后即可查看云服务器信息，如图 6-11 所示。

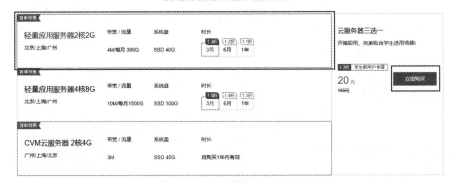

图 6-9　校园云服务支付页面

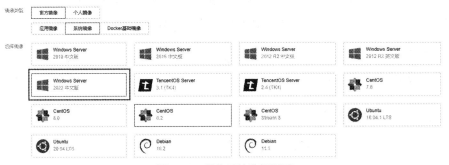

图 6-10　操作系统选择页面

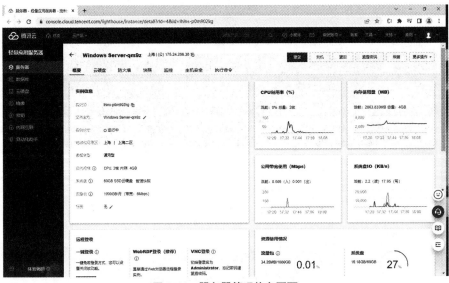

图 6-11　服务器管理信息页面

远程登录，进入云服务器，建议选择"WebRDP 登录"。注意：登录用户名为 Administrator，密码在页面右上角的"站内信"中，如图 6-12 所示。

图 6-12　WebRDP 登录

输入用户名 Administrator 和密码（站内信中），点击登录。默认的端口不要修改，如图 6-13 所示。

图 6-13　服务器登录界面

进入云服务器桌面后，首先安装 Java 开发环境，读者可参考网址 http://www.20-80.cn/server/java/environmentsetup.html，进行 Java 环境配置，jdk 安装包可通过 QQ 邮箱传送到云服务器中，安装后通过命令检查是否安装成功，如图 6-14 所示。

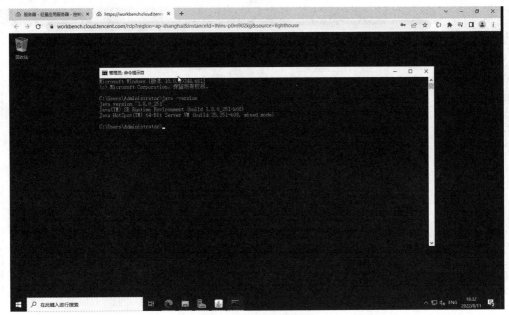

图 6-14　云服务器桌面

Tomcat 和要上传的网站，通过 QQ 邮箱传送到云服务器中，建议 Tomcat 直接解压在 C 盘根目录下，本书中采用的是 Tomcat 8.5 版本，读者可从 http://www.20-80.cn/html_book/file 下载。要上传的网站放在 Tomcat/webapp 文件夹下，如图 6-15 所示。

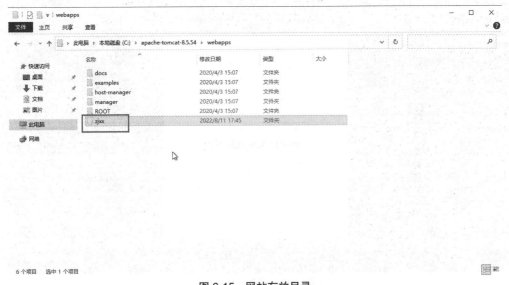

图 6-15　网站存放目录

启动 Tomcat 服务，打开 bin 目录，找到并双击 startup.bat 文件。如果看到返回毫秒数，即代表执行成功，Java 环境安装成功；如果没有返回毫秒数，则说明 Java 环境安装未成功，请检查 Java 环境，如图 6-16 所示。

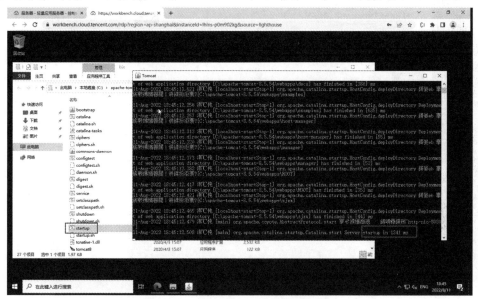

图 6-16 启动 Tomcat Web 服务器程序

在"本地电脑"打开浏览器，在"地址栏"中输入服务器对应的外网 IP 及网站文件夹名，如 http://175.24.206.30:8080/zjxx/index.html，就可以成功上传网站的主页了，如图 6-17 所示。

图 6-17 发布成功后的网站登录界面

如果显示无法访问，请检查云服务器防火墙是否放行 8080 端口，未放行，读者可手动添加，再刷新网站即可访问上传的网站首页了，如图 6-18 所示。

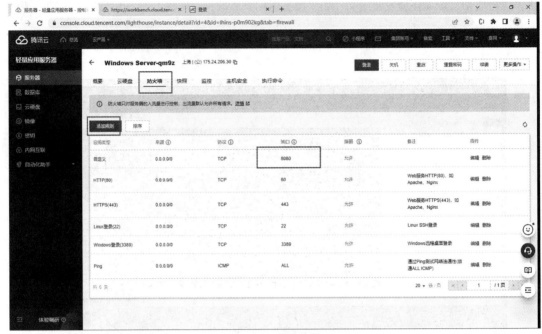

图 6-18　网站首页

小结

本章主要介绍了网站的测试与发布。通过本章的学习，读者会对网站测试的重要性、方法、工具有一个清晰的了解，掌握几种链接工具的使用方法。本章还介绍了网站的几种发布方法，云计算服务是未来的发展趋势，因此重点介绍了在云服务器上发布网站的方法。

习题

1. 搭建局域网服务对子杰软件官网进行测试，并发布。

附录

1. 键盘对应的 keycode 大全

字母和数字键的键码值(keyCode)

按键	键码	按键	键码	按键	键码	按键	键码
A	65	J	74	S	83	1	49
B	66	K	75	T	84	2	50
C	67	L	76	U	85	3	51
D	68	M	77	V	86	4	52
E	69	N	78	W	87	5	53
F	70	O	79	X	88	6	54
G	71	P	80	Y	89	7	55
H	72	Q	81	Z	90	8	56
I	73	R	82	0	48	9	57

数字键盘上的键的键码值(keyCode)　　　　功能键键码值(keyCode)

按键	键码	按键	键码	按键	键码	按键	键码
0	96	8	104	F1	112	F7	118
1	97	9	105	F2	113	F8	119
2	98	*	106	F3	114	F9	120
3	99	+	107	F4	115	F10	121
4	100	Enter	108	F5	116	F11	122
5	101	−	109	F6	117	F12	123
6	102	.	110				
7	103	/	111				

控制键键码值(keyCode)

按键	键码	按键	键码	按键	键码	按键	键码
BackSpace	8	Esc	27	Right Arrow	39	-_	189
Tab	9	Spacebar	32	Down Arrow	40	.>	190
Clear	12	Page Up	33	Insert	45	/?	191
Enter	13	Page Down	34	Delete	46	`~	192
Shift	16	End	35	Num Lock	144	[{	219
Control	17	Home	36	;:	186	/|	220
Alt	18	Left Arrow	37	=+	187	]}	221
Cape Lock	20	Up Arrow	38